云南省县域生态环境质量监测评价与考核技术指南

云 南 省 环 境 保 护 厅
云南省环境监测中心站　　编

中国环境出版社·北京

图书在版编目（CIP）数据

云南省县域生态环境质量监测评价与考核技术指南/云南省环境保护厅，云南省环境监测中心站编.—北京：中国环境出版社，2017.1

ISBN 978-7-5111-3064-8

Ⅰ．①云…　Ⅱ．①云…②云…　Ⅲ．①县－区域生态环境－环境质量评价－云南－指南　Ⅳ．①X321.274-62

中国版本图书馆 CIP 数据核字（2017）第 016458 号

出 版 人	王新程	
责任编辑	曲　婷	
责任校对	尹　芳	
封面设计	彭　杉	

出版发行　中国环境出版社
　　　　　（100062　北京市东城区广渠门内大街 16 号）
　　　　　网　　址：http://www.cesp.com.cn
　　　　　电子邮箱：bjgl@cesp.com.cn
　　　　　联系电话：010-67112765（编辑管理部）
　　　　　发行热线：010-67125803，010-67113405（传真）
印　　刷　北京市联华印刷厂
经　　销　各地新华书店
版　　次　2017 年 1 月第 1 版
印　　次　2017 年 1 月第 1 次印刷
开　　本　787×1092　1/16
印　　张　25.25
字　　数　590 千字
定　　价　85.00 元

【版权所有。未经许可，请勿翻印、转载，违者必究。】

如有缺页、破损、倒装等印装质量问题，请寄回本社更换

编委会成员

主　　　编：高正文

常务副主编：李建强　邓加忠　施　择

副　主　编：朱　翔　赵祖军　李　琴　高　欣　任浩宁　张　玉

编　　　委：赵祖军　李　琴　高　欣　李　颖　李爱军　姜　昊

　　　　　　杨永贵　罗运成　金　迪　崔　凯

统　　　稿：李　琴　赵祖军　高　欣

前　言

党的十八大把生态文明建设提升到了"五位一体"总体布局的战略高度，提出大力推进生态文明建设，把生态文明建设融入政治建设、经济建设、文化建设、社会建设各方面和全过程，建设美丽中国，实现中华民族永续发展，这充分表明了党中央对生态文明建设的重视。

云南省委、省政府高度重视生态文明建设，提出了争当全国生态文明建设排头兵的目标。一方面，云南拥有良好的生态环境和自然禀赋，是中国生物多样性最为丰富的省份，同时也是北半球生物多样性最为丰富的地区。良好的生态环境是云南的亮丽名片和宝贵财富，是云南实现跨越发展的独特优势和核心竞争力。另一方面，云南作为国家首批生态文明先行示范区，在国家"两屏三带"十大生态安全屏障中，肩负着西部高原、长江流域、珠江流域三大生态安全屏障的建设任务。同时，云南又是生态环境比较脆弱敏感的地区，因此我们保护生态环境和自然资源的责任重大。

2014 年以前云南省纳入"国家重点生态功能区县域生态环境质量监测评价与考核"的县为 18 个，2015 年增加到 23 个县，2016 年增加到 38 个县。云南省环境监测中心站负责国家重点生态功能区县域生态环境质量监测评价与考核技术指导、省级审核和现场核查。

为推动云南省生态文明建设，推动全省生态环境质量的持续改善，定量反映生态文明建设和生态保护的成果，提高生态功能区转移支付资金绩效，参照环境保护部、财政部《国家重点生态功能区县域生态环境质量监测评价与考核办法》（环发〔2011〕18 号）和《国家重点生态功能区县域生态环境质量监测评价与考核指标体系》（环发〔2014〕32 号），2013 年省站在国家考核指标体系基础上，结合云南省县域生态环境质量监测评价与考核工作基础，综合考虑云南省国家重点生态功能区所在县域生态环境和地理位置的特殊性、复杂性、社会经济发展的不平衡性，研究建立了《云南省县域生态环境质量监测评价及考核指标体系》（以下简称《指标体系》），2015 年 5 月，省环保厅、省财政厅联合印发《云南省县域生态环境质量监测评价与考核办法（试行）》（云环通〔2015〕134 号）（以下简称《办法》），依据该办法组织开展全省 129 个县（市、区）县域生态环境质量统一量化考核，考核结果作为财政转移支付资金分配的重要依据，以引导和督促地方政府切实采取措施实施生态环境保护。

此项工作建立了全面、科学、客观的以县域为单位的生态环境质量评价指标体系和考核工作机制。指标体系涉及生态环境质量、环境保护和环境管理共三大类二十项指标，并结合实时监测、调查统计、卫星遥感和现场核查等技术手段，定量和定性评价县域生态环境质量状况、年际变化趋势及政府的生态保护成效。考核结果能切实引导和督促基层政府真正履行起生态环境保护的公共职责，推动全省生态环境质量的不断改善。

通过三年的应用和技术储备，云南省环境监测中心站目前已基本建立考核工作机制和技术体系，并于 2015 年研发了县级数据填报、州市级数据审核以及省级数据分析评价及综合管理软件系统，提高了考核工作规范化、标准化、信息化和自动化水平。2016 年根据考核日常化要求，增加研发了数据分季度填报系统、分季度审核系统和考核数据库。

本技术指南整理国家重点生态功能区及云南省县域生态环境质量监测评价与考核工作相关技术文件、技术方案和软件使用手册，方便参与考核工作的管理及技术人员使用。

目 录

第一篇
生态环境保护制度

第1章
国家重点生态功能区县域生态环境质量监测评价与考核办法

关于印发《国家重点生态功能区县域生态环境质量考核办法》的通知

(环发[2011]18 号)

各省、自治区、直辖市环境保护厅（局）、财政厅（局）：

为加强国家重点生态功能区生态环境质量的监测、评价与考核工作，依据《国家重点生态功能区转移支付办法》（财预[2010]487 号），环境保护部、财政部联合制定了《国家重点生态功能区县域生态环境质量监测评价与考核办法》。现印发给你们，请遵照执行。

环境保护部
财政部
2011 年 2 月 14 日

附件：

国家重点生态功能区县域生态环境质量监测评价与考核办法

第一章　总　则

第一条　为了考核国家重点生态功能区县域生态环境质量，根据财政部关于国家重点生态功能区转移支付的有关规定，制定本办法。

第二条　本办法适用于对水源涵养、水土保持、防风固沙、生物多样性维护、南水北调中线工程丹江口库区及上游等重点生态功能区县域生态环境质量的年度考核。

第三条 国家重点生态功能区县域生态环境质量监测评价与考核（以下简称考核）坚持保护为主、逐步改善的原则，以引导加强生态环境保护和生态建设为目标，实行地方自查与国家抽查相结合的考核方式。

第四条 考核的基本依据是：

（一）国家关于环境保护和财政转移支付的相关方针、政策；

（二）相关行业标准及专业技术规范；

（三）相关的法律、行政法规和其他国家有关规定。

第二章 考核的内容和指标[①]

第五条 考核的内容包括县域环境状况和自然生态状况。

第六条 考核设置二级指标体系，具体指标设置见下表，并可根据实际情况进行调整。

指标类型	一级指标		二级指标
共同指标	自然生态指标		林地覆盖率
			草地覆盖率
			水域湿地覆盖率
			耕地和建设用地比例
	环境状况指标		SO_2 排放强度
			COD 排放强度
			固体废物排放强度
			污染源排放达标率
			III类或优于III类水质达标率
			优良以上空气质量达标率
特征指标	自然生态指标	水源涵养类型	水源涵养指数
		生物多样性维护类型	生物丰度指数
		防风固沙类型	植被覆盖指数
			未利用地比例
		水土保持类型	坡度大于15°耕地面积比
			未利用地比例

第七条 考核指标的解释和数据来源如下：

（一）共同指标中的自然生态指标由市县级人民政府相关部门提供。

1．林地覆盖率，指标解释按照国家林业主管部门概念，数据由县级人民政府林业主管部门提供。

2．草地覆盖率，指标解释按照国家农业主管部门概念，数据由县级人民政府农业主管部门提供。

3．水域湿地覆盖率，指标解释按照国家水利、林业主管部门概念，数据由县级人民

---

①该指标体系在2014年进行了修订和完善，并将于2015年起施行，详见第二篇第1章和第2章。

政府水利、林业主管部门提供。

4．耕地和建设用地比例，指标解释按照国家国土资源、城乡建设主管部门概念，数据由县级人民政府国土资源、城乡建设主管部门提供。

（二）共同指标中的环境状况指标由县级人民政府环境保护主管部门提供，指标监测办法按照《国家重点生态功能区县域生态环境质量监测方案》进行。

1．二氧化硫（SO₂）排放强度

指标解释：SO₂排放强度是指单位面积SO₂的排放量。

计算公式：SO_2排放强度=SO_2排放量/区域面积

数据来源：SO₂排放量来自地市级及以上环境保护主管部门对考核县年度SO₂排放总量的认定文件。区域面积由该县级国土资源主管部门提供。

2．化学需氧量（COD）排放强度

指标解释：COD排放强度是指单位面积COD的排放量。

计算公式：COD排放强度=COD排放量/区域面积

数据来源：COD排放量来自地市级及以上环境保护主管部门对考核县年度COD排放总量的认定文件。区域面积由该县级国土资源主管部门提供。

3．固体废物排放强度

指标解释：固体废物排放强度是指单位面积固体废物的排放量。固体废物是指在生产、生活和其他活动中产生的丧失原有利用价值或者虽未丧失利用价值但被抛弃或者放弃的固态、半固态和置于容器中的气态的物品、物质以及法律、行政法规规定纳入固体废物管理的物品、物质。包括工业固体废物、生活垃圾、危险废物。

计算公式：固体废物排放强度=固体废物排放量/区域面积

数据来源：固体废物排放量来自环境统计数据。区域面积由该县级人民政府国土资源主管部门提供。

4．污染源排放达标率

指标解释：污染源排放达标率包括工业污染源排放达标率和城镇污水集中处理设施排放达标率。污染源主要是指县级以上重点污染企业，包括国控、省控、市控和县控的重点排污单位；城镇污水集中处理设施指县城、乡镇工业区、开发区等的污水集中处理设施。

计算公式：污染源排放达标率=达标排放的污染源数量/区域内污染源总数

数据来源：数据来自环境保护主管部门的环境监测数据。

5．水质达标率

指标解释：水质达标率是指达到Ⅰ～Ⅲ类水质要求的断面占全部监测断面比例。数据来自环境保护主管部门的环境监测数据。

6．空气质量达标率

指标解释：空气质量达标率是指县城城镇空气质量优良以上天数占全年天数的比例。数据来自环境保护主管部门的环境监测数据。

（三）特征指标中的自然生态指标由中国环境监测总站根据上报指标的数据综合计算得出。

1．水源涵养指数（水源涵养类型）

上报指标：林地、草地及湿地面积。由县级人民政府林业、农业、水利主管部门提供。

2．生物丰度指数（生物多样性维护类型）

上报指标：林地、草地、耕地、建筑用地的面积。由县级人民政府林业、农业、国土资源、城乡建设主管部门提供。

3．植被覆盖指数（防风固沙类型）

上报指标：林地、草地、耕地、建设用地的面积。由县级人民政府林业、农业、国土资源、城乡建设主管部门提供。

4．未利用地比例（防风固沙类型和水土保持类型）

上报指标：沙地、戈壁、裸土、裸岩等未利用地面积占县域面积的百分数。数据由县级人民政府国土资源主管部门提供。

5．坡耕地面积比（水土保持类型）

上报指标：山区、丘陵地区耕地及坡度≥15°的耕地面积占县域面积的百分数。由县级人民政府农业主管部门提供。

第三章　考核的程序和结果使用

第八条　国家重点生态功能区县域生态环境质量监测评价与考核由环境保护部负责组织实施。

财政部对国家重点生态功能区县域生态环境质量监测评价与考核的全过程进行指导和监督。

第九条　中国环境监测总站负责计算被考核县域与 2009 年相比的生态环境指标变化 ΔEI 值。

第十条　县级人民政府负责本县生态环境质量监测评价与考核的自查工作，编制自查报告。本县不具备环境监测能力的，应委托省级或者市级人民政府环境保护主管部门所属的环境监测机构进行监测。

省级人民政府环境保护主管部门对被考核县级人民政府上报的自查报告中的各项指标进行审查，提出审查意见。

第十一条　被考核的县级人民政府应当于每年 1 月底前，向所在地的省级人民政府环境保护主管部门报送自查报告。

省级人民政府环境保护主管部门应当于每年 3 月底前，将本省行政区域内县级人民政府的自查报告和审核意见，上报环境保护部。

第十二条　自查报告的内容包括：

（一）国家重点生态功能区县域生态环境质量监测评价与考核指标汇总表；

（二）被考核县对上报指标与 2009 年指标比较情况的说明。

第十三条　中国环境监测总站负责对省级人民政府上报的材料进行技术审核，根据考核要求汇总计算考核得分，形成技术审核报告，于每年 4 月底前报环境保护部。

第十四条　环境保护部组织对各项报告结果进行抽查，抽查重点是与 2009 年度及上一年度有变化的指标、环境质量的相关指标等。抽查采用现场核查、不定期飞行监测、无人机监测等方式。

第十五条　县域生态环境质量监测评价与考核工作所需费用，由各级财政部门列入年度预算。

第十六条　环境保护部应当于每年 5 月 30 日前，将编制完成的上一年度国家重点生态功能区县域生态环境质量监测评价与考核报告提供财政部。财政部根据考核结果，对生态环境明显改善或恶化的地区通过增加或减少转移支付资金等方式予以奖惩。

第十七条　南水北调中线工程丹江口库区及上游地区的县域生态环境质量监测评价与考核工作由环境保护部会同国务院南水北调工程建设委员会办公室依据此办法开展，涉及南水北调中线工程丹江口库区及上游地区的县域生态环境质量监测评价与考核报告同时抄报国务院南水北调工程建设委员会办公室。

第十八条　本办法由环境保护部、财政部负责解释。

第十九条　本办法自公布之日起实施。

第2章
国家重点生态功能区转移支付办法

关于印发《中央对地方国家重点生态功能区转移支付办法》的通知

(财预[2014]92 号)

各省、自治区、直辖市、计划单列市财政厅（局）：

为维护国家生态安全，推进生态文明建设和公共服务均等化，规范转移支付分配、使用和管理，我们制定了《中央对地方国家重点生态功能区转移支付办法》。现予印发。

附件：中央对地方国家重点生态功能区转移支付办法

财政部

2014 年 6 月 9 日

附件：

中央对地方国家重点生态功能区转移支付办法

第一条 为维护国家生态安全，促进生态文明建设，引导地方政府加强生态环境保护，提高国家重点生态功能区等生态功能重要地区所在地政府基本公共服务保障能力，中央财政设立国家重点生态功能区转移支付（以下简称转移支付）。

第二条 转移支付的对象包括：

（一）《全国主体功能区规划》中限制开发的国家重点生态功能区所属县（包括县级市、市辖区、旗等，以下统称县）；

（二）国务院批准的青海三江源自然保护区等生态功能重要区域所属县；

（三）《全国主体功能区规划》中的禁止开发区域。

本条第（一）、（二）项规定的对象统称为限制开发等国家重点生态功能区所属县。

第三条　转移支付资金按以下原则进行分配：

（一）公平公正，公开透明。选取客观因素进行公式化分配，转移支付测算办法和分配结果公开。

（二）分类处理，突出重点。根据纳入转移支付范围的区域生态功能重要性、外溢性等分类测算，重点突出。

（三）注重激励，强化约束。完善县域生态环境质量监测和资金使用绩效考核机制，根据考核结果进行奖惩。

第四条　转移支付资金根据区域生态功能重要性、外溢性等分类测算，选取影响财政收支的客观因素，适当考虑人口规模、可居住面积、海拔、温度等成本差异，按县测算，下达到省、自治区、直辖市、计划单列市（以下统称省）。

对限制开发等国家重点生态功能区所属县，中央财政按照标准财政收支缺口并考虑补助系数测算。其中，标准财政收支缺口参照均衡性转移支付测算办法并考虑中央出台的重大环境保护和生态建设工程规划地方需配套安排的支出等因素测算，补助系数根据财力状况、标准财政收支缺口情况、财政困难程度和生态功能重要性等因素测算。

对禁止开发区域，中央财政根据各省禁止开发区域的面积和个数等因素测算，给予禁止开发区域补助。

对《全国生态功能区划》中不在限制开发等国家重点生态功能区范围内的其他重要生态功能地区和国务院批准的生态环境保护较好的地区，按照标准财政收支缺口并考虑补助系数适当给予引导性（奖励性）补助。

对根据《国家发展和改革委员会　财政部　国家林业局关于同意内蒙古乌兰察布市等13个市和重庆巫山县等74个县开展生态文明示范工程试点的批复》（发改西部[2012]898号）等文件开展第一批生态文明示范工程试点的市县，按照市级300万元/个、县级200万元/个的标准给予生态文明示范工程试点补助。已经享受限制开发等国家重点生态功能区补助的地区不再享受此项补助。

第五条　各省转移支付应补助额按下列公式计算

某省国家重点生态功能区转移支付应补助额＝∑该省限制开发等国家重点生态功能区所属县标准财政收支缺口×补助系数＋禁止开发区域补助＋引导性（奖励性）补助＋生态文明示范工程试点补助

当年测算转移支付数额少于上年的省，中央财政按上年数额下达。

第六条　财政部对省对下资金分配情况、享受转移支付的县的资金使用情况进行绩效考核，并委托环境保护部等部门对限制开发等国家重点生态功能区所属县进行生态环境监测考核，根据考核情况实施奖惩。有关办法另行制定。

对生态环境明显变好的地区给予奖励。对非因不可控因素导致生态环境明显变差和一般变差及发生重大环境污染事件的地区，予以约谈并给予惩罚。其中，生态环境明显变差和一般变差的县全额扣减转移支付，生态环境质量轻微变差的县扣减其当年转移支付增量。

各省实际转移支付额按下列公式计算：

某省国家重点生态功能区转移支付实际补助额＝该省国家重点生态功能区转移支付应补助额±奖惩资金

第七条 省级财政部门应当根据本地实际情况，制定省对下重点生态功能区转移支付办法，规范资金分配，加强资金管理，将各项补助资金落实到位。补助对象原则上不得超出本办法确定的转移支付范围，分配的转移支付资金总额不得低于中央财政下达的国家重点生态功能区转移支付额。

第八条 享受转移支付的地区应当切实增强生态环境保护意识，将转移支付资金用于保护生态环境和改善民生，不得用于楼堂馆所及形象工程建设和竞争性领域，同时加强对生态环境质量的考核和资金的绩效管理。

第九条 本办法由财政部负责解释。

第十条 本办法自印发之日起实行。《2012 年中央对地方国家重点生态功能区转移支付办法》（财预[2012]296 号）同时废止。

第3章
云南省县域生态环境质量监测评价与考核办法

关于印发《云南省县域生态环境质量监测评价与考核办法（试行）》的通知

（云环通[2015]134 号）

各州、市人民政府，滇中产业新区管委会：

为促进生态文明建设，推动全省生态环境质量的持续改善，定量反映生态文明建设和生态保护的成果，提高生态功能区转移支付资金绩效，参照环境保护部、财政部《国家重点生态功能区县域生态环境质量监测评价与考核办法》的有关要求，依据《云南省生态功能区转移支付办法》（云财预[2013]487 号），省环境保护厅、省财政厅联合制定了《云南省县域生态环境质量监测评价与考核办法（试行）》，现印发给你们，请遵守执行。

请各地高度重视，组织好辖区内各县（市、区）的监测评价与考核工作。

附件：云南省县域生态环境质量监测评价与考核办法（试行）

云南省环境保护厅
云南省财政厅
2015 年 5 月 27 日

附件：

云南省县域生态环境质量监测评价与考核办法
（试行）

第一章　总　则

第一条　为促进生态文明建设，推动全省生态环境质量持续改善，进一步完善县域生态环境质量的监测、评价体系，定量反映生态文明建设和生态保护的成果，提高生态功能区转移支付资金绩效，参照环保部、财政部《国家重点生态功能区县域生态环境质量监测评价与考核办法》，结合云南实际，制定本办法。

第二条　坚持生态立省、环境优先的原则，以加强生态环境保护和生态建设为目标，落实环境保护地方各级人民政府负责制，推动县域生态环境质量不断改善；坚持动态考核、奖惩并重的原则，开展县域生态环境质量年度间变化情况的定量评价，并反映生态保护和建设工作实绩，实施考核奖惩；坚持公平公正、公开透明的原则，按照统一的指标、方法等科学、客观的评价与考核，指标体系、评价方法及考核结果公开。

第三条　本办法适用于全省县域生态环境质量监测评价与考核。

第二章　监测评价与考核内容

第四条　评价与考核内容包括生态环境质量、环境保护和环境管理共三大类二十项指标。其中，生态环境质量指标为反映自然生态状况的林地覆盖率、活立木蓄积量、森林覆盖率、草地覆盖率、湿地率等指标以及反映环境状况优劣的集中式饮用水水源地水质达标率、Ⅲ类或优于Ⅲ类水质达标率、优良以上空气质量达标率等指标；环境保护指标为反映环境保护目标任务完成情况的节能减排、环境治理等指标；环境管理指标为反映生态保护和建设工作实绩的生态环境保护与监管、监测评价与考核工作组织实施等指标（详见附件1）。

第五条　环境监测的具体内容按照《云南省县域生态环境质量监测方案》（详见附件3）的有关要求进行。

第三章　考核程序

第六条　采取县级自查、州（市）级审查及省级审核、评价与考核的程序，实施年度考核。

第七条　各县级人民政府于每年1月底前，向所在州（市）级人民政府环境保护主管部门报送上一年度县域生态环境质量监测评价与考核自查报告，自查报告的内容和格式见附件2。

州（市）级人民政府环境保护主管部门于每年2月底前，向省环境保护厅报送本辖区内县级人民政府自查报告和州（市）级审核意见。

省环境保护厅于每年 3 月底前，会同各相关省级职能部门审核各县上报数据，评定上一年度全省县域生态环境质量监测评价与考核结果。

第四章 组织分工

第八条 由省环境保护厅、省财政厅联合组织实施。

省环境保护厅负责考核工作具体实施，组织省环境监测中心站等开展县域生态环境质量监测、数据汇总上报、审核和评价，编写考核报告。

省财政厅负责考核工作指导与监督，依据考核结果，采取相应的生态功能区转移支付奖惩措施，并保障考核工作所需经费。

省环境保护厅、省财政厅会同各相关省级职能部门对自查报告和评价结果开展现场核查和结果确认。省环境保护厅、省财政厅联合公布考核结果。

第九条 州（市）人民政府应加强对所辖县（市、区）考核工作的指导和监督，同级环境保护主管部门会同考核指标涉及的各相关州（市）级职能部门对本行政区内县级人民政府上报自查报告中各项指标进行审查，提出审查意见。

第十条 县级人民政府为考核责任主体，负责组织开展县域生态环境质量监测、评价与考核工作，负责自查并编制自查报告。

第十一条 县级人民政府要加强环境监管基础工作，建立相应的环境监测和统计制度，保证填报数据的规范性、可靠性、完整性和逻辑性，客观反映生态保护和建设成效。县级财政部门要保障监测、评估及考核等所需经费。

第十二条 不具备环境监测能力的县（市、区），可委托上一级环境保护主管部门所属环境监测机构或通过省环境保护厅资格认定的社会环境监测机构，完成考核所需的监测内容。

第五章 评价方法和考核结果确定

第十三条 评价方法采取综合指数法，以县域生态环境质量现状（以"EI"表示）和年度间变化情况（以"ΔEI"表示）的量化分值表征。根据生态环境质量指标和环境保护指标对生态环境质量影响情况，确定其权重，对不同指标按其权重进行加和计算，得出生态环境质量现状的量化分值，该分值与上一年度的量化分值比较后，用环境管理指标的量化分值进行调节，得出考核年度生态环境质量变化情况的量化分值，即最终考核结果（评价方法详见附件 1）。

第十四条 根据生态环境质量现状评价结果，将生态环境质量现状评价分为四个等级：优（EI≥80 分）、良（70 分≤EI＜80 分）、一般（60 分≤EI＜70 分）、较差（EI＜60 分）。

生态环境质量年度间变化情况分为五个等级：一般变好（ΔEI≥4）、轻微变好（2≤ΔEI＜4）、基本稳定（2＜ΔEI＜2）、轻微变差（-4＜ΔEI≤-2）、一般变差（ΔEI≤-4）。

第十五条 县域内发生下列情形之一的，将直接给予当年度考核结果变差的等级。

（一）因人为因素引发的特大、重大突发环境事件，并造成严重后果和影响的；

（二）因人为因素引发的特大破坏森林资源事件，并造成严重后果和影响的；

（三）环境污染、资源和生态破坏等违法事件，并造成严重后果和影响的；

（四）其他造成生态环境质量严重影响的情形。

第六章　结果运用

第十六条　考核结果作为全省生态功能区转移支付资金分配的重要依据，具体奖惩按照《云南省生态功能区转移支付办法》规定执行。

第十七条　考核结果为变差的县域，县级人民政府需提出具体、明确、可操作性的整改措施，组织实施整改并专题报告整改情况。未完成整改或整改不到位的县域，将直接给予下一年度考核结果变差的等级。

第七章　监督管理

第十八条　为保证考核结果的客观、公正，各地应全面如实填报相关考核数据，对在考核工作中瞒报、谎报及弄虚作假的，一经发现将给予通报批评，并降低评价或考核等级。

第十九条　考核结果公开，接受社会公众和舆论的监督。

第八章　附　则

第二十条　本办法由省环境保护厅、省财政厅负责解释，自公布之日起实施。

第4章

云南省生态功能区转移支付办法

云南省财政厅关于印发云南省生态功能区转移支付办法的通知

（云财预[2015]398 号）

各州（市、滇中新区）财政局，镇雄县、宣威市、腾冲市财政局：

为规范转移支付分配、使用和管理，发挥财政资金在维护国家生态安全中的重要作用，推动将我省建设成为全国生态文明建设排头兵，参照财政部《国家重点生态功能区转移支付办法》，我们修订形成了《云南省生态功能区转移支付办法》，现予印发，请遵照执行。

执行中有何意见建议，请及时反馈我厅。

附件：云南省生态功能区转移支付办法

云南省财政厅

2015 年 10 月 30 日

附件：

云南省生态功能区转移支付办法

为构建国家西南生态安全屏障，推动将我省建设成为全国生态文明建设排头兵，引导地方政府加强生态环境保护，促进经济社会可持续发展，省财政设立生态功能区转移支付。参照财政部《国家重点生态功能区转移支付办法》，结合云南省实际，制定本办法。

第一条　分配原则

（一）生态补偿，激励约束。明确生态价值权益，建立健全归属清晰、权责明确、动态变化的生态补偿制度，引导约束各州（市）、县（市、区，下同）政府加强生态环境保护。省级财政对各地生态功能价值进行年度动态补偿，并根据财力状况逐步加大补偿力度，弥补生态功能区所在地政府和居民为保护生态环境所形成的实际支出与机会成本，提高重点生态功能区所在地政府基本公共服务保障能力。建立完善生态环境质量监测考核奖惩机制，每年公布动态评估结果，不断加大资金奖惩力度。

（二）公平公正，公开透明。在广泛征求相关部门和各地意见的基础上，按统一公式，科学衡量各地生态功能价值大小，公平分配补助资金。转移支付测算办法和分配结果公开。

（三）分级管理，加强监督。省级财政建立完善生态功能区转移支付制度，对各地实施生态价值补偿和生态环境质量监测评价与考核。州（市）财政部门按照政策要求，结合本地实际，制定资金管理办法，完善生态保护规划和项目储备，科学提出分配意见，规范资金管理使用，切实开展对县资金管理使用的指导和监督。县级财政部门切实加强资金管理，确保资金使用效益。

第二条　分配范围和下达办法

（一）分配范围。省财政对下资金分配范围为全省各州（市、滇中新区）和财政省直管县，采取统一办法规范计算补助资金，并对生态重要地区加大补助力度。

（二）下达办法。省财政将补助资金测算到县，州（市）财政部门在此基础上，结合本地事权划分、生态建设规划等实际情况，在所辖县测算所得补助总额的10%以内，提出调整意见及依据，报省财政厅审定后，由省财政厅正式下达资金。其中：调整至州（市）本级安排使用部分，仅限于因跨区、外溢性等因素，须由州（市）统筹实施的规模较大的环境保护或生态建设项目，应突出重点，并须列明相关项目、依据、前期准备情况、预计成效，于年内实施建设；对所辖县之间的补助调整，须列明调整理由和调整额度确定依据。

第三条　分配办法

省对下生态功能区转移支付分为对各地生态功能价值的补偿性补助、对各地用自身财力进行环境保护投入的奖励性补助和政策性补助。其中，对各地生态功能价值的补偿性补助为主体，补助资金量占当年生态功能区转移支付资金总量的80%以上。

省对某地区生态功能区转移支付应补助额=对该地区生态功能价值的补偿性补助＋对该地区用自身财力进行环境保护投入的奖励补助＋政策性补助

第四条　生态功能价值补偿性补助

对各地生态功能价值的补偿性补助，选取影响生态功能价值的客观因素，按统一方法分县测算。

某县生态功能价值的补偿性补助=全省此项资金总量×该县生态功能指数÷各县生态功能指数之和

生态功能指数是指根据森林、水域等主要生态载体的物理当量（即面积）和生态质量，以及不同生态载体的生态价值相对关系，合成反映生态功能价值大小的指数。具体包括森林生态功能指数、湿地生态功能指数、草地生态功能指数和耕地生态功能指数。

1. 森林生态功能指数

森林生态功能指数=用功效系数法[①]处理后的标准森林面积

其中：

标准森林面积=分类合成森林面积×森林质量系数

分类合成森林面积=有林地面积（不含橡胶林等经济林）×60%＋灌木林地面积×25%＋其他林地面积×15%

森林质量系数=（国家公益林面积占比×1.5＋省级公益林面积占比×1.2＋州（市）县级公益林面积占比×1.1＋商品林面积占比×1.0）×50%＋（天然林面积占比×1.5＋人工林[②]面积占比×1.0）×50%

2. 湿地[③]（即水域）生态功能指数

以天然湿地总面积及其中河流、湖泊、沼泽的相对结构为基础，采用功效系数法计算标准湿地面积，辅以生态重要性（包括典型性、脆弱性、类型多样性、物种多样性）情况、水质等因素进行调整，计算各地湿地生态功能指数，数值范围在 0～100 之间。具体计算办法见下表：

湿地生态功能指数计算指标说明

指标		赋分值	指标说明	计算方法
类	项			
合计		100		
湿地面积	小计	50		采用功效系数法计算，公式为：（某县指标值-各县该指标最小值）/（各县该指标最大值-最小值）×赋分值
	天然湿地总面积	30	区域内天然湿地面积占全省天然湿地面积的比重	
	河流湿地面积	2	区域内河流湿地面积占全省河流湿地面积的比重	
	湖泊湿地面积	7	区域内湖泊湿地面积占全省湖泊湿地面积的比重	
	沼泽湿地面积	10	区域内沼泽湿地面积占全省沼泽湿地面积的比重	
	水库湿地面积	1	区域内水库湿地面积占全省水库湿地面积的比重	
湿地生态重要性	小计	35		
	湿地典型性（代表性、独特性）	8	评价区域内湿地所具有或潜在的全球、全国或区域性的代表意义；同时考虑该湿地生态系统及物种在全国或全省范围的独特性	根据现有资料及专家知识进行评分。典型性或独特性较强地区 8 分，一般地区 5 分，较差地区 3 分

---

① 功效系数法计算公式为：（某县指标值-各县该指标最小值）/（各县该指标最大值-最小值）×赋分值（即 100）

② 含飞播林。

③ 根据《云南省湿地保护条例》，湿地指常年或者季节性积水、适宜喜湿生物生长、具有生态服务功能，并经过认定的区域。具体包括所有单位面积超过 8 公顷的天然湿地（河流、湖泊、沼泽）和人工湿地（水库、塘窖、沟渠、输水河、运河等）。

指标类	项	赋分值	指标说明	计算方法
湿地生态重要性	湿地脆弱性	12	区域内湿地对环境改变或干扰的敏感程度，破坏后恢复的难易程度，要求特殊管理。采用地貌类型反映，喀斯特地貌湿地及高海拔湿地脆弱性强	按地貌类型评分：典型喀斯特地貌湿地县赋 4 分，其余 8 分按海拔赋分。海拔赋分计算过程为：先计算综合海拔分类合成面积=海拔 3000 米以上湿地面积×4+海拔 2000 米至 3000 米湿地面积×2＋海拔 2000 米以下湿地面积，再以综合海拔分类合成面积为依据，按（实际指标值-下限值）/（上限值-下限值）×赋分值（8 分），计算得到海拔赋分
	湿地类型多样性	7	反映区域内天然湿地类型的丰富度	区域内天然湿地类型数量 7 种以上赋 7 分，5～6 种赋 5 分，3～4 种赋 3 分，1～2 种赋 1 分
	湿地物种多样性	8	反映区域内湿地动植物种的丰富度	区域内湿地动植物种数量 200 种以上赋 8 分，150～199 种赋 6 分，100～149 种赋 4 分，低于 100 种赋 2 分
湿地保护管理情况	小计	15		
	国际重要湿地、湿地类型国家级自然保护区	9	全省目前有 4 个国际重要湿地、3 个湿地类型国家级自然保护区，管理较好，发挥了重要的湿地生态功能	区域内有其中一项即得分
	国家湿地公园、地方级保护区	6	全省目前有 11 个国家湿地公园、15 个湿地类型地方级自然保护区，发挥了较好的湿地生态功能，需要加强保护	
水质情况	水污染状况严重	−5	当地主要湖泊湿地水质为Ⅴ类以下	对应湖泊水质级别扣分
	水污染状况较严重	−3	当地主要湖泊湿地水质为Ⅳ类	

3．草地生态功能指数

草地生态功能指数=用功效系数法[1]处理后的标准草地面积

其中：

标准草地面积=分类合成草地面积×（草地生态重要性调整系数×50%＋草地生态脆弱性调整系数×50%）

分类合成草地面积=天然草地面积×60%＋人工草地面积×30%＋其他草地面积×10%

草地生态重要性调整系数=地上生物量调整系数×30%＋可利用草原面积调整系数×70%

地上生物量调整系数=用功效系数法[2]处理后的亩均三年平均地上生物量

---

[1]　功效系数法计算公式为：（某县指标值-各县该指标最小值)/(各县该指标最大值-最小值)×赋分值（即 100）
[2]　功效系数法计算公式为：（某地指标值-各地该指标最小值)/(各地该指标最大值-最小值)×0.4+0.8

可利用草原面积调整系数=用功效系数法^①处理后的可利用草原面积占比

4．耕地生态功能指数

耕地生态功能指数=用功效系数法[②]处理后的标准耕地面积

其中：

标准耕地面积=水田面积×60%＋水浇地和旱地面积×40%

5．生态功能合成指数

生态功能合成指数=森林生态功能指数×63%＋湿地生态功能指数×24%＋草地生态功能指数×6%＋耕地生态功能指数×7%

建设用地、未利用地等其他生态元素，生态功能价值较低，不纳入计算。

6．区域生态重要程度调整

生态功能指数=生态功能合成指数×区域生态重要程度加成系数

区域生态重要程度加成系数涉及地区为：《全国主体功能区规划》中限制开发的国家重点生态功能区所属县，环保部制定的《全国生态功能区规划》中其他重要生态功能区所属县，以及干热河谷、重要喀斯特土壤保持区、热带雨林生物多样性地区、横断山高海拔、珠江源水源涵养等重要地区。加成系数范围按 1～1.4 适当确定。

第五条　自身环境保护投入奖励性补助

自身环境保护投入奖励性补助，用于对各地通过自身财力安排的生态保护支出进行适当奖补，具体根据各州市本级和所辖县自身财力投入计算，并按财政困难程度适当调整。

对某州市（县）用自身财力进行环境保护投入的奖励补助=该州市（县）上一年度自身财力安排的生态环保支出÷各州市（县）上一年度自身财力安排的生态环保支出之和×该项资金总量×财政困难程度调整系数

财政困难程度调整系数，根据各州市（县）财政保工资、保运转标准支出占可用财力的比重分档确定，对占比较高的地区，适当加大支持力度，调整系数控制在 0.8～1.2 之间。

第六条　政策性补助

对于统一计算难以体现而又具有较重要生态价值的高原湖泊、跨区饮用水水源保护区、自然保护区等地方，适当给予政策性补助，更加全面客观反映各地生态价值。

政策性补助=高原湖泊补助＋禁止开发区补助＋具有跨区外溢价值大型水库补助

其中：

高原湖泊补助范围为九大高原湖泊中水质好于Ⅲ类（含Ⅲ类）的湖泊。具体按照湖面面积、湖容量进行计算分配，并根据水质进行调整，对水质好的加大补助力度。

禁止开发区补助范围为国家和省级森林公园、自然保护区、风景名胜区、水产种质资源保护区、国家地质公园、国家湿地公园、世界文化自然遗产面积（若有交叉不重复计算）占辖区面积比例超过20%的县。其中，对面积占比较大的地区加大补助力度。

具有跨区外溢价值大型水库补助，补助范围是库址和用水地不在同一行政区域的大型水库所在县，用于支持库址所在地政府履行好水源保护、水库管理维护等事权，弥补外溢

---

① 功效系数法计算公式为：（某地指标值−各地该指标最小值)/(各地该指标最大值−最小值)×0.4+0.8
② 功效系数法计算公式为：（某县指标值−各县该指标最小值)/(各县该指标最大值−最小值)×赋分值（即 100）

到用水地的生态价值。鼓励用水地与库址所在地开展横向生态价值补偿。

第七条 奖惩机制

省财政厅会同环境保护等部门不断健全生态环境质量检测考核奖惩机制，根据《云南省县域生态质量监测评价与考核办法（试行）》（云环通[2015]134 号）规定，每年对全省各县进行生态环境监测与评估，公布评估结果，并根据评估结果采取相应的资金奖惩措施。对生态环境变好的县，适当增加转移支付。对因非不可控因素而导致生态环境恶化的县，适当扣减转移支付。其中，对年度间生态环境"明显变差"、"一般变差"、"轻微变差"的县，分别按当年测算生态功能价值补偿性补助资金量的 100%、70%、40%扣减转移支付，并在下一年度继续扣减其当年所扣资金的 50%。采取奖惩机制后，各地实际享受转移支付用公式表示为：

省对某地区生态功能区转移支付实际补助额=对该地区生态功能区转移支付应补助额±生态环境质量监测评价与考核奖惩

第八条 资金管理和使用

生态功能区转移支付须用于保护生态环境和改善民生，不得用于楼堂馆所及形象工程建设，不得用于市场竞争性领域的直接投入，要加强对生态环境质量的考核和资金的绩效管理。享受转移支付的政府和有关部门要切实增强生态环境保护意识，坚持经济发展与生态保护并重。

第九条 州（市、滇中新区，直管县）财政部门要制定本地区生态功能区转移支付管理办法，并报省财政厅备案。

第十条 本办法计算所采用的基础数据，取自省级国土、农业、林业、水利、环保等行政主管部门行业统计资料。计算中所采用的生态载体分类方式及加权系数，依据环保部制定发布的中华人民共和国环境保护行业标准《生态环境状况评价技术规范》（HJ/T 192—2006）确定。

第十一条 本办法自发文之日起实行。《云南省生态功能区转移支付办法》（云财预[2013]487 号）停止执行。

本办法由云南省财政厅负责解释。

第二篇
技术文件

第1章
国家重点生态功能区县域生态环境质量监测评价与考核指标体系

关于印发《国家重点生态功能区县域生态环境质量监测评价与考核指标体系》的通知

（环发[2014]32 号）

各有关省、自治区、直辖市环境保护厅（局）、财政厅（局），新疆生产建设兵团环境保护局、财政局：

为落实党的十八届三中全会做出的《中共中央关于全面深化改革若干重大问题的决定》中关于"完善对重点生态功能区的生态补偿机制"、"建立资源环境承载能力监测预警机制"的要求，根据《国家重点生态功能区县域生态环境质量监测评价与考核办法》（环发[2011]18 号），环境保护部、财政部组织对国家重点生态功能区县域生态环境质量监测评价与考核指标体系进行了修订，现将修订后的《国家重点生态功能区县域生态环境质量监测评价与考核指标体系》印发给你们，请认真贯彻落实。

附件：国家重点生态功能区县域生态环境质量监测评价与考核指标体系

环境保护部

财政部

2014 年 2 月 19 日

附件:

国家重点生态功能区县域生态环境质量监测评价与考核指标体系

国家重点生态功能区县域生态环境质量监测评价与考核指标体系根据防风固沙、水土保持、水源涵养和生物多样性维护四种生态功能类型分布区的自然生态、环境特征等条件综合确定,指标体系突出不同生态功能类型的差异化特征。

一、指标体系

功能类型	一级指标	二级指标
防风固沙	自然生态指标	植被覆盖指数
		受保护区域面积所占比例
		林草地覆盖率
		水域湿地覆盖率
		耕地和建设用地比例
		沙化土地面积所占比例
	环境状况指标	主要污染物排放强度
		污染源排放达标率
		III类及优于III类水质达标率
		优良以上空气质量达标率
		城镇生活污水处理率
		集中式饮用水水源地水质达标率
水土保持	自然生态指标	植被覆盖指数
		受保护区域面积所占比例
		林草地覆盖率
		水域湿地覆盖率
		耕地和建设用地比例
		中度及以上土壤侵蚀面积所占比例
	环境状况指标	主要污染物排放强度
		污染源排放达标率
		III类及优于III类水质达标率
		优良以上空气质量达标率
		城镇生活污水处理率
		集中式饮用水水源地水质达标率
水源涵养	自然生态指标	水源涵养指数
		林地覆盖率
		草地覆盖率
		水域湿地覆盖率
		耕地和建设用地比例
		受保护区域面积所占比例

功能类型	一级指标	二级指标
水源涵养	环境状况指标	主要污染物排放强度
		污染源排放达标率
		III类及优于III类水质达标率
		优良以上空气质量达标率
		城镇生活污水处理率
		集中式饮用水水源地水质达标率
生物多样性维护	自然生态指标	生物丰度指数
		林地覆盖率
		草地覆盖率
		水域湿地覆盖率
		耕地和建设用地比例
		受保护区域面积所占比例
	环境状况指标	主要污染物排放强度
		污染源排放达标率
		III类及优于III类水质达标率
		优良以上空气质量达标率
		城镇生活污水处理率
		集中式饮用水水源地水质达标率
	调节指标	生态环境保护与管理
		无人机遥感抽查
		人为因素引发的突发环境事件

*南水北调水源区在考核水质达标率的基础上，同时考核水质主要污染物浓度变化情况

二、指标解释与说明

（一）自然生态指标

（1）林地覆盖率：指县域内林地（有林地、灌木林地和其他林地）面积占县域国土面积的比例。林地是指生长乔木、竹类、灌木的土地，以及沿海生长的红树林的土地，包括迹地；不包括居民点内部的绿化林木用地，铁路、公路征地范围内的林木以及河流沟渠的护堤林。有林地是指郁闭度大于 0.3 的天然林和人工林，包括用材林、经济林、防护林等成片林地；灌木林地指郁闭度大于 0.4、高度在 2m 以下的矮林地和灌丛林地；其他林地包括郁闭度为 0.1～0.3 的疏林地以及果园、茶园、桑园等林地。

（2）草地覆盖率：指县域内草地（高覆盖度草地、中覆盖度草地和低覆盖度草地）面积占县域国土面积的比例。草地是指生长草本植物为主、覆盖度在 5%以上的土地，包括以牧为主的灌丛草地和郁闭度小于 0.1 的疏林草地。高覆盖度草地是指植被覆盖度大于50%的天然草地、人工牧草地及树木郁闭度小于 0.1 的疏林草地。中覆盖度草地是指植被覆盖度 20%～50%的天然草地、人工牧草地。低覆盖度草地是指植被覆盖度 5%～20%的草地。

（3）林草地覆盖率：指县域内林地、草地面积之和占县域国土面积的比例。

（4）水域湿地覆盖率：指县域内河流（渠）、湖泊（库）、滩涂、沼泽地等湿地类型的

面积占县域国土面积的比例。水域湿地是指陆地水域、滩涂、沟渠、水利设施等用地，不包括滞洪区和已垦滩涂中的耕地、园地、林地等用地。河流（渠）是指天然形成或人工开挖的线状水体，河流水面是河流常水位岸线之间的水域面积；湖泊（库）是指天然或人工形成的面状水体，包括天然湖泊和人工水库两类；滩涂包括沿海滩涂和内陆滩涂两类，其中沿海滩涂是指沿海大潮高潮位与低潮位之间的潮浸地带，内陆滩涂是指河流湖泊常水位至洪水位间的滩地；时令湖、河流洪水位以下的滩地；水库、坑塘的正常蓄水位与洪水位之间的滩地。沼泽地是指地势平坦低洼，排水不畅，季节性积水或常年积水以生长湿生植物为主地段。

（5）耕地和建设用地比例：指耕地（包括水田、旱地）和建设用地（包括城镇用地、农村居民点及其他建设用地）面积之和占县域国土面积的比例。耕地是指耕种农作物的土地，包括熟耕地、新开地、复垦地和休闲地（含轮歇地、轮作地）；以种植农作物（含蔬菜）为主，间有零星果树、桑树或其他树木的土地；耕种三年以上，平均每年能保证收获一季的已垦滩地和海涂；临时种植药材、草皮、花卉、苗木的耕地，以及临时改变用途的耕地。水田是指有水源保证和灌溉设施，在一般年景能正常灌溉，用于种植水稻、莲藕等水生农作物的耕地，也包括实行水生、旱生农作物轮作的耕地。旱地是指无灌溉设施，靠天然降水生长的农作物用地；以及有水源保证和灌溉设施，在一般年景能正常灌溉，种植旱生农作物的耕地；以种植蔬菜为主的耕地，正常轮作的休闲地和轮歇地。建设用地是指城乡居民地（点）及城镇以外的工矿、交通等用地。城镇用地是指大、中、小城市及县镇以上的建成区用地；农村居民点是指农村地区农民聚居区；其他建设用地是指独立于城镇以外的厂矿、大型工业区、油田、盐场、采石场等用地以及机场、码头、公路等用地及特殊用地。

（6）受保护区域面积所占比例：指县域内自然保护区、风景名胜区、森林公园、湿地公园、地质公园、集中式饮用水水源地保护区等受到严格保护的区域面积占县域国土面积的比例。受保护区域包括各级（国家、省、市或县级）自然保护区、（国家或省级）风景名胜区、（国家或省级）森林公园、国家湿地公园、国家地质公园、集中式饮用水水源地保护区。目前，环境保护部正在组织开展生态红线划定工作，待完成后生态红线区域也将纳入受保护区域范围。

（7）中度及以上土壤侵蚀面积所占比例：针对水土保持功能类型县域，侵蚀强度在中度及以上的土壤侵蚀面积之和占县域国土面积的比例。侵蚀强度分类按照水利部门的《土壤侵蚀分类分级标准》（SL190—2007）分为微度、轻度、中度、强烈、极强烈和剧烈6个等级。

（8）沙化土地面积所占比例：针对防风固沙功能类型县域，除固定沙地之外的沙化土地面积之和占县域国土面积的比例。沙化土地分类按照林业部门荒漠化与沙化土地调查分类标准，分为固定沙地、半固定沙地、流动沙地、风蚀残丘、风蚀劣地、戈壁、沙化耕地、露沙地8种类型。

（9）植被覆盖指数：指县域内林地、草地、耕地、建设用地和未利用地等用地生态类型的面积占县域国土面积的综合加权比重，用于反映县域植被覆盖的程度。

（10）生物丰度指数：指县域内不同生态系统类型生物物种的丰贫程度，根据县域内林地、草地、耕地、水域湿地等不同用地类型对生物物种多样性的支撑程度进行综合加权获得。

（11）水源涵养指数：指县域内生态系统水源涵养功能的强弱程度，根据县域内林地、草地及水域湿地在水源涵养功能方面的差异进行综合加权获得。

（二）环境状况指标

（1）主要污染物排放强度：指县域单位国土面积所排放的二氧化硫（SO_2）、化学需氧量（COD）、氨氮和氮氧化物之和，单位：千克/千米^2。

（2）污染源排放达标率：指县域内纳入监控的污染源排放达到相应排放标准的监测次数占全年监测总次数的比例。针对纳入监控的污染源的一次监测中，所有排污口的所有污染物浓度均符合针对性排放标准限值时，则该污染源本次污染物排放浓度达标；如有一项污染物浓度超过针对性排放标准限值，则该污染源该次监测不达标。污染源排放执行地方或国家的行业污染物排放（控制）标准，暂时没有针对性排放标准的企业，可执行地方或国家颁布的污染物综合排放标准，具体监测项目由监督管理的环境保护部门确定。

（3）Ⅲ类或优于Ⅲ类水质达标率：指县域内所有经认证的水质监测断面中，符合Ⅰ～Ⅲ类水质的监测次数占全部认证断面全年监测总次数的比例。

（4）城镇生活污水处理率：指县域范围内城镇地区经过污水处理厂二级或二级以上处理且达到相应排放标准的污水量占城镇生活污水全年排放量的比例。

（5）集中式饮用水水源地水质达标率：指县域范围内所有集中式饮用水水源地的水质监测中，符合Ⅰ～Ⅲ类水质的监测次数占全年监测总次数的比例。

（6）优良以上空气质量达标率：指县域范围内城镇空气质量优良以上的监测天数占全年监测总天数的比例。

（三）调节指标

（1）生态环境保护与管理：从生态环境保护制度与生态创建、生态保护与建设工程、生态环境监管能力与环境基础设施建设、转移支付资金使用以及县域考核工作组织管理5个方面进行量化评价。南水北调水源区县域还包括相关水污染防治规划项目建设情况。

（2）无人机遥感抽查：在不同年份遥感影像对比分析基础上，利用无人机遥感手段对县域内生态发生变化的局部区域进行核查并测算变化面积，分为明显变化（变化面积在5平方千米以上）、一般变化（变化面积介于2～5平方千米）和轻微变化（变化面积在2平方千米以内）三个等级。

（3）人为因素引发的突发环境事件：包括两部分内容，一是按照《国家突发环境事件应急预案》，县域范围内发生人为因素引发的突发环境事件，分为特大、重大、较大和一般四个级别；二是县域出现由环境保护部通报的环境污染或生态破坏事件，自然保护区等受保护区域生态环境违法事件，或出现由环境保护部挂牌督办的环境违法案件以及被纳入区域限批范围内的考核县域。

第2章
国家重点生态功能区县域生态环境质量监测评价与考核指标体系实施细则

第一部分 总 则

为增强《国家重点生态功能区县域生态环境质量监测评价与考核指标体系》的可操作性，细化评分规定，特编制《国家重点生态功能区县域生态环境质量监测评价与考核指标体系实施细则（试行）》。

国家重点生态功能区县域生态环境质量监测评价与考核指标分为技术评价指标和调节指标两部分。技术评价指标由自然生态指标和环境状况指标组成，分为水源涵养、水土保持、防风固沙和生物多样性维护等四类生态功能类型，根据被考核县域所属的生态功能类型选择相应的技术评价指标进行考核。调节指标包括生态环境保护与管理、无人机遥感抽查以及人为因素引发的突发环境事件三部分。

表1 国家重点生态功能区县域生态环境质量监测评价与考核指标体系

功能类型	一级指标	二级指标
防风固沙	自然生态指标	植被覆盖指数
		受保护区域面积所占比例
		林草地覆盖率
		水域湿地覆盖率
		耕地和建设用地比例
		沙化土地面积所占比例
	环境状况指标	主要污染物排放强度
		污染源排放达标率
		III类及优于III类水质达标率
		优良以上空气质量达标率
		城镇生活污水处理率
		集中式饮用水水源地水质达标率

功能类型	一级指标	二级指标
水土保持	自然生态指标	植被覆盖指数
		受保护区域面积所占比例
		林草地覆盖率
		水域湿地覆盖率
		耕地和建设用地比例
		中度及以上土壤侵蚀面积所占比例
	环境状况指标	主要污染物排放强度
		污染源排放达标率
		III类及优于III类水质达标率
		优良以上空气质量达标率
		城镇生活污水处理率
		集中式饮用水水源地水质达标率
水源涵养	自然生态指标	水源涵养指数
		林地覆盖率
		草地覆盖率
		水域湿地覆盖率
		耕地和建设用地比例
		受保护区域面积所占比例
	环境状况指标	主要污染物排放强度
		污染源排放达标率
		III类及优于III类水质达标率
		优良以上空气质量达标率
		城镇生活污水处理率
		集中式饮用水水源地水质达标率
生物多样性维护	自然生态指标	生物丰度指数
		林地覆盖率
		草地覆盖率
		水域湿地覆盖率
		耕地和建设用地比例
		受保护区域面积所占比例
	环境状况指标	主要污染物排放强度
		污染源排放达标率
		III类及优于III类水质达标率
		优良以上空气质量达标率
		城镇生活污水处理率
		集中式饮用水水源地水质达标率
调节指标		生态环境保护与管理
		无人机遥感抽查
		人为因素引发的突发环境事件

第二部分　技术评价指标

一、自然生态指标

（一）林地覆盖率

1．指标解释：指县域内林地（有林地、灌木林地和其他林地）面积占县域国土面积的比例。林地是指生长乔木、竹类、灌木的土地，以及沿海生长的红树林的土地，包括迹地；不包括居民点内部的绿化林木用地，铁路、公路征地范围内的林木以及河流沟渠的护堤林。有林地是指郁闭度大于 0.3 的天然林和人工林，包括用材林、经济林、防护林等成片林地；灌木林地指郁闭度大于 0.4、高度在 2m 以下的矮林地和灌丛林地；其他林地包括郁闭度为 0.1～0.3 的疏林地以及果园、茶园、桑园等林地。

2．计算公式：林地覆盖率=（有林地面积＋灌木林地面积＋其他林地面积）/县域国土面积×100%

3．数据来源：国土、林业部门

（二）草地覆盖率

1．指标解释：指县域内草地（高覆盖度草地、中覆盖度草地和低覆盖度草地）面积占县域国土面积的比例。草地是指生长草本植物为主、覆盖度在 5%以上的土地，包括以牧为主的灌丛草地和树木郁闭度小于 0.1 的疏林草地。高覆盖度草地是指植被覆盖度大于 50%的天然草地、人工牧草地及树木郁闭度小于 0.1 的疏林草地。中覆盖度草地是指植被覆盖度 20%～50%的天然草地、人工牧草地。低覆盖度草地是指植被覆盖度 5%～20%的草地。

2．计算公式：草地覆盖率=（高覆盖度草地面积＋中覆盖度草地面积＋低覆盖度草地面积）/县域国土面积×100%

3．数据来源：国土、农业部门

（三）林草地覆盖率

1．指标解释：指县域内林地、草地面积之和占县域国土面积的比例。

2．计算公式：林草地覆盖率=林地覆盖率＋草地覆盖率

3．数据来源：国土、农业、林业部门

（四）水域湿地覆盖率

1．指标解释：指县域内河流（渠）、湖泊（库）、滩涂、沼泽地等湿地类型的面积占县域国土面积的比例。水域湿地是指陆地水域、滩涂、沟渠、水利设施等用地，不包括滞洪区和已垦滩涂中的耕地、园地、林地等用地。河流（渠）是指天然形成或人工开挖的线状水体，河流水面是河流常水位岸线之间的水域面积；湖泊（库）是指天然或人工形成的面状水体，包括天然湖泊和人工水库两类；滩涂包括沿海滩涂和内陆滩涂两类，其中沿海滩涂是指沿海大潮高潮位与低潮位之间的潮浸地带，内陆滩涂是指河流湖泊常水位至洪水位间的滩地；时令湖、河流洪水位以下的滩地；水库、坑塘的正常蓄水位与洪水位之间的滩地。沼泽地是指地势平坦低洼，排水不畅，季节性积水或常年积水以生长湿生植物为主地段。

2．计算公式：水域湿地覆盖率=[河流（渠）面积＋湖泊（库）面积＋滩涂面积＋沼

泽地面积]/县域国土面积×100%

3．数据来源：国土、水利、林业部门

（五）耕地和建设用地比例

1．指标解释：指耕地（包括水田、旱地）和建设用地（包括城镇建设用地、农村居民点及其他建设用地）面积之和占县域国土面积的比例。耕地是指耕种农作物的土地，包括熟耕地、新开地、复垦地和休闲地（含轮歇地、轮作地）；以种植农作物（含蔬菜）为主，间有零星果树、桑树或其他树木的土地；耕种三年以上，平均每年能保证收获一季的已垦滩地和海涂；临时种植药材、草皮、花卉、苗木的耕地，以及临时改变用途的耕地。水田是指有水源保证和灌溉设施，在一般年景能正常灌溉，用于种植水稻、莲藕等水生农作物的耕地，也包括实行水生、旱生农作物轮作的耕地。旱地是指无灌溉设施，靠天然降水生长的农作物用地；以及有水源保证和灌溉设施，在一般年景能正常灌溉，种植旱生农作物的耕地；以种植蔬菜为主的耕地，正常轮作的休闲地和轮歇地。建设用地是指城乡居民地（点）及城镇以外的工矿、交通等用地。城镇建设用地是指大、中、小城市及县镇以上的建成区用地；农村居民点是指农村地区农民聚居区；其他建设用地是指独立于城镇以外的厂矿、大型工业区、油田、盐场、采石场等用地以及机场、码头、公路等用地及特殊用地。

2．计算公式：耕地和建设用地比例＝（水田面积＋旱地面积＋城镇建设用地面积＋农村居民点面积＋其他建设用地面积）/县域国土面积×100%

3．数据来源：国土、城建、农业部门

（六）受保护区域面积所占比例

1．指标解释：指县域内自然保护区、风景名胜区、森林公园、湿地公园、地质公园、集中式饮用水水源地保护区等受到严格保护的区域面积占县域国土面积的比例。受保护区域包括各级（国家、省、市或县级）自然保护区、（国家或省级）风景名胜区、（国家或省级）森林公园、国家湿地公园、国家地质公园、集中式饮用水水源地保护区。目前，环境保护部正在开展生态红线划定工作，待完成后生态红线区域也将纳入受保护区域范围。

2．计算公式：受保护区域面积所占比例＝（自然保护区面积＋风景名胜区面积＋森林公园面积＋湿地公园面积＋地质公园面积＋集中式饮用水水源地保护区面积）/县域国土面积×100%

3．数据来源：国土、环保、水利、林业、旅游等各类受保护区域的对口管理部门

（七）中度及以上土壤侵蚀面积所占比例

1．指标解释：针对水土保持功能类型县域，侵蚀强度在中度及以上的土壤侵蚀面积之和占县域国土面积的比例。侵蚀强度分类按照水利部门的《土壤侵蚀分类分级标准》（SL190—2007），分为微度、轻度、中度、强烈、极强烈和剧烈6个等级。

2．计算公式：中度及以上土壤侵蚀面积所占比例＝（土壤中度侵蚀面积＋土壤强烈侵蚀面积＋土壤极强烈侵蚀面积＋土壤剧烈侵蚀面积）/县域国土面积×100%

3．数据来源：国土、水利部门

（八）沙化土地面积所占比例

1．指标解释：针对防风固沙功能类型县域，除固定沙丘（地）之外的沙化土地面积之和占县域国土面积的比例。沙化土地分类按照林业部门荒漠化与沙化土地调查分类标准，分为固定沙丘（地）、半固定沙丘（地）、流动沙丘（地）、风蚀残丘、风蚀劣地、戈

壁、沙化耕地、露沙地 8 种类型。

2．计算公式：沙化土地面积所占比例＝（固定沙丘（地）面积＋半固定沙丘（地）面积＋流动沙丘（地）面积＋风蚀残丘面积＋风蚀劣地面积＋戈壁面积＋沙化耕地面积＋露沙地面积）/县域国土面积×100%

3．数据来源：国土、林业部门

（九）植被覆盖指数

1．指标解释：指县域内林地、草地、耕地、建设用地和未利用地等土地生态类型的面积占县域国土面积的综合加权比重，用于反映县域植被覆盖的程度。

2．计算公式：植被覆盖指数＝A×[0.38×（0.6×有林地面积＋0.25×灌木林地面积＋0.15×其他林地面积）＋0.34×（0.6×高盖度草地面积＋0.3×中盖度草地面积＋0.1×低盖度草地面积）＋0.19×（0.7×水田面积＋0.30×旱地面积）＋0.07×（0.3×城镇建设用地面积＋0.4×农村居民点面积＋0.3×其他建设用地面积）＋0.02×（0.2×沙地面积＋0.3×盐碱地面积＋0.3×裸土地面积＋0.2×裸岩面积）]/县域国土面积。其中，A 为植被覆盖指数的归一化系数（值为 458.5），以县级尺度的林地、草地、耕地、建设用地等生态类型数据加权，并以 100 除以最大的加权值获得；通过归一化系数将植被覆盖指数值处理为 0～100 之间的无量纲数值。

3．数据来源：国土、城建、农业、林业部门

（十）生物丰度指数

1．指标解释：指县域内不同生态系统类型生物物种的丰贫程度，根据县域内林地、草地、耕地、水域湿地等不同土地生态类型对生物物种多样性的支撑程度进行综合加权获得。

2．计算公式：生物丰度指数＝A×[0.35×（0.6×有林地面积＋0.25×灌木林地面积＋0.15×其他林地面积）＋0.21×（0.6×高盖度草地面积＋0.3×中盖度草地面积＋0.1×低盖度草地面积）＋0.11×（0.6×水田面积＋0.40×旱地面积）＋0.04×（0.3×城镇建设用地面积＋0.4×农村居民点面积＋0.3×其他建设用地面积）＋0.01×（0.2×沙地面积＋0.3×盐碱地面积＋0.3×裸土地面积＋0.2×裸岩面积）＋0.28×（0.1×河流面积＋0.3×湖库面积＋0.6×滩涂面积）]/县域国土面积。其中，A 为生物丰度指数的归一化系数（值为 511.3），以县级尺度的林地、草地、水域湿地、耕地、建设用地等生态类型数据加权，并以 100 除以最大的加权值获得；通过归一化系数将生物丰度指数值处理为 0～100 之间的无量纲数值。

3．数据来源：国土、城建、水利、农业、林业部门

（十一）水源涵养指数

1．指标解释：指县域内生态系统水源涵养功能的强弱程度，根据县域内林地、草地及水域湿地在水源涵养功能方面的差异进行综合加权获得。

2．计算公式：水源涵养指数＝A×[0.45×（0.1×河流面积＋0.3×湖库面积＋0.6×沼泽面积）＋0.35×（0.6×有林地面积＋0.25×灌木林地面积＋0.15×其他林地面积）＋0.20×（0.6×高盖度草地面积＋0.3×中盖度草地面积＋0.1×低盖度草地面积）]/县域国土面积。其中，A 为水源涵养指数的归一化系数（值为 526.7），以县级尺度的林地、草地、水域湿地三种生态类型数据加权，并以 100 除以最大的加权值获得；通过归一化系数将水源涵养指数值处理为 0～100 之间的无量纲标数值。

3．数据来源：国土、水利、农业、林业部门

二、环境状况指标

（一）主要污染物排放强度

1．指标解释：指县域单位国土面积所排放的二氧化硫（SO_2）、化学需氧量（COD）、氨氮（NH_3-N）和氮氧化物（NO_x）之和，单位：千克/千米²。

2．计算公式：主要污染物排放强度＝（SO_2 排放量＋COD 排放量＋NH_3-N 排放量＋NO_x 排放量）/县域国土面积，单位：千克/千米²

3．数据来源：国土、环保部门

（二）污染源排放达标率

1．指标解释：指县域内纳入监控的污染源排放达到相应排放标准的监测次数占全年监测总次数的比例。针对纳入监控的污染源的一次监测中，所有排污口的所有污染物浓度均符合针对性排放标准限值时，则该污染源本次污染物排放浓度达标；如有一项污染物浓度超过针对性排放标准限值，则该污染源该次监测不达标。污染源排放执行地方或国家的行业污染物排放（控制）标准，暂时没有针对性排放标准的企业，可执行地方或国家颁布的污染物综合排放标准，具体监测项目由监督管理的环境保护部门确定。

2．计算公式：污染源排放达标率＝认定污染源的监测达标频次/县域内全部认定污染源全年监测总频次×100%

3．数据来源：环保部门

（三）Ⅲ类或优于Ⅲ类水质达标率

1．指标解释：指县域内所有经认证的水质监测断面中，符合Ⅰ～Ⅲ类水质的监测次数占全部认证断面全年监测总次数的比例。

2．计算公式：Ⅲ类或优于Ⅲ类水质达标率＝认证断面达标频次之和/认证断面全年监测总频次×100%

3．数据来源：环保部门

（四）城镇生活污水处理率

1．指标解释：指县域范围内城镇地区经过污水处理厂二级或二级以上处理且达到相应排放标准的污水量占城镇生活污水全年排放量的比例。

2．计算公式：城镇生活污水处理率＝城镇污水处理厂年达标排放污水量（万吨）/城镇生活污水年排放量（万吨）×100%

3．数据来源：环保、城建部门

（五）集中式饮用水水源地水质达标率

1．指标解释：指县域范围内所有集中式饮用水水源地的水质监测中，符合Ⅰ～Ⅲ类水质的监测次数占全年监测总次数的比例。

2．计算公式：集中式饮用水水源地水质达标率＝饮用水水源地监测达标频次/饮用水水源地全年监测总频次×100%

3．数据来源：环保部门

（六）优良以上空气质量达标率

1．指标解释：指县域范围内城镇空气质量优良以上的监测天数占全年监测总天数的比例。空气质量监测与评价在 2015 年 12 月 31 日前执行现行《环境空气质量标准》（GB 3095—1996），从 2016 年 1 月 1 日起执行《环境空气质量标准》（GB 3095—2012）及相关技术规范。

2. 计算公式：优良以上空气质量达标率=空气质量优良天数/全年监测总天数×100%

3. 数据来源：环保部门

三、评价方法

（一）评价模型

1. 县域生态环境质量状况值（EI）

县域生态环境质量采用综合指数法评价，以 EI 表示县域生态环境质量状况，计算公式为：

$$EI = w_{eco}EI_{eco} + w_{env}EI_{env}$$

其中：EI_{eco} 为自然生态指标值，w_{eco} 为自然生态指标权重，EI_{env} 为环境状况指标值，w_{env} 为环境状况指标权重。EI_{eco}、EI_{env} 分别由各自的二级指标加权获得。

自然生态指标值：$EI_{eco} = \sum_{i=1}^{n} w_i \times X_i'$

环境状况指标值：$EI_{env} = \sum_{i=1}^{n} w_i \times X_i'$

其中：w_i 为二级指标权重；X_i' 为二级指标标准化后的值。

2. 县域生态环境质量状况变化值（$\Delta EI'$）

以 $\Delta EI'$ 表示县域生态环境质量状况变化情况，计算公式为：

$$\Delta EI' = EI_{评价考核年} - EI_{基准年}$$

（二）权重系数

表 2 技术评价指标权重系数表

功能类型	一级指标		二级指标		指标类型
	名称	权重	名称	权重	
防风固沙	自然生态指标	0.60	植被覆盖指数	0.24	正指标
			受保护区域面积所占比例	0.10	正指标
			林草地覆盖率	0.22	正指标
			水域湿地覆盖率	0.20	正指标
			耕地和建设用地比例	0.14	负指标
			沙化土地面积所占比例	0.10	负指标
	环境状况指标	0.40	主要污染物排放强度	0.45	负指标
			污染源排放达标率	0.10	正指标
			III类及优于III类水质达标率	0.15	正指标
			优良以上空气质量达标率	0.15	正指标
			城镇污水集中处理率	0.10	正指标
			集中式饮用水水源地水质达标率	0.05	正指标

功能类型	一级指标		二级指标		指标类型
	名称	权重	名称	权重	
水土保持	自然生态指标	0.60	植被覆盖指数	0.23	正指标
			受保护区域面积所占比例	0.13	正指标
			林草地覆盖率	0.23	正指标
			水域湿地覆盖率	0.18	正指标
			耕地和建设用地比例	0.13	负指标
			中度及以上土壤侵蚀面积所占比例	0.10	负指标
	环境状况指标	0.40	主要污染物排放强度	0.45	负指标
			污染源排放达标率	0.10	正指标
			III类及优于III类水质达标率	0.15	正指标
			优良以上空气质量达标率	0.15	正指标
			城镇污水集中处理率	0.10	正指标
			集中式饮用水水源地水质达标率	0.05	正指标
水源涵养	自然生态指标	0.60	水源涵养指数	0.25	正指标
			受保护区域面积所占比例	0.20	正指标
			林地覆盖率	0.15	正指标
			草地覆盖率	0.10	正指标
			水域湿地覆盖率	0.15	正指标
			耕地和建设用地比例	0.15	负指标
	环境状况指标	0.40	主要污染物排放强度	0.45	负指标
			污染源排放达标率	0.10	正指标
			III类及优于III类水质达标率	0.20	正指标
			优良以上空气质量达标率	0.10	正指标
			城镇污水集中处理率	0.10	正指标
			集中式饮用水水源地水质达标率	0.05	正指标
生物多样性维护	自然生态指标	0.60	生物丰度指数	0.23	正指标
			受保护区域面积所占比例	0.22	正指标
			林地覆盖率	0.15	正指标
			草地覆盖率	0.10	正指标
			水域湿地覆盖率	0.15	正指标
			耕地和建设用地比例	0.15	负指标
	环境状况指标	0.40	主要污染物排放强度	0.45	负指标
			污染源排放达标率	0.10	正指标
			III类及优于III类水质达标率	0.20	正指标
			优良以上空气质量达标率	0.10	正指标
			城镇污水集中处理率	0.10	正指标
			集中式饮用水水源地水质达标率	0.05	正指标

第三部分 调节指标

调节指标包括生态环境保护与管理、无人机遥感抽查以及人为因素引发的突发环境事件三个部分。

一、生态环境保护与管理

（一）评价方法

从生态环境保护制度与生态创建、生态保护与建设工程、生态环境监管能力与环境基础设施建设、转移支付资金使用及县域考核工作组织管理五个方面进行量化评价，各项目的分值相加即为该县的生态环境保护与管理得分值（EM管理）。

EM管理满分 100 分，其中：生态环境保护制度与生态创建 10 分、生态保护与建设工程 20 分、生态环境监管能力与环境基础设施建设 26 分、转移支付资金使用 15 分、县域考核工作组织管理 29 分，详见表 3。

表 3　生态环境保护与管理调节指标

项　目	分　值
1.生态环境保护制度与生态创建	10 分
1.1 生态环境保护制度	5 分
1.2 生态创建	5 分
2.生态保护与建设工程	20 分
2.1 年度工作计划	10 分
2.2 工程项目实施	10 分
3.生态环境监管能力与环境基础设施建设	26 分
3.1 生态环境监管能力	20 分
3.2 环境基础设施建设	6 分
4.转移支付资金使用	15 分
5.县域考核工作组织管理	29 分
5.1 考核工作组织情况	10 分
5.2 考核工作实施情况	19 分
合计	100 分

1．生态环境保护制度与生态创建（10 分）

1.1 生态环境保护制度

为贯彻落实《全国主体功能区规划》等有关规划和文件所制定的规划、政策、制度等。

计分方法：满分 5 分。

计分依据：提供相关文件、文本或证明材料。

1.2 生态创建

被考核县域创建下列称号：国家生态文明建设示范区、国家生态县（市、区）、国家环境保护模范城市、国家生态工业示范园区、国家级生态乡镇、国家级或省级自然保护区等。

计分方法：满分 5 分；创建一项即可，得分不累加。已申请创建的，得 2 分；创建成功的，得 5 分。

计分依据：提供相关文件、文本或证明材料。

2．生态保护与建设工程（20 分）

2.1 年度工作计划

被考核县域年度环保目标任务（如：主要污染物减排，年度环保工作目标等）完成情况。

计分方法：满分 10 分。

计分依据：提供相关文件、文本或证明材料。

2.2 工程项目实施

被考核县域根据国家、省、地市及区县等各级人民政府有关规划或年度计划所开展的生态保护与建设工程；南水北调水源区县域还包括相关水污染防治规划项目建设情况。

计分方法：满分 10 分。

计分依据：提供相关证明材料，含工程内容、建设进程、验收文件、生态环境效益分析等材料；南水北调水源区县域还应提供相关水污染防治规划项目完成情况。

3. 生态环境监管能力与环境基础设施建设（26 分）

3.1 生态环境监管能力

（1）基本环境监管能力

被考核县域具备年度实施方案中所要求的基本环境监测能力，如：水质常规指标监测能力、环境空气质量监测能力等。

计分方法：满分 15 分。设立环境监测机构的，得 5 分；具备基本监测能力的，得 10 分；达到国家标准化建设要求的，得 15 分。

计分依据：提供相关证明材料，含设立机构批复文件、组织机构代码证、运行经费、计量认证证书、达标验收等。

（2）专项环境监管能力

被考核县域具备年度实施方案中所要求的专项环境监测能力，如：环境空气自动监测能力、集中式饮用水水源地水质全分析指标监测能力、重点污染源特征污染物监测能力等。

计分方法：满分 5 分。

计分依据：提供相关证明材料，含空气自动站数据报送材料、计量认证项目表、监测报告等。

3.2 环境基础设施建设

（1）县城生活污水集中处理设施建设与运行

被考核县域建有县城生活污水集中处理设施并能正常运行。

计分方法：满分 3 分。建有县城生活污水集中处理设施的，得 2 分；建成并正常运行的，得 3 分。

计分依据：提供设施建设、验收、运行等相关证明材料。

（2）县城生活垃圾集中处理设施建设与运行

被考核县域建有县城生活垃圾集中处理设施并能正常运行。

计分方法：满分 3 分。建有县城生活垃圾集中处理设施的，得 2 分；建成并正常运行的，得 3 分。

计分依据：提供设施建设、验收、运行等相关证明材料。

4. 转移支付资金使用（15 分）

享受转移支付的地区应当切实增强生态环境保护意识，将转移支付资金用于保护生态环境和改善民生，不得用于楼堂馆所及形象工程建设和竞争性领域。

计分方法：满分 15 分。

计分依据：提供转移支付资金总额及资金使用相关材料。

5．县域考核工作组织管理（29 分）

5.1 考核工作组织情况

各地按照年度实施方案开展工作情况。

计分方法：满分 10 分。

计分依据：提供相关证明材料，含组织机构、工作方案、人员培训、经费保障等。

5.2 考核工作实施情况

（1）报告编制规范性

各地按照年度实施方案编制的工作报告质量情况。

计分方法：满分 5 分。

计分依据：根据各地编制的工作报告规范性综合打分。编制的报告能体现出各级政府为保护生态环境所开展的工作和取得的成效，内容丰富而翔实。对于上一年考核中生态环境质量变差的县域，县级人民政府在自查报告中要专门编写国家重点生态功能区县域生态环境保护整改情况，要求提出明确的可操作性的整改措施。

（2）数据填报完整性和规范性

县级人民政府按照年度实施方案填报数据情况。

计分方法：满分 5 分。

计分依据：根据被考核县域填报的数据及证明材料情况综合打分。要求所填报数据均具有证明材料或监测报告支撑，未能填报数据具有说明材料；环境监测数据有规范的环境监测报告支撑；不存在数据填报错误（如数据单位错误、逻辑错误、标准错误等）或使用非考核工作的数据（报告）充数等情况。若被考核县域未按照年度实施方案要求监测，无故缺项的，此项不得分。

（3）环境监测工作规范性

计分方法：满分 9 分。

计分依据：①监测点位、断面及污染源名单规范性，3 分；②监测指标规范性，3 分；③监测频次规范性，3 分。相关规范性要求按照年度实施方案执行。空气监测指标在 2015 年 12 月 31 日前执行现行《环境空气质量标准》（GB 3095—1996），2016 年 1 月 1 日起执行《环境空气质量标准》（GB 3095—2012）。

（二）调节结果确定

按照生态环境保护与管理调节指标对被考核县域的生态环境保护与管理工作开展情况进行定量评估，调节指标幅度为 $-1.5 \sim +1.5$。

根据防风固沙、水土保持、水源涵养和生物多样性维护四种生态功能类型进行分类，分别计算被考核县域的生态环境保护与管理调节结果，以 $EM'_{管理}$ 表示，计算公式如下：

$$EM'_{管理} = \begin{cases} 1.5 \times (EM_{管理} - EM_{avg})/(EM_{max} - EM_{avg}) & \text{当} EM_{管理} \geqslant EM_{avg} \text{时} \\ 1.5 \times (EM_{管理} - EM_{avg})/(EM_{avg} - EM_{min}) & \text{当} EM_{管理} < EM_{avg} \text{时} \end{cases}$$

其中：EM_{max} 为某一类型区生态环境保护与管理调节指标得分的最大值；EM_{min} 为某一类型区生态环境保护与管理调节指标得分的最小值；EM_{avg} 为某一类型区生态环境保护与管理调节指标得分的均值。

二、无人机遥感抽查

无人机遥感抽查调节指标幅度为 $-0.5 \sim +0.5$，通过评价考核年与基准年遥感影像对比分析及无人机遥感抽查，查找并验证发现局部生态系统发生变化的区域，根据变化面积的大小确定无人机遥感调节结果，以 $EM'_{无人机}$ 表示，详见表4。

表4　无人机遥感抽查调节指标

分 级		$EM'_{无人机}$	判断依据	说 明
明显变化	明显变差	-0.3	变化面积 $>5km^2$	通过不同年遥感影像对比分析及无人机遥感核查，查找和证实考核县域局部生态系统发生变化的区域并测算变化面积
	明显变好	$+0.3$		
一般变化	一般变差	-0.2	$2km^2<$ 变化面积 $\leqslant 5km^2$	
	一般变好	$+0.2$		
轻微变化	轻微变差	-0.1	$0<$ 变化面积 $\leqslant 2km^2$	
	轻微变好	$+0.1$		
基本稳定	无明显变化	0	-	
备注	如果经无人机飞行核查发现变化面积特别大（$20km^2$ 以上），可在现有基础上酌情加大 $EM'_{无人机}$，最大调节幅度为 ± 0.5。			

三、人为因素引发的突发环境事件

人为因素引发的突发环境事件调节指标幅度为 $-0.6 \sim 0$，起负向调节作用。以 $EM'_{事件}$ 表示人为因素引发的突发环境事件调节结果，详见表5。

表5　人为因素引发的突发环境事件调节指标

分 级		$EM'_{事件}$	判断依据	说 明
突发环境事件	特大环境事件	-0.6	按照《国家突发环境事件应急预案》，在评价考核年被考核县域发生人为因素引发的特大、重大、较大或一般等级的突发环境事件，若考核县域发生一次以上突发环境事件，则以最严重等级为准得分	若为同一事件引起的多项扣分，则取扣分最大项，不重复计算
	重大环境事件	-0.4		
	较大环境事件	-0.2		
	一般环境事件	-0.1		
环境生态破坏事件等	被考核县域发生环境污染或生态破坏事件、生态环境违法案件或涉及区域限批等	-0.5	被考核县域出现由环境保护部通报的环境污染或生态破坏事件，自然保护区等受保护区域生态环境违法事件，或出现由环境保护部挂牌督办的环境违法案件以及被纳入区域限批范围等	

第3章
云南省县域生态环境质量监测评价与考核指标解释、数据来源及评价方法

一、考核指标汇总表

指标分类	一级指标	二级指标
生态环境质量指标	自然生态指标	林地覆盖率
		活立木蓄积量
		森林覆盖率
		草地覆盖率
		湿地率
		受保护区域面积占比
	环境状况指标	集中式饮用水水源地水质达标率
		III类或优于III类水质达标率
		优良以上空气质量达标率
环境保护指标	节能减排指标	主要污染物排放强度
		重点防控重金属排放强度
	环境治理指标	重点污染源排放达标率
		城镇生活污水集中处理率
		生活垃圾无害化处理率
		建成区绿地率
环境管理指标	生态环境保护与监管	生态环境保护制度与创建
		生态保护与建设工程
		生态环境监管与环境基础设施建设
	监测评价与考核工作组织实施	工作组织情况
		工作实施情况

二、生态环境质量及环境保护指标

(一) 生态环境质量指标

1. 林地覆盖率：指县域内林地（天然林地、人工林地、灌木林地和其他林地）面积占县域国土面积的百分比。

林地是指生长乔木、竹类、灌木的土地，包括迹地；不包括居民点内部的绿化林木用地，铁路、公路征地范围内的林木以及河流沟渠的护堤林。单位：平方公里

天然林地（天然起源的有林地）是指连续面积≥0.067公顷、郁闭度≥0.20、附着有天然起源森林植被的林地，包括乔木林和竹林。单位：平方公里。

人工林地（人工起源的有林地）是指连续面积≥0.067公顷、郁闭度≥0.20、附着有人工起源森林植被的林地，包括人工乔木林和竹林，其中的人工经济林地计入其它林地。单位：平方公里。

灌木林地指附着有灌木树种或因生境恶劣矮化成灌木型的乔木树种，以及胸径＜2cm的小杂竹林，以经营灌木为目的或起防护作用，连续面积≥0.067公顷、覆盖度≥30%的林地。单位：平方公里。

其他林地包括经济林地、郁闭度为0.10～0.19的疏林地、未成林造林地、苗圃地。单位：平方公里。

计算方法：林地覆盖率（%）=（天然林地面积×0.5+人工林地面积×0.3+灌木林面积×0.15+其它林地面积×0.05）÷县域国土面积×100%

数据来源部门：林业

2. 活立木蓄积量：指一定范围内土地上全部树木蓄积的总量，包括森林蓄积、疏林蓄积、散生木蓄积和四旁树蓄积，是体现森林资源总规模的基本指标。

单位：万立方米

数据来源部门：林业

3. 森林覆盖率：指县域内森林面积占县域国土面积的百分比。

森林包括有林地和国家特别规定灌木林。

单位：平方公里

数据来源部门：林业

4. 草地覆盖率：指县域内草地（天然草地和人工草地）面积占县域国土面积的百分比。

草地是指生长草本植物为主的土地，包括以牧为主的灌丛草地和郁闭度小于0.1的疏林草地。单位：平方公里

计算方法：草地覆盖率（%）=（天然草地面积×0.6+人工草地面积×0.4）÷县域国土面积×100%

数据来源部门：农业、国土

5. 湿地率：指县域内河流湿地、湖泊湿地、沼泽湿地、人工湿地四个湿地类型面积占县域面积的百分比。

自然湿地包括河流湿地、湖泊湿地和沼泽湿地。

河流湿地指天然形成的永久性河流、季节性河流、喀斯特溶洞湿地和洪泛平原湿地。单位：平方公里

湖泊湿地指天然形成的面状水体，包括永久性淡水湖和季节性淡水湖两类。单位：平方公里

沼泽湿地是一种特殊的自然综合体，同时具有以下三个特征的地段统计为沼泽湿地：①受淡水或咸水、盐水的影响，地表经常过湿或有薄层积水；②生长有沼生和部分湿生、水生或盐生植物；③有泥炭积累，或虽无泥炭积累，但土壤层中具有明显的潜育层。我省沼泽类型主要为草本沼泽、灌丛沼泽、森林沼泽、沼泽化草甸。单位：平方公里

人工湿地是指由人工建造和控制运行的湿地，包括库塘、运河/输水河和水产养殖场（不含稻田/冬水田/电站库区）。单位：平方公里

计算方法：湿地率（%）=（自然湿地面积×0.7+人工湿地面积×0.3）÷县域国土面积×100%

数据来源部门：林业、水利、国土

6. 受保护区域面积占比：指县域内各类保护区（地）面积[包含自然保护区、其它类型保护区（地）]占县域国土面积的百分比。

自然保护区是对有代表性的自然生态系统、珍稀濒危野生动植物物种的天然集中分布区、有特殊意义的自然遗迹等保护对象所在的陆地、陆地水体或者海域，依法划出一定面积予以特殊保护和管理的区域。中华人民共和国的自然保护区分为国家级、省级和地方各级自然保护区。本方法中，荒漠生态系统类型自然保护区、火山、地质类自然遗迹保护区不纳入计算。单位：平方公里。

其它类型保护区（地）是指国家公园、国家和省级森林公园、国家和省级风景名胜区、国际重要湿地、国家和省级湿地公园、水利风景区和集中式饮用水水源地保护区。单位：平方公里。

计算方法：受保护区域面积占比（%）=[国家级自然保护区面积×0.5+省级自然保护区×0.3+市县级自然保护区及其它类型保护区（地）×0.2]÷县域国土面积×100%

数据来源部门：林业、水利、国土、旅游、环保等各类受保护区域的对口管理部门。

7. 集中式饮用水水源地水质达标率：是指县域内所有集中式饮用水水源地的水质监测中，达到或优于《地表水环境质量标准》（GB 3838—2002）的Ⅲ类水质标准的监测频次占全年监测总频次的比例。

计算方法：集中式饮用水水源地水质达标率=断面达标频次之和÷全年监测总频次×100%

数据来源部门：环保

8. Ⅲ类或优于Ⅲ类水质达标率：指县域内所有经认证的水质断面中，符合Ⅰ～Ⅲ类《地表水环境质量标准》（GB 3838—2002）的监测频次占全部认证断面全年监测总频次的比例。

计算方法：Ⅲ类或优于Ⅲ类水质达标率=认证断面达标频次之和÷认证断面全年监测总频次×100%

数据来源部门：环保

9. 优良以上空气质量达标率：指县域城镇空气质量优良以上的监测天数占全年监测总天数的比例。空气质量评价使用 API/AQI 指数法，用污染物日均值数据评价。

计算方法：空气质量达标率=空气质量优良天数/全年监测总天数×100%

数据来源部门：环保

（二）环境保护指标

1. 主要污染物排放强度：指县域内单位面积上二氧化硫、化学需氧量、氨氮和氮氧化物四项污染物的排放量之和。单位：千克/平方公里。

计算公式：四项污染物排放强度=（二氧化硫排放量+化学需氧量排放量+氨氮排放量+氮氧化物排放量）÷县域国土面积

数据来源部门：环保

2. 重点防控重金属排放强度：指县域内单位面积上铅、砷、汞、镉和铬五项重金属的排放量之和。单位：千克/平方公里。

重点防控重金属排放强度=（铅排放量+砷排放量+镉排放量+铬排放量+汞排放量）÷县域国土面积

数据来源部门：环保

3. 重点污染源排放达标率：指县域内重点监控企业名单的企业污染物排放达标率，分为废水、废气、污水处理厂和重金属国家重点监控企业；在污染源监测中，某一污染源的所有排污口的所有污染物浓度均符合排放标准限值时，则该污染源本次污染物排放浓度达标；如有一项污染物浓度超过排放标准限值，则该污染源不达标。污染源排放标准按照地方或者国家颁布的行业污染物排放（控制）标准规定的项目进行监测，暂时没有针对性排放标准的企业，监测项目按地方或国家颁布的污染物综合排放标准规定中的项目进行，具体监测项目由监督管理的环境保护部门确定。

计算公式：国控重点污染源排放达标率=县域内国控重点污染源监测达标总次数÷县域内国控重点污染源全年监测总次数×100%

数据来源部门：环保

4. 城镇生活污水集中处理率：是指城镇地区经过污水处理厂集中处理且达到排放标准的生活污水量占城镇生活污水排放总量的百分比。

计算公式：城镇生活污水集中处理率=城镇污水处理厂处理生活污水量（万吨）÷城镇生活污水排放总量（万吨）×100%

数据来源部门：住建、环保

5. 生活垃圾无害化处理率：是指城镇地区经过无害化处理的生活垃圾数量占城镇生活垃圾产生总量的百分比。生活垃圾无害化处理指卫生填埋、焚烧和资源化利用。

计算公式：生活垃圾无害化处理率=城镇地区经过无害化处理的生活垃圾量（万吨）÷城镇垃圾产生总量（万吨）×100%

数据来源部门：住建

6. 建成区绿地率：建成区内各类绿化用地面积占建成区总面积的比例。

计算公式：建成区绿地率=建成区各类城市绿地面积（平方公里）÷建成区面积（平

方公里）×100%

数据来源部门：住建

（三）评价方法

1. 生态环境质量现状

生态环境质量现状评价得分（EI）=0.7×生态环境质量指标得分+0.3×环境保护指标得分

其中，生态环境质量指标或环境保护指标采取综合指数法，将各单项指标评价基准年度最高水平设定为目标值，每个考核对象该项指标得分根据其与目标值的差距比例计算确定（负指标按反向处理）。

生态环境质量指标得分或环境保护指标得分=Σ（单项指标数据÷该项指标数据目标值×100×指标权重）

2. 生态环境质量变化（即最终考核结果）

生态环境质量变化评价得分（ΔEI）=评价年度生态环境质量现状评价得分−评价上年度生态环境质量现状评价得分+评价年环境管理指标调节分

3. 权重系数

指标分类		一级指标		二级指标		指标类型
名称	权重	名称	权重	名称	权重	
生态环境质量指标	0.7	自然生态指标	0.7	林地覆盖率	0.30	正指标
				森林覆盖率	0.10	正指标
				活立木蓄积量	0.05	正指标
				草地覆盖率	0.03	正指标
				湿地率	0.12	正指标
				受保护区域面积占比	0.10	正指标
		环境状况指标	0.3	集中式饮用水水源地水质达标率	0.10	正指标
				Ⅲ类或优于Ⅲ类水质达标率	0.10	正指标
				优良以上空气质量达标率	0.10	正指标
环境保护指标	0.3	节能减排指标	0.6	主要污染物排放强度	0.35	负指标
				重点防控重金属排放强度	0.25	负指标
		环境治理指标	0.4	重点污染源排放达标率	0.20	正指标
				城镇生活污水集中处理率	0.08	正指标
				生活垃圾无害化处理率	0.08	正指标
				建成区绿地率	0.04	正指标

注：正指标为对生态环境质量改善有正效应的指标，负指标反之。

二、环境管理指标

包括生态环境保护与监管、监测评价与考核工作组织实施两大部分。具体为生态环境保护制度与创建、生态保护与建设工程、生态环境监管能力与环境基础设施建设、考核工作组织情况、考核工作实施情况。

环境管理指标按照计分方法打分，各项目分值相加即为该县的生态环境管理得分，满分为 100 分。

指标分类		一级指标		二级指标		指标类型
名称	权重	名称	权重	名称	权重	
环境管理指标	调节分	生态环境保护与监管	70	生态环境保护制度与创建	15	正指标
				生态保护与建设工程	30	正指标
				生态环境监管与环境基础设施建设	25	正指标
		监测评价与考核工作组织实施	30	工作组织情况	10	正指标
				工作实施情况	20	正指标

（一）生态环境保护与监管

1. 生态环境保护制度与创建

生态环境保护制度：县级政府生态保护政策制定及制度改革创新情况。建立健全党政同责、一岗双责的生态环境保护责任制，完善重大环境行政决策机制，推行环境信息公开，建立环境保护联动执法机制和损害责任终身追究制度等，包括将生态保护建设纳入县级国民经济发展规划，制定有鼓励或开展生态保护建设工作的政策，有明确的年度工作计划等，生态环境保护规划、生态文明建设规划、生态县建设规划、重点生态功能区保护规划等。建立重点企业污染源监管制度，重点污染联防联控工作机制，节能减排总量控制，推动重点行业企业循环化改造和清洁生产机制等。

计分方法：满分 5 分。

计分依据：提供相关文件、文本或证明材料。

生态创建：国家或省级生态文明建设示范区、国家环境保护模范城、国家或省级生态工业示范园区、国家级或省级自然保护区、国家级或省级森林公园、国家湿地公园、国家级或省级水利风景区、国家级或省级风景名胜区、国家地质公园、集中式饮用水水源地保护区等的创建和管护情况。

计分方法：满分 10 分，已开展相关创建工作的，得 5 分；已创建国家级的，得 10 分，已创建省级的，得 8 分；创建一项即可，得分不累加。在此基础上，视管护情况酌情加（减）分。

计分依据：提供相关文件、文本或证明材料。

2. 生态保护与建设工程

生态保护目标：年度生态环保目标任务（主要污染物总量减排、年度环保工作目标等）完成情况。

计分方法：满分 15 分。

计分依据：提供相关文件、文本或证明材料。

工程项目实施：为修复或改善生态环境实施的国家、省、州市及县级等有关规划或年度计划开展的生态保护与建设工程项目。分为三类：一类是重点生态公益林、天然林保护、退耕还林、农村能源建设、生物多样性保护、湿地保护、营造林、城乡绿化造林、石漠化综合治理、水土流失治理、外来有害生物防控、湖泊（流域）水环境综合治理、土壤和重金属防治等生态保护建设项目；第二类是为生态转移支付资金支持的生态保护建设项目；第三类是县域自筹资金开展的生态保护项目。

计分方法：满分 15 分。

计分依据：提供相关证明材料，含任务下达和实际完成对比数据、工程内容、建设进程、验收文件、生态环境效益分析等材料。

3. 生态环境监管与环境基础设施建设

生态环境监管：森林火灾受害情况、林业有害生物发生情况等。

计分方法：满分 5 分。

计分依据：提供相关证明材料。

生态环境监管能力：具备完成考核监测、专项环境监测能力。

计分方法：满分 8 分，设立环境监测机构的，得 4 分；设立环境监测机构并达到国家标准化建设要求的，得 8 分。

计分依据：提供相关证明材料，含设立机构文件、运行经费及达标验收文件等。

环境基础设施建设：城镇生活污水处理厂建设与运行情况，城镇生活垃圾集中处理设施建设与运行情况，设立县级集中式饮用水水源保护区等情况。

计分方法：满分 12 分，建成城镇生活污水处理厂的，得 2 分，集中收集处理率达到或超过 75% 的，得 3 分；建成城镇生活垃圾集中处理设施的，得 2 分，集中收集处理率达到或超过 75% 的，得 3 分；设立县级集中式饮用水水源保护区的，得 2 分。

计分依据：提供验收以及环保设施验收、运行方面的文件。

（二）监测评价与考核工作组织实施

1. 工作组织情况：各地按照年度实施方案开展工作情况。

计分方法：满分 10 分。

计分依据：提供相关证明材料，含组织机构、工作方案、人员培训及经费保障等。

2. 工作实施情况：自查报告规范性，数据填报有效性、完整性和规范性情况以及环境监测工作规范性。

计分方法：满分 20 分。

计分依据：自查报告及相关数据的规范性、可靠性、完整性、准确性和逻辑性。对于上一年考核中生态环境质量变差的县域，县级人民政府的整改措施落实情况及成效。

根据被考核县域填报的数据及证明材料以及实地抽查情况综合打分。自查填报数据应全部具有证明材料或监测报告支撑，未能填报数据须附说明材料。环境监测数据应具备规范的环境监测报告支撑，不存在数据填报缺失、错误（如数据单位错误、逻辑错误、标准错误等）或使用非考核工作的数据（报告）充数等情况。

（三）环境管理指标调节分的确定

某县的环境管理指标得分与各县环境管理指标得分的平均分、最低分和最高分相比较，按照差距比例计算确定该县的最终环境管理指标调节分，分值幅度为-1.5～1.5。

当某县的环境管理指标得分大于或等于各县环境管理指标得分的平均分时：该县环境管理指标调节分=1.5×（该县的环境管理指标得分−各县环境管理指标得分的平均分）÷（各县环境管理指标得分的最高分−各县环境管理指标得分的平均分）

当某县的环境管理指标得分小于各县环境管理指标得分的平均分时：该县环境管理指标调节分=1.5×（该县的环境管理指标得分-各县环境管理指标得分的平均分）÷（各县环境管理指标得分的平均分−各县环境管理指标得分的最低分）

评价年为考核年的上一年，如2015年开展考核，则2014年为评价年。

第三篇
技术方案

第1章

云南省县域生态环境质量监测评价与考核工作安排

1. 考核职责分工

省财政厅：负责考核工作的指导，与省环境保护厅联合印发实施方案、组织现场抽查及通报考核结果，并根据考核结果实施生态功能区转移支付资金奖惩。

省环境保护厅：负责监测评价与考核工作的组织实施，与省财政厅联合印发实施方案、组织现场抽查及通报考核结果。组织对各县（市、区）报送数据材料的汇总、审核及评价，完成年度县域生态环境质量监测评价与考核综合报告。

省环境监测中心站：负责监测评价与考核的技术支持工作，包括组织完成县域生态环境质量数据填报软件和审核软件技术培训；编写年度考核监测方案；汇总、审核及评价各县（市、区）报送的数据资料；对审核资料中出现的问题进行反馈和现场核查；完成年度县域生态环境质量监测评价与考核报告。

州（市）级财政主管部门：负责本行政区内考核工作的保障。

州（市）级环境保护主管部门：会同考核指标涉及的各相关同级职能部门对本行政区域内县级人民政府上报自查报告中各项指标进行审查，提出审查意见；开展本行政区域内考核工作培训、业务指导、日常监管；配合技术组对各县域进行现场核查等。

被考核县级人民政府：按照省、州（市）环境保护和财政主管部门的有关要求，负责本县域生态环境质量监测评价与考核自查工作，按时完成县域水质、空气质量及重点污染源日常监测工作，及时填报相关资料，规范编写自查报告。

2. 考核工作安排

2.1 县级自查

被考核县级人民政府按各年度考核实施方案时间要求认真开展自查工作，编写自查报告，将考核数据资料录入"县域生态环境质量数据填报软件"，并将填报软件生成并导出的资料包刻录成光盘。按时将自查报告、资料光盘、相关证明材料以及监测报告等以正式文件（含电子版）报送所属州（市）级环境保护主管部门。

2.2 州（市）级审核

州（市）级环境保护主管部门按各年度考核实施方案时间要求，会同考核指标涉及的各相关同级职能部门对本行政区域内县级人民政府上报自查报告及相关资料的审核工作。

按要求将相关资料录入"县域生态环境质量数据审核软件",并将审核软件生成并导出的资料包刻录成光盘。按时将工作报告、资料光盘等以正式文件(含电子版)报送省环境保护厅。

2.3 省级评价

省环境监测中心站按各年度考核实施方案时间要求对所有县(市、区)人民政府及各州(市)环境保护主管部门报送的考核相关资料进行汇总、审核、分析评价及现场确认,完成年度县域生态环境质量监测评价与考核报告等。

省环境保护厅、省财政厅会同各相关省级职能部门对自查报告和评价结果适时开展抽查和确认,对州(市)级有关部门组织开展本行政区域内考核工作情况予以核实。

2.4 考核通报

省环境保护厅组织完成各年度云南省县域生态环境质量监测评价与考核综合报告,与省财政厅适时联合通报考核结果。

3．考核监测工作

国家重点生态功能区考核县的监测工作,按照各年度环境保护部办公厅、财政部办公厅印发的"国家重点生态功能区县域生态环境质量监测、评价与考核工作实施方案"中监测工作方案要求实施。其余县(市、区)考核监测执行本工作方案。

4．考核相关要求

请各州(市)环境保护局、财政局高度重视,加强组织领导,建立部门联动机制,开展本行政区域内考核工作培训、业务指导、日常监管和现场核查等,统一组织开展辖区内各年度县域生态环境质量监测评价与考核工作,按时将本行政区域内各县(市、区)自查报告及州(市)级审核报告报送至省环境监测中心站生态室。

请各县(市、区)人民政府负责本县域生态环境质量监测评价与考核自查工作,建立工作机制和保障工作经费,及时填报相关资料,按时完成自查。加强生态环境监测能力建设,按照要求全面开展监测评价与考核工作。

各级环境保护主管部门应加强县域生态环境监测质量控制工作,纳入年度工作计划。健全并落实监测数据质量控制与管理制度,保证参与考核工作的环境监测机构及其负责人严格按照法律法规要求和技术规范开展监测。

对于故意篡改、伪造监测数据的行为,一经查实,根据《环境保护法》《生态环境监测网络建设方案》等要求严肃查处。党政领导干部指使篡改、伪造监测数据的,将报送相关部门按照《党政领导干部生态环境损害责任追究办法(试行)》等有关规定严肃处理。

第 2 章
云南省县域生态环境质量监测评价与考核自查报告

_____（盖章）_____县（市、区）人民政府

_____年___月___日

_____（盖章）_____ 县（市、区）县域生态环境质量监测评价与考核数据指标汇总表

州（市）：				县（市、区）：			
县域行政代码：				县域国土面积（km²）：			
一级指标	二级指标		单 位	2013 年	2014 年	提供部门	
自然生态指标	林地覆盖率	天然林面积	平方公里（km²）			林业	
		人工林面积					
		灌木林地面积					
		其他林地面积					
	森林覆盖率	有林地面积					
		国家特别规定灌木林面积					
	活立木蓄积量		万立方米			林业	
	草地覆盖率	天然草地面积	平方公里（km²）			农业、国土	
		人工草地面积					
	湿地率	自然湿地面积	平方公里（km²）			林业、水利、国土	
		人工湿地面积					
	受保护区域面积比	国家级自然保护区面积	平方公里（km²）			林业、水利、国土、旅游、环保等各类受保护区域的对口管理部门	
		省级自然保护区面积					
		其他类型保护区（地）面积					
环境状况指标	集中式饮用水水源地水质达标率		百分比（%）			环保	
	Ⅲ类或优于Ⅲ类水质达标率						
	优良以上空气质量达标率						
节能减排指标	主要污染物排放强度	二氧化硫排放量	千克（kg）				
		氮氧化物排放量					
		化学需氧量排放量					
		氨氮排放量					
	重点防控重金属排放强度	重金属排放量（铅、砷、汞、镉和铬）					
环境治理指标	重点污染源排放达标率		百分比（%）			住建、环保	
	城镇生活污水集中处理率						
	生活垃圾无害化处理率						
	建成区绿地率						
生态环境保护和监管	生态环境保护制度与创建		项			政府、环保、林业、水利、住建等	
	生态保护与建设工程		项（资金）				
	生态环境监管能力达标情况		是否达标				
	环境基础设施建设		项				

数据副填报表

集中式饮用水水源地

县 名	水源地代码	水源地名称	所属州（市）	服务乡镇名称	服务人口数量（人）	是否划定水源地保护区（是/否）	水源地保护区面积（km²）	是否展开水质监测	监测频次

水质监测断面

县（市）	代码	断面名称	所属州（市）	河流/湖泊名称	经 度	纬 度	建立时间	断面性质

（注：断面性质质区控、省控、市控或新建）

空气监测点位

县（市）	代码	点位名称	所属州（市）	监测方式	经 度	纬 度	建立时间	备 注

（注：监测方式分自动、手工、流动）

污染源监测点位

县 名	污染源代码	污染源（企业）名称	污染源类型	排放去向	经 度	纬 度	监测项目	污染源性质

（注：污染源性质国控、省控、市控或县控）

污水集中处理设施

名称	建成时间	运行状态（填：已运行或建设中）	经度	纬度	日处理能力（吨/天）	备注

垃圾收集处理设施

名称	建成时间	运行状态（填：已运行或建设中）	经度	纬度	日处理能力（吨/天）	备注

受保护区域

受保护区域名称	类型	级别	面积（公顷）	建立时间	备注

生态工程

县名	生态工程名称	工程投资（万元）	工程规模（面积等）	经度	纬度	开工时间	完成时间	完成进度

（注：受保护区域类型包括自然保护区、风景名胜区、地质公园、森林公园等；级别分为国家级、省级和其它类型）

____县____年指标与____年指标比较情况的说明

一、基本情况

1. 自查工作组织情况

2. 考核年度生态功能区转移支付资金使用情况

民生保障与政府基本公共服务、生态建设、环境保护等支出。

二、各考核指标变化情况

说明各考核指标数据的年际变化及变化原因，比如林地面积增加，需说明采取何种措施及增加的具体地点（经纬度坐标）。比如水质达标率发生变化，需核实说明具体原因。附各项考核指标证明材料和正式环境监测报告。

三、县域生态破坏及环境污染事件情况

说明考核年度内县域发生的环境突发事件、破坏森林资源事件及环境污染、资源和生态破坏等违法事件所造成的影响、生态损失、应急处置情况等。

四、生态环境保护与监管等

按照环境管理指标计分方法，提供及说明生态环境保护制度及生态创建情况，生态环保目标任务完成情况及生态工程项目情况，生态环境监管与环境基础设施建设情况等全部内容和证明材料，并对县域生态环境保护的总体成效进行说明。

五、整改情况说明（只针对上一年评价变差的县）

六、其他情况说明

第3章

云南省县域生态环境质量监测评价与考核环境状况指标监测技术方案

1 监测点位（断面）布设技术要求

1.1 地表水监测断面的布设原则

（1）地表水监测断面的布设应符合国家地表水环境监测技术规范要求，可以参考《地表水和污水监测技术规范》（HJ/T 91—2002），且所有地表水监测断面须经省级环保行政主管部门认定。

（2）各监测断面要能反映行政区域内的水环境质量，断面的确定应在详细收集有关资料和监测数据基础上，进行优化处理，并将优化结果与布点原则和实际情况结合起来。

（3）监测断面的设置数量，应根据掌握水环境质量状况的实际需要，考虑对污染物时空分布和变化规律的了解、优化的基础上，以最少的断面、垂线和测点取得代表性最好的监测数据。评价县域内至少布设2个监测断面，已有国控、省控监测断面的，则按照已有点位开展监测。国控、省控监测断面不足2个的，应在县域范围内选择最大的河流（水系）和第二大河流（水系）各布设一个监测断面。九大高原湖泊必须选择1个县域内国控断面作为考核断面。

（4）优先选择过境河流的出境断面作为考核断面，出境断面用来反映水系进入下一行政区域前的水质。因此，应设置在本区域最后的污水排放口下游，污水与河水已基本混匀并尽可能靠近水系出境处。

（5）对于只有季节性河流或无地表径流的县域，向省环境保护厅提交相关说明文件并备案后可不开展地表水水质监测。

（6）监测断面在总体和宏观上须能反映水系或所在区域的水环境质量状况。各断面的具体位置须能反映所在区域环境的污染特征；尽可能以最少的断面获取足够的有代表性的环境信息；同时还需考虑实际采样时的可行性和方便性。

（7）断面位置应避开死水区、回水区、排污口处，尽量选择顺直河段、河床稳定、水流平稳，水面宽阔、无急流、无浅滩处。监测断面力求与水文测流断面一致，以便利用其水文参数，实现水质监测与水量监测的结合。

（8）监测断面的布设应考虑社会经济发展，监测工作的实际状况和需要，要具有相对的长远性。

（9）水源涵养功能类型的县域，地表水监测断面要尽可能覆盖县域内所有河流。

（10）监测断面一经确定，原则上不应变更，以保证监测资料的连续性和可比性。

1.2　地下水监测点位的布设原则

（1）地下水监测点位的布设应符合国家地下水环境监测技术规范要求，可以参考《地下水环境监测技术规范》（HJ/T 164—2004），且所有地下水监测点位须经省级环保行政主管部门认定。

（2）地下水监测点位的布设在总体和宏观上应能反映所在区域水文地质单元的环境质量状况及动态变化，监测重点为供水目的含水层。

（3）布设点位应充分考虑监测结果的代表性和实际采样的可行性、方便性，尽可能从经常使用的自来水厂的取水口、民井、生产井以及泉水中选择布设监测点。在点位布设前应收集当地有关水文、地质资料作为参考。

（4）监测点位一经确定，原则上不应变更，以保证监测资料的连续性和可比性。

1.3　空气监测点位的布设原则

（1）环境空气质量监测点位的布设应符合国家环境空气环境监测技术规范要求，可以参考《环境空气质量监测点位布设技术规范（试行）》（HJ 664—2013），且所有空气监测点位须经省级环保行政主管部门认定。

（2）已开展空气质量自动监测的县域，按已有点位开展监测；尚未开展空气质量自动监测的，在县城人口密集区按照相关技术规范布设监测点位，至少布设1个点位，开展手工或流动监测。

（3）所选的空气监测点位要具有代表性，能客观反映一定空间范围内的环境空气质量水平和变化规律，客观评价城市环境空气状况。

（4）空气监测点位的选择还应考虑城市自然地理、气象等综合环境因素，以及工业布局、人口分布等社会经济特点，在布局上应反映城市主要功能区的空气质量现状及变化趋势，还应结合城乡建设规划考虑监测点的布设，使确定的监测点能兼顾未来城乡空间格局变化趋势。

（5）对于环境空气质量评价城市点，采样口周围至少50米范围内无明显固定污染源，为避免车辆尾气等直接对监测结果产生干扰，采样口与道路之间最小间隔距离应满足《环境空气质量监测点位布设技术规范（试行）》（HJ 664—2013）附录A要求。

（6）空气监测点位周围环境状况应相对稳定，所在地质条件需长期稳定和足够坚实，所在地点应避免受山洪、山林火灾和泥石流等局部地质灾害影响，安全和防火措施有保障。

（7）空气监测点位设置在机关单位及其他公共场所时，应保证通畅、便利的出入通道及条件，在出现突发状况时，可及时赶到现场进行处理。

（8）对于自动监测，其采样口或临测光束离地面的高度应在3～20米范围内；对于手工采样，其采样口离地面的高度应在1.5～15米范围内。

在建筑物上安装监测仪器时，监测仪器的采样口离建筑物墙壁、屋顶等支撑物表面的距离应大于1米。采样口周围水平面应保证270°以上的捕集空间，如果采样口一边靠近建筑物，采样口周围水平面应有180°以上的自由空间。

（9）监测仪器采样口周围，监测光束附近或开放光程监测仪器发射光源到监测光束接收端之间不能有阻碍环境空气流通的高大建筑物、树木或其他障碍物。从采样口或监测光束到附近最高障碍物之间的水平距离，应为障碍物与采样口或监测光束高度差的两倍以上，或从采样口至障碍和顶部与地平线夹角应小于30°。

（10）空气监测点位一经确定，原则上不应变更，以保证监测资料的连续性和可比性。

1.4 固定污染源监测采样点位技术要求

固定污染源废水及废气排放监测采样点位应符合国家或各行业污染源的监测技术规范要求，可以参考《固定污染源监测质量保证与质量控制技术规范（试行）》（HJ/T 373—2007）和《固定污染源排气中颗粒物测定与气态污染物采样方法》（GB/T 16157—1996）中对采样点位的相关要求，且所有固定污染源监测点位须经省级环保行政主管部门认定。

受考核县域内的国控污染源应全部纳入监测范围，每个县域的重点污染源监测不少于2家，无国控污染源的或国控污染源不足2家的县域，则选取辖区内其他重点监控污染源补足。重点监控企业的污染源监测采样点位确定原则上按污染源监督性监测要求执行。

1.4.1 废水监测采样点位技术要求

（1）废水采样点位应设在排污单位外排口。原则上外排口应设置在厂界外，如设置在厂界内，溢流口及事故口排水必须能够纳入采样点位排水中。一类污染物和其他特殊有毒有害污染物采样点位应设置在车间排放口。

（2）废水外排口设置监测点位前，须进行排污口规范化整治，采样点设置应满足流量测量和自动监测要求。

（3）采样口为多个企业共用时，采样点应设在其他企业排放污水未汇集处。若一个企业有多个排放口，应对多个排放口同时采样并测定流量。

（4）对污染物治理设施或处理单元监测（如污水处理厂），在各种污染物治理设施出口设置采样点。如果企业存在未经处理直接排放的废水，则应对企业废水处理设施和未经处理的废水混合点进行监测。

（5）水深大于1米时，应在表层下1/4深度处采样；水深小于或等于1米时，应在水深的1/2处采样。

1.4.2 废气监测采样点位技术要求

（1）采样位置应优先选择在垂直管段，应避开烟道弯头和断面急剧变化的部位。采样位置应设置在距弯头、阀门、变径管下游方向不小于6倍直径和距上述部件上游方向不小于3倍直径处。对矩形烟道，其当量直径 $D=2AB/（A+B）$，式中 A、B 为边长。

（2）对于气态污染物，采样点应避开涡流区。

（3）采样点位应避开对测试人员操作有危险的场所，采样平台应有足够的工作面积并方便操作。

（4）对于采样点位置及采样孔的其他要求参考《固定污染源排气中颗粒物测定与气态污染物采样方法》（GB/T 16157—1996）。

2 监测点位（断面）名单

2.1 地表水监测断面

云南省县域生态环境质量监测评价与考核地表水监测断面名单见表3-2-2-1。

表3-2-2-1 云南省县域生态环境质量监测评价与考核地表水监测断面名单

序号	州（市）名称	县（市、区）名称	水质监测断面代码	断面名称	河流/湖泊名称	是否湖库	断面性质	经度	纬度
1	昆明市	五华区	WA53010200001	天生桥	沙朗河	否	市控	102°38'2"	25°9'4"
2	昆明市	五华区	WA53010200002	得胜桥	盘龙江	否	省控	102°42'56"	25°2'10"
3	昆明市	盘龙区	WA53010300001	王大桥	金汁河	否	国控	102°43'0"	24°56'26"
4	昆明市	盘龙区	WA53010300002	小河桥	牧羊河	否	市控	102°49'11"	25°14'32.3"
5	昆明市	官渡区	WA53011100001	宝丰村入湖口	新宝象河	否	国控	102°44'35"	24°56'57"
6	昆明市	官渡区	WA53011100002	回龙村入湖口	马料河	否	国控	102°46'31"	24°55'23"
7	昆明市	官渡区	WA53011100003	海河桥	海河	否	国控	102°41'55"	24°57'18"
8	昆明市	官渡区	WA53011100004	大青河泵站	大青河	否	省控	102°42'59"	24°58'36"
9	昆明市	官渡区	WA53011100005	严家村桥	盘龙江	否	国控	102°41'53"	24°57'19.03"
10	昆明市	西山区	WA53011200001	积善村桥	新运粮河	否	国控	102°38'57.73"	25°1'35.36"
11	昆明市	西山区	WA53011200002	积下村（积中村）	老运粮河	否	国控	102°39'25.59"	25°1'40.59"
12	昆明市	西山区	WA53011200003	明波村	乌龙河	否	国控	102°40'11.62"	25°1'47.51"
13	昆明市	西山区	WA53011200004	篆塘河泵站	大观河	否	国控	102°40'39.87"	25°1'58.68"
14	昆明市	西山区	WA53011200005	金属筛片厂小桥	西坝河	否	国控	102°40'9.71"	25°0'41.23"
15	昆明市	东川区	WA53011300001	姑海	小江	否	省控	103°14'22"	25°12'1"
16	昆明市	东川区	WA53011300002	四级站	小江	否	省控	103°3'24"	26°31'2"
17	昆明市	东川区	WA53011300003	蒙姑（左、中、右）	金沙江	否	国控	103°1'53"	26°34'19"
18	昆明市	呈贡区	WA53011400001	江尾下闸	洛龙河	否	国控	102°46'41"	24°52'37"
19	昆明市	呈贡区	WA53011400002	白龙潭交汇黑龙潭处	洛龙河	否	市控	102°50'46"	24°53'41"
20	昆明市	晋宁县	WA53012200001	滇池入湖口（石咀）	东大河	否	国控	102°36'50.2"	24°39'43.5"
21	昆明市	晋宁县	WA53012200002	滇池入湖口（牛恋乡）	茨巷河	否	国控	102°41'34.7"	24°41'32.1"
22	昆明市	晋宁县	WA53012200003	滇池入湖口（昆阳码头）	中河	否	国控	102°35'54.8"	24°40'21.2"
23	昆明市	富民县	WA53012400001	富民大桥	螳螂川	否	国控	102°29'40.88"	25°13'11.67"
24	昆明市	富民县	WA53012400002	赤鹫大桥	螳螂川	否	市控	102°30'19"	25°21'8,1"
25	昆明市	富民县	WA53012400003	成器墩小桥	沙朗河	否	市控	102°30'22.6"	25°13'14.9"
26	昆明市	宜良县	WA53012500001	南盘江（禄丰村）	南盘江	否	国控	103°6'36.98"	24°33'36.75"
27	昆明市	宜良县	WA53012500002	南盘江（柴石滩坝下）	南盘江	否	省控	103°19'44.75"	25°0'5.64"

序号	州（市）名称	县（市、区）名称	水质监测断面代码	断面名称	河流/湖泊名称	是否湖库	断面性质	经度	纬度
28	昆明市	石林彝族自治县	WA53012600001	大叠水	巴江河	否	市控	103°12′22″	24°40′12″
29	昆明市	石林彝族自治县	WA53012600002	东山桥	巴江河	否	市控	103°16′19.5″	24°45′49.6″
30	昆明市	嵩明县	WA53012700001	崔家庄	牛栏江	否	省控	103°13′18.6″	25°21′54.7″
31	昆明市	嵩明县	WA53012700002	龙家村	对龙河	否	市控	103°0′51″	25°14′13″
32	昆明市	禄劝彝族苗族自治县	WA53012800001	铁索桥（普渡河桥）	普渡河	否	国控	102°38′24″	25°32′24″
33	昆明市	禄劝彝族苗族自治县	WA53012800002	新房子	掌鸠河	否	省控	102°28′19.5″	25°33′9.7″
34	昆明市	寻甸回族彝族自治县	WA53012900001	哦嘎电站	前进河	否	省控	103°18′4″	25°32′17″
35	昆明市	寻甸回族彝族自治县	WA53012900002	牛栏江（河口象鼻山吊桥）	牛栏江	否	省控	103°28′28.24″	25°38′55.44″
36	昆明市	安宁市	WA53018100001	温泉大桥	螳螂川	否	省控	102°26′34″	24°57′45″
37	昆明市	安宁市	WA53018100002	王家滩	九渡河	否	市控	102°19′6.5″	24°53′52″
38	曲靖市	麒麟区	WA53030200001	龚家坝	南盘江	否	省控	103°51′20″	25°25′39″
39	曲靖市	麒麟区	WA53030200002	南盘江三孔桥	南盘江	否	市控	103°52′1″	25°31′25″
40	曲靖市	马龙县	WA53032100001	大庄断面	龙洞河	否	市控	103°27′46.54″	25°12′58.28″
41	曲靖市	马龙县	WA53032100002	马过河断面	马龙河	否	省控	103°22′23.39″	25°28′21.99″
42	曲靖市	陆良县	WA53032200001	响水坝	南盘江	否	市控	103°51′40″	25°11′33″
43	曲靖市	陆良县	WA53032200002	西桥闸	南盘江	否	市控	103°38′30″	25°1′27″
44	曲靖市	陆良县	WA53032200003	天生桥电站	南盘江	否	省控	103°29′18″	24°26′20″
45	曲靖市	师宗县	WA53032300001	设里桥	南盘江	否	省控	104°19′54″	24°32′59″
46	曲靖市	师宗县	WA53032300002	七排	子午河	否	市控	104°6′2.8″	24°53′34.1″
47	曲靖市	罗平县	WA53032400001	长底大桥	喜旧溪河	否	省控	104°30′34″	25°2′0″
48	曲靖市	罗平县	WA53032400002	乃格	南盘江	否	省控	104°32′23″	24°46′21″
49	曲靖市	富源县	WA53032500001	海丹大桥	块择河	否	市控	104°20′57″	25°27′6″
50	曲靖市	富源县	WA53032500002	普里寨	黄泥河	否	市控	104°43′19″	25°15′49″
51	曲靖市	会泽县	WA53032600001	水文站	以礼河	否	省控	103°14′56″	26°26′51″
52	曲靖市	会泽县	WA53032600002	江底大桥	牛栏江	否	市控	103°36′45″	26°59′45″
53	曲靖市	沾益县	WA53032800001	花山水库出水口	南盘江	是	国控	103°53′57″	25°45′53″
54	曲靖市	沾益县	WA53032800002	德泽水库大坝	牛栏江	是	省控	103°26′11″	25°56′57″
55	曲靖市	宣威市	WA53038100001	旧营桥	北盘江	否	省控	104°13′29″	26°14′39″
56	曲靖市	宣威市	WA53038100002	杨柳	可渡河	否	市控	104°16′7″	26°37′26″
57	玉溪市	红塔区	WA53040200001	清水河	清水河	否	省控	102°26′19.19″	24°21′51.57″
58	玉溪市	红塔区	WA53040200002	矣读可	玉溪大河	否	省控	102°22′9″	24°13′56.25″
59	玉溪市	江川县	WA53042100001	路居	抚仙湖	是	国控	102°51′32.81″	24°22′43.11″
60	玉溪市	江川县	WA53042100002	湖心	星云湖	是	省控	102°46′57.89″	24°20′37.99″
61	玉溪市	江川县	WA53042100003	李家湾	星云湖	是	省控	102°47′29.09″	24°22′9.29″

序号	州（市）名称	县（市、区）名称	水质监测断面代码	断面名称	河流/湖泊名称	是否湖库	断面性质	经度	纬度
62	玉溪市	澄江县	WA53042200001	哨嘴	抚仙湖	是	省控	102°54′36.52″	24°36′33.06″
63	玉溪市	澄江县	WA53042200002	湖心	抚仙湖	是	国控	102°53′35.28″	24°31′35.26″
64	玉溪市	澄江县	WA53042200003	尖山	抚仙湖	是	国控	102°52′10.67″	24°34′35.06″
65	玉溪市	通海县	WA53042300001	马家湾	杞麓湖	是	省控	102°48′2.14″	24°11′16.47″
66	玉溪市	通海县	WA53042300002	湖心	杞麓湖	是	省控	102°46′26.97″	24°10′.93″
67	玉溪市	华宁县	WA53042400001	九甸大桥	曲江	否	国控	103°6′23.84″	24°13′21.21″
68	玉溪市	华宁县	WA53042400002	盘溪大桥	南盘江	否	国控	103°5′58.82″	24°12′1.98″
69	玉溪市	易门县	WA53042500001	绿汁江大桥	绿汁江	否	省控	101°57′36.3″	24°41′7″
70	玉溪市	易门县	WA53042500002	阿姑水文站断面	扒河	否	县控	102°12′11″	24°32′50″
71	玉溪市	峨山彝族自治县	WA53042600001	永昌大桥	峨山大河	否	省控	102°26′42.31″	24°9′28.3″
72	玉溪市	峨山彝族自治县	WA53042600002	小寨村桥	峨山大河	否	县控	102°35′6.85″	24°3′59.59″
73	玉溪市	新平彝族傣族自治县	WA53042700001	南蘑	戛洒江	否	县控	101°49′29″	23°44′53″
74	玉溪市	新平彝族傣族自治县	WA53042700002	居拉里大桥	平甸河	否	县控	102°9′24″	24°0′4″
75	玉溪市	元江哈尼族彝族傣族自治县	WA53042800001	坝洪村	元江	否	国控	102°5′7″	23°32′41″
76	玉溪市	元江哈尼族彝族傣族自治县	WA53042800002	清水河三板桥电站	元江县清水河	否	县控	101°45′32″	23°35′22″
77	保山市	隆阳区	WA53050200001	永保桥	澜沧江	否	省控	99°20′34.5″	25°25′34.6″
78	保山市	隆阳区	WA53050200002	沙坝	东河	否	省控	99°13′11.8″	25°12′37.9″
79	保山市	施甸县	WA53052100001	红旗桥	怒江	否	国控	98°58′17″	24°44′6″
80	保山市	施甸县	WA53052100002	由旺镇躲安桥	施甸大河	否	新设断面	99°5′24″	24°48′6″
81	保山市	腾冲市	WA53052200001	和顺桥	大盈江	否	省控	98°27′48.52″	25°1′22.91″
82	保山市	腾冲市	WA53052200002	猴桥	槟榔江	否	省控	98°11′17.92″	25°21′37.83″
83	保山市	龙陵县	WA53052300001	红旗桥	怒江	否	国控	98°58′17″	24°44′6″
84	保山市	龙陵县	WA53052300002	龙江桥	龙川江	否	省控	98°40′30.5″	24°53′33.6″
85	保山市	昌宁县	WA53052400001	柯街	枯柯河	否	省控	99°26′29″	24°53′56″
86	保山市	昌宁县	WA53052400002	湾甸	枯柯河	否	省控	99°20′57″	24°31′13″
87	保山市	昌宁县	WA53052400003	九甲大坝	罗闸河	否	县控	99°39′13″	24°46′33″
88	昭通市	昭阳区	WA53060200001	靖安桥	洒渔河	否	省控	103°43′58.8″	27°43′25.08″
89	昭通市	昭阳区	WA53060200002	永丰	永丰水库	是	省控	103°23′29.04″	27°8′36.96″
90	昭通市	鲁甸县	WA53062100001	江底大桥	牛栏江	否	省控	103°32′55.26″	27°11′5.55″
91	昭通市	鲁甸县	WA53062100002	青岗坪	牛栏江	否	市控	103°14′24.93″	27°18′50.82″
92	昭通市	巧家县	WA53062200001	蒙姑	金沙江	否	省控	103°1′27.01″	26°38′25.94″

序号	州（市）名称	县（市、区）名称	水质监测断面代码	断面名称	河流/湖泊名称	是否湖库	断面性质	经度	纬度
93	昭通市	巧家县	WA53062200002	麻壕	金沙江	否	省控	103°8′28.39″	27°25′28.13″
94	昭通市	盐津县	WA53062300001	豆沙关	横江	否	省控	104°7′12″	28°2′16″
95	昭通市	盐津县	WA53062300002	北甲瓦厂社	横江	否	省控	104°16′7.2″	28°23′35.9″
96	昭通市	大关县	WA53062400001	岔河断面	洛泽河	否	省控	103°54′50″	27°53′18″
97	昭通市	大关县	WA53062400002	大桥断面	关河	否	省控	103°51′20.99″	27°49′15.58″
98	昭通市	永善县	WA53062500001	马家河坝	金沙江	否	国控	103°37′51.05″	28°15′29.63″
99	昭通市	永善县	WA53062500002	青胜乡	金沙江	否	市控	103°50′24″	28°25′14″
100	昭通市	绥江县	WA53062600001	逗号码头	金沙江	否	省控	103°57′44″	28°36′4″
101	昭通市	绥江县	WA53062600002	双河	大汶溪	否	市控	103°57′12″	28°32′55″
102	昭通市	镇雄县	WA53062700001	岔河渡口	赤水河	否	省控	105°16′53″	27°42′58″
103	昭通市	镇雄县	WA53062700002	洗白	洗白河	否	省控	104°50′9″	27°30′52″
104	昭通市	彝良县	WA53062800001	云贵桥	洛泽河	否	县控	104°0′47.99″	27°25′16.54″
105	昭通市	彝良县	WA53062800002	欧家小河	洛泽河	否	市控	104°1′52.5″	27°38′42.14″
106	昭通市	威信县	WA53062900001	钨城	罗布河	否	省控	105°12′55″	27°56′56″
107	昭通市	威信县	WA53062900002	邓家河	罗布河	否	省控	104°58′16″	28°2′23″
108	昭通市	水富县	WA53063000001	三块石	金沙江	否	国控	104°27′12″	28°37′58″
109	昭通市	水富县	WA53063000002	横江桥	横江	否	国控	104°25′5″	28°37′25″
110	丽江市	古城区	WA53070200001	龙兴村	漾弓江	否	省控	100°14′43″	26°41′41″
111	丽江市	古城区	WA53070200002	古城下游	玉河	否	省控	100°14′41″	26°51′58″
112	丽江市	玉龙纳西族自治县	WA53072100001	新华	金沙江	否	省控	99°57′23″	26°51′34″
113	丽江市	玉龙纳西族自治县	WA53072100002	南口桥	漾弓江	否	市控	100°15′.6″	26°49′48″
114	丽江市	永胜县	WA53072200001	程海中	程海	是	国控	100°40′7″	26°32′16″
115	丽江市	永胜县	WA53072200002	金江桥	金沙江	否	省控	100°35′19″	26°11′4″
116	丽江市	华坪县	WA53072300001	观音岩大桥	金沙江	否	省控	101°26′49″	26°31′52″
117	丽江市	华坪县	WA53072300002	鲤鱼河汇入口下游新桥	新庄河	否	新设断面	101°17′6.66″	26°34′39.48″
118	丽江市	宁蒗彝族自治县	WA53072400001	湖心	泸沽湖	是	国控	100°46′13″	27°42′16″
119	丽江市	宁蒗彝族自治县	WA53072400002	里格	泸沽湖	是	省控	100°45′50″	27°43′44″
120	普洱市	思茅区	WA53080200001	思茅港	澜沧江	否	省控	100°34′48″	22°30′36″
121	普洱市	思茅区	WA53080200002	莲花乡	思茅河	否	省控	100°56′41″	22°52′22″
122	普洱市	宁洱哈尼族彝族自治县	WA53082100001	把边	把边江	否	省控	101°15′26″	23°15′24″
123	普洱市	宁洱哈尼族彝族自治县	WA53082100002	小黑江1号桥	小黑江	否	省控	100°55′17″	23°12′12″
124	普洱市	墨江哈尼族自治县	WA53082200001	忠爱桥	阿墨江	否	省控	101°30′17″	23°20′52″
125	普洱市	墨江哈尼族自治县	WA53082200002	三江口电站下方约500米	李仙江	否	市控	101°46′58″	22°53′54″

序号	州（市）名称	县（市、区）名称	水质监测断面代码	断面名称	河流/湖泊名称	是否湖库	断面性质	经度	纬度
126	普洱市	景东彝族自治县	WA53082300001	景东水文站	川河	否	省控	100°50′14″	24°27′26″
127	普洱市	景东彝族自治县	WA53082300002	大街三营村	者干河	否	市控	101°1′28″	24°22′3″
128	普洱市	景谷傣族彝族自治县	WA53082400001	波云河口	小黑江	否	新设断面	100°54′36.35″	23°13′55.67″
129	普洱市	景谷傣族彝族自治县	WA53082400002	储木场	威远江	否	省控	100°42′44″	23°32′44″
130	普洱市	镇沅彝族哈尼族拉祜族自治县	WA53082500001	勐统河大桥	勐统河	否	市控	100°48′35″	24°2′5″
131	普洱市	镇沅彝族哈尼族拉祜族自治县	WA53082500002	河西小学	恩乐河	否	新设断面	101°10′31″	23°36′33″
132	普洱市	江城哈尼族彝族自治县	WA53082600001	土卡河水文站	李仙江	否	国控	102°17′22″	22°34′49″
133	普洱市	江城哈尼族彝族自治县	WA53082600002	曼老江水文站	曼老江	否	新设断面	101°21′38″	22°20′42″
134	普洱市	孟连傣族拉祜族佤族自治县	WA53082700001	红星桥	南垒河	否	省控	99°34′15″	22°14′51″
135	普洱市	孟连傣族拉祜族佤族自治县	WA53082700002	孟拉桥	南马河	否	省控	99°12′26″	22°10′46″
136	普洱市	澜沧拉祜族自治县	WA53082800001	芒东桥	南朗河	否	省控	99°53′32.1″	22°30′32.9″
137	普洱市	澜沧拉祜族自治县	WA53082800002	赛罕桥	黑河	否	新设断面	99°47′28.6″	22°50′23.5″
138	普洱市	西盟佤族自治县	WA53082900001	水文站	南康河	否	新设断面	99°30′38″	22°41′56″
139	普洱市	西盟佤族自治县	WA53082900002	三河水电站（取水坝）	库杏河	否	新设断面	99°35′14″	22°41′24″
140	临沧市	临翔区	WA53090200001	景临桥	澜沧江	否	省控	100°10′23.3″	23°33′46.2″
141	临沧市	临翔区	WA53090200002	大文	南汀河	否	省控	100°6′3.4″	23°58′38.7″
142	临沧市	凤庆县	WA53092100001	平村	迎春河（凤庆河）	否	省控	99°56′26″	24°34′29″
143	临沧市	凤庆县	WA53092100002	莽街渡大桥	澜沧江	是	新设断面	99°54′45″	24°35′38″
144	临沧市	云县	WA53092200001	嘎旧	澜沧江	是	省控	100°29′46.9″	24°32′26.8″
145	临沧市	云县	WA53092200002	黑箐	罗闸河	否	省控	100°9′26″	24°28′16″
146	临沧市	永德县	WA53092300001	永康水文站	永康河	否	新设断面	99°21′57.59″	24°5′16.07″

序号	州（市）名称	县（市、区）名称	水质监测断面代码	断面名称	河流/湖泊名称	是否湖库	断面性质	经度	纬度
147	临沧市	永德县	WA53092300002	帮控大桥	南汀河	否	新设断面	99°44′54.95″	24°0′45.16″
148	临沧市	镇康县	WA53092400001	大岔河大桥	南捧河	是	新设断面	98°54′2″	23°56′3″
149	临沧市	镇康县	WA53092400002	凤尾中学大桥	凤尾河	是	新设断面		
150	临沧市	双江拉祜族佤族布朗族傣族自治县	WA53092500001	双江纸厂大桥	勐勐河	否	省控	99°47′34″	23°26′13″
151	临沧市	双江拉祜族佤族布朗族傣族自治县	WA53092500002	小黑江检查站	小黑江	否	省控	99°41′55″	23°22′41″
152	临沧市	耿马傣族佤族自治县	WA53092600001	孟定大桥	南汀河	否	国控	98°58′5.7″	23°31′28.99″
153	临沧市	耿马傣族佤族自治县	WA53092600002	那缅	南碧河	否	省控	99°25′2.93″	23°29′3.73″
154	临沧市	沧源佤族自治县	WA53092700001	和平桥	拉勐河	否	新设断面	99°44′54″	23°33′0″
155	临沧市	沧源佤族自治县	WA53092700002	摸你黑广场桥	勐董河	否	新设断面	99°10′16″	23°16′55″
156	楚雄彝族自治州	楚雄市	WA53230100001	青山嘴水库	龙川江	否	省控	101°29′19″	25°6′54″
157	楚雄彝族自治州	楚雄市	WA53230100002	西观桥	龙川江	否	省控	101°38′11″	25°5′37″
158	楚雄彝族自治州	双柏县	WA53232200001	绿汁江口	绿汁江	否	省控	101°29′16.4″	24°13′45.5″
159	楚雄彝族自治州	双柏县	WA53232200002	礼社江口	礼社江	否	省控	101°29′14.4″	24°13′43.9″
160	楚雄彝族自治州	牟定县	WA53232300001	伍纳本村外	紫甸河	否	新设断面	101°22′51″	25°15′52″
161	楚雄彝族自治州	牟定县	WA53232300002	元双路联丰村路口旁边	古岩河	否	新设断面	101°35′50″	25°32′38″
162	楚雄彝族自治州	南华县	WA53232400001	毛板桥水库	龙川江	是	省控	101°10′8″	25°14′10″
163	楚雄彝族自治州	南华县	WA53232400002	小天城	龙川江	否	市控	101°21′5″	25°8′11″
164	楚雄彝族自治州	姚安县	WA53232500001	光禄镇吴海村王家桥	蜻蛉河	否	新设断面	100°59′55″	25°41′24″
165	楚雄彝族自治州	姚安县	WA53232500002	左门乡地索村坡脚	渔泡江	否	新设断面	101°13′39″	25°37′27″

序号	州（市）名称	县（市、区）名称	水质监测断面代码	断面名称	河流/湖泊名称	是否湖库	断面性质	经度	纬度
166	楚雄彝族自治州	大姚县	WA53232600001	赵家店	蜻蛉河	否	新设断面	101°29′12.18″	25°49′2.22″
167	楚雄彝族自治州	大姚县	WA53232600002	朵腊河底	渔泡江	否	新设断面	100°58′24″	25°57′23″
168	楚雄彝族自治州	永仁县	WA53232700001	大河波西	羊蹄江	否	新设断面	101°38′12″	25°52′46″
169	楚雄彝族自治州	永仁县	WA53232700002	昔丙村	万马河	否	新设断面	101°24′19″	26°19′45″
170	楚雄彝族自治州	元谋县	WA53232800001	大湾子	金沙江	否	国控	101°51′32.9″	25°57′16″
171	楚雄彝族自治州	元谋县	WA53232800002	江边中学	龙川江	否	省控	101°52′44.8″	25°57′11.7″
172	楚雄彝族自治州	武定县	WA53232900001	高桥水文站	勐果河	否	新设断面	102°10′34″	25°36′9″
173	楚雄彝族自治州	武定县	WA53232900002	禄劝交界处	水城河	否	新设断面	102°21′41″	25°49′46″
174	楚雄彝族自治州	禄丰县	WA53233100001	螺丝河桥	星宿江	否	省控	102°4′41″	25°9′29″
175	楚雄彝族自治州	禄丰县	WA53233100002	水文站	星宿江	否	省控	102°3′22″	25°8′40″
176	楚雄彝族自治州	禄丰县	WA53233100003	小江口	星宿江	否	省控	102°0′26″	24°49′51″
177	红河哈尼族彝族自治州	个旧市	WA53250100001	湖中	个旧湖	是	省控	103°9′31″	23°22′13″
178	红河哈尼族彝族自治州	个旧市	WA53250100002	倘甸双河	双河	否	省控	103°13′5″	23°31′6″
179	红河哈尼族彝族自治州	开远市	WA53250200001	木花果	泸江河	否	省控	103°15′32.04″	23°42′23.66″
180	红河哈尼族彝族自治州	开远市	WA53250200002	石桥	泸江河	否	省控	103°16′12.63″	23°47′38.78″
181	红河哈尼族彝族自治州	开远市	WA53250200003	小龙潭水文站	南盘江	否	省控	103°11′7.71″	23°48′56.15″
182	红河哈尼族彝族自治州	开远市	WA53250200004	长虹桥	南盘江	否	省控	103°16′35.57″	23°48′56.15″
183	红河哈尼族彝族自治州	蒙自市	WA53252200001	长桥海中	长桥海	是	省控	103°24′0″	23°24′0″

序号	州（市）名称	县（市、区）名称	水质监测断面代码	断面名称	河流/湖泊名称	是否湖库	断面性质	经度	纬度
184	红河哈尼族彝族自治州	蒙自市	WA53252200002	南湖中	南湖	是	市控	103°23′43″	23°21′30″
185	红河哈尼族彝族自治州	屏边苗族自治县	WA53252300001	红河	红河	否	市控	103°23′0″	22°44′0″
186	红河哈尼族彝族自治州	屏边苗族自治县	WA53252300002	三岔河汇入处	南溪河	否	市控	103°13′0″	23°1′0″
187	红河哈尼族彝族自治州	建水县	WA53252400001	团山桥	泸江河	否	州控	103°3′3″	23°38′5″
188	红河哈尼族彝族自治州	建水县	WA53252400002	燕子洞	泸江河	否	省控	102°44′7″	23°39′8″
189	红河哈尼族彝族自治州	石屏县	WA53252500001	异龙湖中	异龙湖	是	省控	102°33′42″	23°40′45″
190	红河哈尼族彝族自治州	石屏县	WA53252500002	小河底河	小河底河	否	省控	102°19′4″	23°25′5″
191	红河哈尼族彝族自治州	弥勒市	WA53252600001	锁龙桥	甸溪河	否	省控	103°22′32″	23°53′6″
192	红河哈尼族彝族自治州	弥勒市	WA53252600002	江边桥	南盘江	否	省控	103°34′59″	24°2′55″
193	红河哈尼族彝族自治州	泸西县	WA53252700001	江头村	小江	否	新设断面	103°53′24″	24°26′15″
194	红河哈尼族彝族自治州	泸西县	WA53252700002	大方摆	洞拉河（勺布白河）	否	新设断面	103°47′25″	24°32′2″
195	红河哈尼族彝族自治州	元阳县	WA53252800001	藤条江大桥	藤条江	否	省控	102°35′2.2″	23°3′34.9″
196	红河哈尼族彝族自治州	元阳县	WA53252800002	南沙大桥	红河	否	州控	102°51′18.1″	23°12′49.83″
197	红河哈尼族彝族自治州	红河县	WA53252900001	红河大桥	红河	否	省控	102°35′10″	23°32′15″

序号	州（市）名称	县（市、区）名称	水质监测断面代码	断面名称	河流/湖泊名称	是否湖库	断面性质	经度	纬度
198	红河哈尼族彝族自治州	红河县	WA53252900002	红河县与元阳县交界处	红河	否	省控	102°20′10″	23°20′32″
199	红河哈尼族彝族自治州	红河县	WA53252900003	木龙河大桥	木龙河	否	新设断面	102°30′50″	23°20′25″
200	红河哈尼族彝族自治州	金平苗族瑶族傣族自治县	WA53253000001	那发	藤条江	否	国控	103°9′29″	22°36′26″
201	红河哈尼族彝族自治州	金平苗族瑶族傣族自治县	WA53253000002	勐拉吊桥	藤条江	否	国控	103°3′26″	22°41′13″
202	红河哈尼族彝族自治州	绿春县	WA53253100001	牛孔水文站	牛孔河（泗南江上游）	否	新设断面	102°8′59.7″	23°2′20″
203	红河哈尼族彝族自治州	绿春县	WA53253100002	洛瓦电站	小黑江	否	新设断面	102°22′20.4″	22°48′34″
204	红河哈尼族彝族自治州	河口瑶族自治县	WA53253200001	龙脖渡口断面	元江	否	国控	103°38′44″	22°47′40″
205	红河哈尼族彝族自治州	河口瑶族自治县	WA53253200002	河口县医院断面	元江	否	国控	103°57′42″	22°31′27″
206	红河哈尼族彝族自治州	河口瑶族自治县	WA53253200003	中越桥断面	南溪河	否	国控	103°57′44″	22°30′32″
207	文山壮族苗族自治州	文山市	WA53262100001	侬仁河	盘龙河	否	国控	104°5′55″	23°28′13″
208	文山壮族苗族自治州	文山市	WA53262100002	东方红电站	盘龙河	否	国控	104°21′29″	23°16′2″
209	文山壮族苗族自治州	砚山县	WA53262200001	路德水库	路德水库	是	州控	104°18′3″	23°34′30″
210	文山壮族苗族自治州	西畴县	WA53262300001	畴阳河	畴阳河	否	国控	104°35′23″	23°15′37″
211	文山壮族苗族自治州	西畴县	WA53262300002	鸡街河	鸡街河	否	国控	104°49′32″	23°31′45″

序号	州（市）名称	县（市、区）名称	水质监测断面代码	断面名称	河流/湖泊名称	是否湖库	断面性质	经度	纬度
212	文山壮族苗族自治州	麻栗坡县	WA53262400001	八布河	八布河	否	省控	104°53′28″	23°13′16″
213	文山壮族苗族自治州	麻栗坡县	WA53262400002	天保口岸	盘龙河	否	国控	104°50′28″	22°56′43″
214	文山壮族苗族自治州	马关县	WA53262500001	南北河过河桥	南北河	否	国控	104°35′26″	22°51′8″
215	文山壮族苗族自治州	马关县	WA53262500002	172号界碑	小白河	否	国控		
216	文山壮族苗族自治州	丘北县	WA53262600001	普者黑中部	普者黑湖	是	省控	104°7′18.45″	24°7′59″
217	文山壮族苗族自治州	广南县	WA53262700001	板蚌乡大桥	板蚌河	否	国控	105°28′30″	23°55′20″
218	文山壮族苗族自治州	广南县	WA53262700002	清水江小学	清水江	否	国控	104°8′6.5″	24°15′10″
219	文山壮族苗族自治州	富宁县	WA53262800001	谷拉河大桥	谷拉河	否	省控	106°9′4″	23°54′29″
220	文山壮族苗族自治州	富宁县	WA53262800002	谷拉乡政府	谷拉河	否	省控	106°2′2″	23°35′3″
221	文山壮族苗族自治州	富宁县	WA53262800003	南利河大桥	南利河	否	省控	105°15′37.56″	23°26′5.82″
222	西双版纳傣族自治州	景洪市	WA53280100001	风情园大桥	流沙河	否	省控	100°47′52.2″	22°0′41.9″
223	西双版纳傣族自治州	景洪市	WA53280100002	勐罕码头	澜沧江	否	国控	100°57′21.38″	21°51′2.27″
224	西双版纳傣族自治州	勐海县	WA53282200001	勐海水文站	流沙河	否	国控	100°25′23″	21°57′5″
225	西双版纳傣族自治州	勐海县	WA53282200002	打洛江桥	南览河	否	国控	100°2′47″	21°41′46″

序号	州（市）名称	县（市、区）名称	水质监测断面代码	断面名称	河流/湖泊名称	是否湖库	断面性质	经度	纬度
226	西双版纳傣族自治州	勐腊县	WA53282300001	关累码头	澜沧江	否	国控	101°8′31″	21°40′41″
227	西双版纳傣族自治州	勐腊县	WA53282300002	勐腊水文站	南腊河	否	国控	101°33′6″	21°25′52″
228	大理白族自治州	大理市	WA53290100001	湖心1	洱海	是	国控	100°11′12″	25°49′34″
229	大理白族自治州	大理市	WA53290100002	博物馆	西洱河	否	省控	100°13′50.6″	25°36′10.7″
230	大理白族自治州	漾濞彝族自治县	WA53292200001	漾濞县苍山西镇马厂村羊庄坪水文站	漾濞江（黑惠江）	否	市控	99°59′59″	25°39′3″
231	大理白族自治州	漾濞彝族自治县	WA53292200002	漾濞县苍山西镇淮安村栗树坡	漾濞江（黑惠江）	否	市控	99°55′44″	25°42′17″
232	大理白族自治州	宾川县	WA53292400001	力角镇桑园河出境处	桑园河	否	市控	100°33′2.43″	26°0′57.89″
233	大理白族自治州	宾川县	WA53292400002	平川镇平川河盘口箐（入金沙江处）	平川河	否	市控	100°48′16.56″	26°3′1.29″
234	大理白族自治州	弥渡县	WA53292500001	龙树桥	礼社江	否	省控	100°39′2″	25°1′16.2″
235	大理白族自治州	弥渡县	WA53292500002	水库出水口	栗树营水库	是	市控	100°29′37.16″	25°15′41.45″
236	大理白族自治州	南涧彝族自治县	WA53292600001	礼社江龙树大桥	礼社江	否	省控	100°9′3″	25°0′54″
237	大理白族自治州	南涧彝族自治县	WA53292600002	多依井大桥	巍山河	否	市控	100°30′17.9″	25°4′38.2″
238	大理白族自治州	南涧彝族自治县	WA53292600003	无量山镇新政大桥	礼仙江上游石洞寺河	否	市控	100°34′51″	24°45′49.7″
239	大理白族自治州	巍山彝族回族自治县	WA53292700001	云南省水文水资源局洗澡塘水文站	西河	否	市控	100°19′8″	25°10′25″
240	大理白族自治州	永平县	WA53292800001	博南镇晃桥（玉皇阁）	银江河	否	市控	99°30′52″	25°29′44″
241	大理白族自治州	永平县	WA53292800002	杉阳镇永和大桥（水文观测站）	倒流河	否	市控	99°26′47″	25°15′19″
242	大理白族自治州	云龙县	WA53292900001	石门断面	沘江	否	省控	99°22′.76″	25°53′13.66″

序号	州（市）名称	县（市、区）名称	水质监测断面代码	断面名称	河流/湖泊名称	是否湖库	断面性质	经度	纬度
243	大理白族自治州	云龙县	WA53292900002	沘江与澜沧江交汇口	沘江	否	省控	99°22′45.26″	25°22′45.26″
244	大理白族自治州	洱源县	WA53293000001	海西海湖心	海西海	是	省控	100°2′56″	26°0′47″
245	大理白族自治州	洱源县	WA53293000002	银桥村	弥苴河	否	市控	100°6′12″	25°59′51″
246	大理白族自治州	剑川县	WA53293100001	湖中	剑湖	是	国控	99°56′5″	26°29′1″
247	大理白族自治州	剑川县	WA53293100002	黑潓江玉津桥	黑潓江	否	国控	99°51′8″	26°19′6″
248	大理白族自治州	鹤庆县	WA53293200001	鹤庆县北荒坪闸（丽江入鹤庆口）	漾弓江	否	市控	100°14′46.931″	26°41′29.525″
249	大理白族自治州	鹤庆县	WA53293200002	鹤庆金墩北溪大桥	漾弓江	否	市控	100°12′50.788″	26°30′3.157″
250	大理白族自治州	鹤庆县	WA53293200003	中江桥	漾弓江	否	省控	100°24′31.539″	26°29′57.912″
251	大理白族自治州	鹤庆县	WA53293200004	黄坪陈家庄大桥	落漏河	否	市控	100°13′20.16″	26°29′44.36″
252	德宏傣族景颇族自治州	瑞丽市	WA53310200001	姐告大桥	瑞丽江	否	国控	97°52′42.85″	23°58′54.6″
253	德宏傣族景颇族自治州	瑞丽市	WA53310200002	畹町供排水公司取水口	畹町河	否	新设断面	98°7′54.14″	24°5′34.97″
254	德宏傣族景颇族自治州	芒市	WA53310300001	风平	芒市大河	否	省控	98°30′55.32″	24°24′19.39″
255	德宏傣族景颇族自治州	芒市	WA53310300002	嘎中大桥	瑞丽江	否	国控	98°6′7″	24°9′20″
256	德宏傣族景颇族自治州	梁河县	WA53312200001	桥头村桥头	大盈江梁河段	否	新设断面	98°15′35″	24°48′5″
257	德宏傣族景颇族自治州	梁河县	WA53312200002	勐养民族中学	瑞丽江梁河段	否	新设断面	98°16′26″	24°31′47″
258	德宏傣族景颇族自治州	盈江县	WA53312300001	汇流断面	大盈江	否	国控	97°43′10.7″	24°28′15.3″
259	德宏傣族景颇族自治州	盈江县	WA53312300002	芒康桥	槟榔江	否	新设断面	98°4′8.5″	24°47′54.3″

序号	州（市）名称	县（市、区）名称	水质监测断面代码	断面名称	河流/湖泊名称	是否湖库	断面性质	经度	纬度
260	德宏傣族景颇族自治州	陇川县	WA53312400001	迭撒大桥	南畹河	否	国控	97°46′16.6″	24°10′58.1″
261	德宏傣族景颇族自治州	陇川县	WA53312400002	户撒河下游断面	户撒河	否	新设断面	97°45′54″	24°25′55.3″
262	怒江傈僳族自治州	泸水县	WA53332100001	丙舍桥	怒江	否	国控	98°49′41.2″	25°52′45.5″
263	怒江傈僳族自治州	泸水县	WA53332100002	饮用水取水口	玛布河	否	省控	98°51′45.54″	25°48′52.81″
264	怒江傈僳族自治州	福贡县	WA53332300001	拉甲木底桥	怒江	否	国控	98°52′11.87″	26°25′4.39″
265	怒江傈僳族自治州	福贡县	WA53332300002	饮用水取水口	上帕河	否	国控	98°52′23.17″	26°54′35.13″
266	怒江傈僳族自治州	贡山独龙族怒族自治县	WA53332400001	幸福桥	怒江	否	国控	98°40′14.8″	27°44′50.8″
267	怒江傈僳族自治州	贡山独龙族怒族自治县	WA53332400002	饮用水取水口	明里娃河	否	国控	98°39′47.1″	27°44′39.7″
268	怒江傈僳族自治州	兰坪白族普米族自治县	WA53332500001	嗦罗塞桥	澜沧江	否	国控	99°8′39.1″	26°28′55.8″
269	怒江傈僳族自治州	兰坪白族普米族自治县	WA53332500002	麦杆甸桥	沘江河	否	国控	99°24′12.4″	26°24′36.4″
270	迪庆藏族自治州	香格里拉县	WA53342100001	上桥头水文站	岗曲河	否	国控	99°24′3″	28°9′55″
271	迪庆藏族自治州	香格里拉县	WA53342100002	碧塔海中心点	碧塔海	是	国控	99°59′28″	27°49′17″
272	迪庆藏族自治州	德钦县	WA53342200001	贺龙桥	金沙江	否	国控	99°23′21″	28°10′14″
273	迪庆藏族自治州	德钦县	WA53342200002	布村桥	澜沧江	否	省控	98°48′55″	28°28′2″
274	迪庆藏族自治州	维西傈僳族自治县	WA53342300001	中路村	澜沧江	否	国控	99°8′52″	27°11′3″
275	迪庆藏族自治州	维西傈僳族自治县	WA53342300002	塔城水文站	腊普河	否	国控	99°23′53″	27°36′28″

2.2 饮用水水源地

云南省县域生态环境质量监测评价与考核饮用水水源地名单见表 3-2-2-2。

表 3-2-2-2　云南省县域生态环境质量监测评价与考核饮用水水源地名单

序号	州（市）名称	县（市、区）名称	水源地代码	水源地名称	是否湖库	水源地类型	经度	纬度	服务人口数量/万人	是否重点城市集中式饮用水水源地
1	昆明市	五华区	HW53010200001	自卫村水库	是	地表水	102°40′30″	25°6′30″	15	是
2	昆明市	盘龙区	HW53010300001	松华坝水库	是	地表水	102°47′51″	25°8′11″	80	是
3	昆明市	东川区	HW53011300001	大菜园	否	地表水	103°12′55″	26°6′37″	6.29	否
4	昆明市	呈贡区	HW53011400001	吴家营地下饮用水水源	否	地下水	102°50′56″	24°52′7″	1.1	否
5	昆明市	晋宁县	HW53012200001	大河水库	是	地表水	102°46′42″	24°32′50″	80	是
6	昆明市	晋宁县	HW53012200002	柴河水库	是	地表水	102°41′41″	24°35′54″	80	是
7	昆明市	晋宁县	HW53012200003	双龙水库	是	地表水	102°33′47.6″	24°35′46″	8	否
8	昆明市	晋宁县	HW53012200004	洛武水库	是	地表水	102°34′17″	24°37′4″	8	否
9	昆明市	富民县	HW53012400001	拖旦水库	是	地表水	102°25′29.8″	25°13′41″	3.8	否
10	昆明市	宜良县	HW53012500001	小鱼洞	否	地表水	103°7′2.64″	24°58′27.84″	9.9	否
11	昆明市	宜良县	HW53012500002	九龙池水库	是	地表水	103°6′44.64″	24°55′47.54″	6.8	否
12	昆明市	石林彝族自治县	HW53012600001	黑龙潭水库	是	地表水	103°18′.1″	24°45′59″	12.8	否
13	昆明市	嵩明县	HW53012700001	大石头水库	是	地表水	103°1′12.8″	25°22′23.3″	8	否
14	昆明市	禄劝彝族苗族自治县	HW53012800001	桂花箐	是	地表水	102°25′11″	25°38′6″	5.3969	否
15	昆明市	禄劝彝族苗族自治县	HW53012800002	云龙水库	是	地表水	102°47′32″	25°51′22″	240	是
16	昆明市	寻甸回族彝族自治县	HW53012900001	清水海	是	地表水	103°7′11″	25°36′46″	10	是
17	昆明市	安宁市	HW53018100001	车木河水库	是	地表水	102°21′50″	24°37′19″	20	是
18	曲靖市	麒麟区	HW53030200001	潇湘水库	是	地表水	103°45′13″	25°27′13″	30	是
19	曲靖市	马龙县	HW53032100001	黄草坪水库	是	地表水	103°34′37.61″	25°13′49.45″	4.65	否
20	曲靖市	陆良县	HW53032200001	永清河水库	是	地表水	103°36′9.5″	25°8′28″	26.97	否
21	曲靖市	陆良县	HW53032200002	北山水库	是	地表水	103°36′9.5″	25°8′28″	26.97	否

序号	州（市）名称	县（市、区）名称	水源地代码	水源地名称	是否湖库	水源地类型	经度	纬度	服务人口数量/万人	是否重点城市集中式饮用水水源地
22	曲靖市	师宗县	HW53032300001	东风水库	是	地表水	104°0′39.5″	24°55′.4″	7.8	是
23	曲靖市	师宗县	HW53032300002	大堵水库	是	地表水	104°2′19.4″	24°51′34.7″	0.2	否
24	曲靖市	罗平县	HW53032400001	龙王庙水库	是	地表水	104°17′21″	24°53′17″	3.35	否
25	曲靖市	富源县	HW53032500001	东堡龙潭	是	地表水	104°17′7.8″	25°40′18.8″	2.5	否
26	曲靖市	富源县	HW53032500002	响水河水库	是	地表水	104°10′2″	25°41′24.6″	7.5	否
27	曲靖市	会泽县	HW53032600001	毛家村水库	是	地表水	103°16′10″	26°20′50″	12	否
28	曲靖市	会泽县	HW53032600002	龙潭	否	地表水	103°16′40″	26°24′30″	12	否
29	曲靖市	沾益县	HW53032800001	西河水库	是	地表水	103°43′26″	25°35′51″	6.14	是
30	曲靖市	沾益县	HW53032800002	白浪水库	是	地表水	103°52′26″	25°49′1″	4.82	否
31	曲靖市	沾益县	HW53032800003	清水河水库	是	地表水	103°47′37″	25°39′30″	4.82	否
32	曲靖市	沾益县	HW53032800004	牛过河水库	是	地表水	103°48′42″	25°37′48″	4.82	否
33	曲靖市	宣威市	HW53038100001	偏桥水库	是	地表水	103°55′45″	25°59′33″	22.5	是
34	玉溪市	红塔区	HW53040200001	飞井海水库	是	地表水	102°31′.09″	24°24′33.04″	30	是
35	玉溪市	江川县	HW53042100001	大龙潭水源地	否	地下水	102°44′27.45″	24°16′43.92″	1.45	否
36	玉溪市	江川县	HW53042100002	廖家营水源地	否	地下水	102°44′35.11″	24°16′7.76″	1.4	否
37	玉溪市	澄江县	HW53042200001	西龙潭	否	地表水	102°53′3″	24°41′17″	2.131	否
38	玉溪市	通海县	HW53042300001	秀山沟水库	否	地表水	102°44′31″	24°5′56″	6.8	否
39	玉溪市	华宁县	HW53042400001	二龙戏珠	否	地表水	102°56′54.22″	24°13′19.32″	4.5	否
40	玉溪市	易门县	HW53042500001	易门县大龙口	否	地表水	102°8′21.6″	24°40′7.4″	4.5	否
41	玉溪市	峨山彝族自治县	HW53042600001	新村水库	是	地表水	102°21′55.64″	24°9′54.77″	2	否
42	玉溪市	峨山彝族自治县	HW53042600002	绿冲河水源地	否	地表水	102°20′16.7″	24°16′43.69″	2	否
43	玉溪市	新平彝族傣族自治县	HW53042700001	清水河水库	是	地表水	102°0′26.64″	24°1′1.16″	4.8	否
44	玉溪市	新平彝族傣族自治县	HW53042700002	他拉河水库	是	地表水	101°59′38.15″	23^58′.69″	4.8	否
45	玉溪市	元江哈尼族彝族傣族自治县	HW53042800001	依萨河饮用水水源	否	地表水	101°50′44″	23°39′50″	5.35	否

序号	州（市）名称	县（市、区）名称	水源地代码	水源地名称	是否湖库	水源地类型	经度	纬度	服务人口数量/万人	是否重点城市集中式饮用水水源地
46	玉溪市	元江哈尼族彝族傣族自治县	HW53042800002	清水河饮用水水源	否	地表水	101°55′28″	23°34′5″	5.35	否
47	保山市	隆阳区	HW53050200001	北庙水库	是	地表水	99°12′45″	25°14′50″	16.9	是
48	保山市	隆阳区	HW53050200002	龙泉门	否	地表水	99°9′14″	25°7′47″	5.1	是
49	保山市	隆阳区	HW53050200003	龙王塘	否	地表水	99°11′49″	25°11′1″	9.1	是
50	保山市	施甸县	HW53052100001	蒋家寨水库	是	地表水	99°12′27″	24°40′59″	4.5	否
51	保山市	腾冲市	HW53052200001	观音塘	否	地表水	98°29′32″	25°2′44″	7.5	否
52	保山市	腾冲市	HW53052200002	小西马常	否	地表水	98°31′18″	25°3′50″	7.5	否
53	保山市	龙陵县	HW53052300001	铁厂河	否	地表水	98°41′56″	24°35′37″	3.008	否
54	保山市	昌宁县	HW53052400001	河西水库	是	地表水	99°38′32″	24°53′22″	6	否
55	昭通市	昭阳区	HW53060200001	渔洞水库取水口	是	地表水	103°33′5.8″	27°24′2.2″	75	是
56	昭通市	昭阳区	HW53060200002	大龙洞	是	地表水	103°47′3.1″	27°25′30.3″	17	否
57	昭通市	鲁甸县	HW53062100001	气象路深井水	否	地下水	103°25′33.08″	27°12′20.53″	9.3	否
58	昭通市	巧家县	HW53062200001	巧家大龙潭	否	地表水	102°55′51″	26°54′14″	5	否
59	昭通市	巧家县	HW53062200002	巧家龚家沟	否	地表水	102°56′47″	26°55′13″	5	否
60	昭通市	盐津县	HW53062300001	油坊沟水库	是	地表水	104°12′5″	28°4′48″	3	否
61	昭通市	盐津县	HW53062300002	盐津豆芽沟	否	地表水	104°14′40″	28°2′9″	2	否
62	昭通市	大关县	HW53062400001	大关出水洞	否	地下水	103°53′35.06″	27°38′16.65″	3.6	否
63	昭通市	永善县	HW53062500001	云荞水库	是	地表水	103°37′51″	28°15′29″	7.8	否
64	昭通市	绥江县	HW53062600001	铜厂河	否	地表水	103°55′4″	28°30′3″	5	否
65	昭通市	镇雄县	HW53062700001	李家河坝水库	是	地表水	104°49′30″	27°27′57″	2.6	否
66	昭通市	镇雄县	HW53062700002	营地水库	是	地表水	104°50′47″	27°26′25″	2.1	否
67	昭通市	镇雄县	HW53062700003	大木桥水库	是	地表水	104°51′28″	27°27′48″	3.4	否
68	昭通市	镇雄县	HW53062700004	洗白河	否	地表水	104°48′43″	27°29′58″	8.7	否
69	昭通市	彝良县	HW53062800001	花鱼洞水源地	否	地表水	104°7′23.09″	27°32′34.87″	10.9	否
70	昭通市	威信县	HW53062900001	后山柳尾坝水源	否	地表水	105°2′50″	27°51′51″	11.75	否
71	昭通市	威信县	HW53062900002	扎西水库	是	地表水	105°3′18″	27°51′52″	11.75	否
72	昭通市	水富县	HW53063000001	金沙江牛皮滩	否	地表水	104°24′40.3″	28°37′12.7″	4.76	否

序号	州（市）名称	县（市、区）名称	水源地代码	水源地名称	是否湖库	水源地类型	经度	纬度	服务人口数量/万人	是否重点城市集中式饮用水水源地
73	丽江市	古城区	HW53070200001	清溪水库	是	地表水	100°12′51.4″	26°54′20″	18	是
74	丽江市	古城区	HW53070200002	团山水库	是	地表水	100°18′25.4″	26°54′53″	5	否
75	丽江市	玉龙纳西族自治县	HW53072100001	三束河	否	地表水	100°14′7.2″	27°1′45″	25	是
76	丽江市	永胜县	HW53072200001	赵家山箐	否	地表水	100°47′32.8″	26°41′4.3″	4.5	否
77	丽江市	永胜县	HW53072200002	老板箐	否	地表水	100°48′14.5″	26°41′41″	4.5	否
78	丽江市	永胜县	HW53072200003	羊坪水库	是	地表水	100°48′.8″	26°42′32.5″	4.5	否
79	丽江市	华坪县	HW53072300001	雾坪水库	是	地表水	101°5′31″	26°48′19″	5.5	否
80	丽江市	华坪县	HW53072300002	田坪溶洞	否	地表水	101°13′19″	26°44′15″	5.5	否
81	丽江市	宁蒗彝族自治县	HW53072400001	小龙洞	否	地下水	100°50′58″	27°21′18″	4	否
82	丽江市	宁蒗彝族自治县	HW53072400002	白岩子龙洞	否	地下水	100°50′58″	27°21′18″	1	否
83	普洱市	思茅区	HW53080200001	箐门口水库	是	地表水	101°2′50″	22°48′0″	14	是
84	普洱市	思茅区	HW53080200002	木乃河水库	是	地表水	100°53′17″	22°48′10″	2	是
85	普洱市	思茅区	HW53080200003	纳贺水库	是	地表水	100°57′43″	22°50′51.8″	3	是
86	普洱市	思茅区	HW53080200004	大箐河水库	是	地表水	100°49′20″	22°46′23″	1	是
87	普洱市	宁洱哈尼族彝族自治县	HW53082100001	松山水库	是	地表水	101°6′50″	23°6′23″	6	否
88	普洱市	墨江哈尼族自治县	HW53082200001	常林河水库	是	地表水	101°39′40″	23°27′43″	5	否
89	普洱市	景东彝族自治县	HW53082300001	菊河	否	地表水	100°45′28″	24°24′49″	4.5	否
90	普洱市	景谷傣族彝族自治县	HW53082400001	龙洞水源地	否	地表水	100°40′22″	23°29′46″	0.9	否
91	普洱市	景谷傣族彝族自治县	HW53082400002	曼转河水源地	是	地表水	100°45′52.86″	23°32′59.28″	6.5	否
92	普洱市	镇沅彝族哈尼族拉祜族自治县	HW53082500001	湾河水库	是	地表水	100°58′24.43″	23°54′26″	2	否
93	普洱市	江城哈尼族彝族自治县	HW53082600001	茴麻河水库	是	地表水	101°52′36″	22°41′29″	2.8	否

序号	州（市）名称	县（市、区）名称	水源地代码	水源地名称	是否湖库	水源地类型	经度	纬度	服务人口数量/万人	是否重点城市集中式饮用水水源地
94	普洱市	孟连傣族拉祜族佤族自治县	HW53082700001	东密河水库	否	地表水	99°28′19″	22°18′43″	3	否
95	普洱市	澜沧拉祜族自治县	HW53082800001	南丙河	否	地表水	100°2′42.1″	22°25′8.8″	7.6	否
96	普洱市	西盟佤族自治县	HW53082900001	王莫小河	否	地表水	99°35′8″	22°36′53″	0.7	否
97	临沧市	临翔区	HW53090200001	中山水库	是	地表水	100°5′51″	23°47′56″		是
98	临沧市	凤庆县	HW53092100001	安庆河	否	地表水	99°51′48″	24°38′37″	1.8	否
99	临沧市	凤庆县	HW53092100002	绿荫塘水库	是	地表水	99°52′13″	24°34′30″	2	否
100	临沧市	云县	HW53092200001	正觉庵水库	是	地表水	100°7′19″	24°26′23″		否
101	临沧市	永德县	HW53092300001	明朗坝尾	否	地表水	99°12′21″	23°12′23″	2.6	否
102	临沧市	永德县	HW53092300002	棠梨山	否	地表水	99°14′45″	24°2′29″	0.6	否
103	临沧市	镇康县	HW53092400001	泡竹箐	是	地表水	98°49′0″	23°46′0″	4	否
104	临沧市	双江拉祜族佤族布朗族傣族自治县	HW53092500001	大棚子水库	是	地表水	99°51′17″	23°24′28″	3.2	否
105	临沧市	双江拉祜族佤族布朗族傣族自治县	HW53092500002	榨房河	否	地表水	99°50′40″	23°27′44″	3.2	否
106	临沧市	耿马傣族佤族自治县	HW53092600001	石房河	否	地表水	99°20′48.05″	23°34′31.08″		否
107	临沧市	耿马傣族佤族自治县	HW53092600002	弄抗河	否	地表水	99°21′21.35″	23°32′32.71″		否
108	临沧市	沧源佤族自治县	HW53092700001	坝卡大沟	否	地表水	99°14′6″	23°11′7″	0.6	否
109	临沧市	沧源佤族自治县	HW53092700002	坝卡水塘	是	地表水	99°14′30″	23°10′26″	0.1	否
110	临沧市	沧源佤族自治县	HW53092700003	也来河	否	地表水	99°13′5″	23°9′43″	0.6	否
111	临沧市	沧源佤族自治县	HW53092700004	芒告水源	否	地表水	99°12′16″	23°8′6″	0.85	否
112	楚雄彝族自治州	楚雄市	HW53230100001	九龙甸水库	是	地表水	101°24′30″	25°14′30″	18.68	是
113	楚雄彝族自治州	楚雄市	HW53230100002	西静河水库	是	地表水	101°23′19″	25°5′32″	9.32	是

序号	州（市）名称	县（市、区）名称	水源地代码	水源地名称	是否湖库	水源地类型	经度	纬度	服务人口数量/万人	是否重点城市集中式饮用水水源地
114	楚雄彝族自治州	楚雄市	HW53230100003	团山水库	是	地表水	101°33′10″	25°5′5″	3.2	是
115	楚雄彝族自治州	双柏县	HW53232200001	新华水库	是	地表水	101°39′32″	24°42′34″	3	否
116	楚雄彝族自治州	牟定县	HW53232300001	中屯水库	是	地表水	101°27′22″	25°26′38″	10.5	否
117	楚雄彝族自治州	牟定县	HW53232300002	龙虎水库	是	地表水	101°28′0″	25°23′8″	10.5	否
118	楚雄彝族自治州	南华县	HW53232400001	兴隆坝水库	是	地表水	101°26′59″	25°20′0″		否
119	楚雄彝族自治州	姚安县	HW53232500001	洋派水库	是	地表水	101°11′31″	25°31′24″	4.5	否
120	楚雄彝族自治州	姚安县	HW53232500002	改水河水库	是	地表水	101°18′50″	25°26′10″	0.8	否
121	楚雄彝族自治州	大姚县	HW53232600001	大坝水库	是	地表水	101°12′2.04″	25°43′3.24″	5	否
122	楚雄彝族自治州	大姚县	HW53232600002	石洞水库	是	地表水	101°21′3.12″	25°38′2.16″	6	否
123	楚雄彝族自治州	永仁县	HW53232700001	尼白租	是	地表水	101°35′7″	26°5′24″	3.7	否
124	楚雄彝族自治州	永仁县	HW53232700002	白拉口	是	地表水	101°38′54″	26°1′53″	0.6	否
125	楚雄彝族自治州	元谋县	HW53232800001	丙间水库	是	地表水	101°52′43″	25°42′19″	5	否
126	楚雄彝族自治州	武定县	HW53232900001	石门坎水库	否	地表水	102°20′6.5″	25°32′57″	4.8	否
127	楚雄彝族自治州	武定县	HW53232900002	石将军龙潭	否	地表水	102°22′7″	25°35′13″	2.9	否
128	楚雄彝族自治州	武定县	HW53232900003	麦良田	否	地表水	102°22′26″	25°34′2.9″	0.2	否
129	楚雄彝族自治州	禄丰县	HW53233100001	中村大滴水	否	地表水	102°1′29″	25°11′29″	4	否
130	红河哈尼族彝族自治州	个旧市	HW53250100001	兴龙水库	是	地表水	103°7′10″	23°22′30″	3.22	是
131	红河哈尼族彝族自治州	个旧市	HW53250100002	白云水库	是	地表水	103°1′45″	23°23′45″	5.68	是
132	红河哈尼族彝族自治州	个旧市	HW53250100003	牛坝荒水库	是	地表水	103°8′23″	23°18′36″	2.3	是

序号	州（市）名称	县（市、区）名称	水源地代码	水源地名称	是否湖库	水源地类型	经度	纬度	服务人口数量/万人	是否重点城市集中式饮用水水源地
133	红河哈尼族彝族自治州	开远市	HW53250200001	南洞	否	地表水	103°17′28″	23°39′18″	20.5	是
134	红河哈尼族彝族自治州	蒙自市	HW53252200001	五里冲水库	是	地表水	103°29′2″	23°13′9″	27	是
135	红河哈尼族彝族自治州	蒙自市	HW53252200002	菲白水库	是	地表水	103°29′49″	23°24′47″	27	否
136	红河哈尼族彝族自治州	屏边苗族自治县	HW53252300001	红旗水库	是	地表水	103°41′59.65″	22°57′47″	2.36	否
137	红河哈尼族彝族自治州	建水县	HW53252400001	跃进-青云水库	是	地表水	102°41′37″	23°44′0″	12	否
138	红河哈尼族彝族自治州	石屏县	HW53252500001	高冲水库	是	地表水	102°26′42″	23°45′1″	6.2	否
139	红河哈尼族彝族自治州	弥勒市	HW53252600001	洗洒水库	是	地表水	103°24′20″	24°27′32″	8	否
140	红河哈尼族彝族自治州	泸西县	HW53252700001	板桥河水库	是	地表水	103°41′55.71″	24°42′4.02″	10.9	否
141	红河哈尼族彝族自治州	元阳县	HW53252800001	麻栗寨河水源	否	地表水	102°49′3″	23°10′47″	2	否
142	红河哈尼族彝族自治州	元阳县	HW53252800002	新街镇大鱼塘水源	是	地表水	102°44′14″	23°6′16″	3	否
143	红河哈尼族彝族自治州	红河县	HW53252900001	红星水库	是	地表水	102°12′0″	23°15′0″	3.7838	否
144	红河哈尼族彝族自治州	金平苗族瑶族傣族自治县	HW53253000001	金平县白马河饮用水水源	否	地表水	103°15′42″	22°46′38″	2.45	否
145	红河哈尼族彝族自治州	绿春县	HW53253100001	牛波水库	是	地表水	102°26′29″	22°59′17″	1.01	否
146	红河哈尼族彝族自治州	绿春县	HW53253100002	潘家东山水库	是	地表水	102°25′31″	23°1′34″	1.32	否

序号	州（市）名称	县（市、区）名称	水源地代码	水源地名称	是否湖库	水源地类型	经度	纬度	服务人口数量/万人	是否重点城市集中式饮用水水源地
147	红河哈尼族彝族自治州	河口瑶族自治县	HW53253200001	槟榔寨水库	是	地表水	103°56′56″	22°33′28″	3.85	否
148	红河哈尼族彝族自治州	河口瑶族自治县	HW53253200002	南溪河水源	否	地表水	103°57′49″	22°30′26″	3.85	否
149	文山壮族苗族自治州	文山市	HW53262100001	暮底河水库	是	地表水	104°8′48″	23°24′44″	20	是
150	文山壮族苗族自治州	砚山县	HW53262200001	回龙水库	是	地表水	104°19′5″	23°36′10″	5	否
151	文山壮族苗族自治州	西畴县	HW53262300001	西畴县小桥沟水库	是	地表水	104°41′40″	23°21′41″	4	否
152	文山壮族苗族自治州	麻栗坡县	HW53262400001	小河洞	否	地表水	104°53′43″	23°7′25″	3	否
153	文山壮族苗族自治州	马关县	HW53262500001	大丫口水库	是	地表水	104°17′8″	23°3′15″	5	否
154	文山壮族苗族自治州	丘北县	HW53262600001	旧城龙潭	否	地表水	104°7′27.4″	24°6′54.6″	5.3	否
155	文山壮族苗族自治州	广南县	HW53262700001	东风水库	是	地表水	105°3′14″	24°5′24″	5.8	否
156	文山壮族苗族自治州	广南县	HW53262700002	板宜水库	是	地表水	105°1′30″	24°25′30″	5.8	否
157	文山壮族苗族自治州	富宁县	HW53262800001	富宁县清华洞水库	是	地表水	105°33′56″	23°36′46″	5	否
158	西双版纳傣族自治州	景洪市	HW53280100001	澜沧江州水文站	否	地表水	100°47′55.53″	22°1′34.87″	50	是
159	西双版纳傣族自治州	勐海县	HW53282200001	勐海水库	是	地表水	100°21′45″	21°46′40″	7.2	否
160	西双版纳傣族自治州	勐腊县	HW53282300001	南细河	否	地表水	101°33′20″	21°31′54″	5.5	否

序号	州（市）名称	县（市、区）名称	水源地代码	水源地名称	是否湖库	水源地类型	经度	纬度	服务人口数量/万人	是否重点城市集中式饮用水水源地
161	大理白族自治州	大理市	HW53290100001	洱海一水厂	是	地表水	100°14′22″	25°36′36″		是
162	大理白族自治州	大理市	HW53290100002	洱海二水厂	是	地表水	100°13′47″	25°37′31″		是
163	大理白族自治州	大理市	HW53290100003	洱海三水厂	是	地表水	100°42′12.57″	25°35′2.31″		是
164	大理白族自治州	大理市	HW53290100004	洱海凤仪水厂	是	地表水	100°15′43.99″	25°37′25.76″		是
165	大理白族自治州	大理市	HW53290100005	洱海六水厂	是	地表水	100°16′13.8″	25°39′50.12″		是
166	大理白族自治州	大理市	HW53290100006	鸡舌箐五水厂	否	地表水	100°12′16.09″	25°42′12.57″		是
167	大理白族自治州	漾濞彝族自治县	HW53292200001	雪山河饮用水水源地	否	地表水	100°1′36″	25°41′29″	2.1	否
168	大理白族自治州	祥云县	HW53292300001	小官村水库	是	地表水	100°31′17.36″	25°31′28.41″	7.3	否
169	大理白族自治州	祥云县	HW53292300002	游丰坝水库	是	地表水	100°31′16.87″	25°31′28.47″	2	否
170	大理白族自治州	祥云县	HW53292300003	栽秧箐水库	是	地表水	100°31′45.8″	25°32′28.3″	0.5	否
171	大理白族自治州	宾川县	HW53292400001	大银甸水库	是	地表水	100°30′50.24″	25°48′32.87″	6.2	否
172	大理白族自治州	弥渡县	HW53292500001	弥渡县一水厂取水井	否	地下水	100°28′45.88″	25°20′49.1″	0.875	否
173	大理白族自治州	弥渡县	HW53292500004	大横箐水库	是	地表水	100°23′10.53″	25°19′52.19″	0.875	否
174	大理白族自治州	南涧彝族自治县	HW53292600001	大龙潭水库	是	地表水	100°33′52″	24°54′9″	3	否
175	大理白族自治州	南涧彝族自治县	HW53292600002	母子垦水库	是	地表水	100°31′1.48″	24°56′57.34″	3	否
176	大理白族自治州	巍山彝族回族自治县	HW53292700001	黄栎嘴水库	是	地表水	100°19′58″	25°12′37″	4.25	否
177	大理白族自治州	巍山彝族回族自治县	HW53292700002	巍宝山水库	是	地表水	100°21′21″	25°11′13″	4.25	否
178	大理白族自治州	永平县	HW53292800001	龙潭箐	否	地表水	99°48′57″	25°23′16″	5	否
179	大理白族自治州	云龙县	HW53292900001	天池	是	地表水	99°17′9.64″	25°52′14.84″	2	否
180	大理白族自治州	洱源县	HW53293000001	茈碧湖	是	地表水	99°56′25.51″	26°9′14.95″	3	否

序号	州（市）名称	县（市、区）名称	水源地代码	水源地名称	是否湖库	水源地类型	经度	纬度	服务人口数量/万人	是否重点城市集中式饮用水水源地
181	大理白族自治州	剑川县	HW53293100001	玉华玉龙潭	否	地表水	99°59′6″	26°24′40″	1	否
182	大理白族自治州	剑川县	HW53293100002	满贤林水库	是	地表水	99°52′45″	26°32′48″	3.5	否
183	大理白族自治州	鹤庆县	HW53293200001	西龙潭	是	地下水	100°8′41.6″	26°34′7.3″	3.5	否
184	德宏傣族景颇族自治州	瑞丽市	HW53310200001	姐勒水库	是	地表水	97°53′41.41″	24°2′21.92″	6.31	是
185	德宏傣族景颇族自治州	瑞丽市	HW53310200002	勐卯水库	是	地表水	97°50′32.47″	24°2′47.6″	6.31	否
186	德宏傣族景颇族自治州	芒市	HW53310300001	勐板河水库	是	地表水	98°38′59″	24°22′18″	10	是
187	德宏傣族景颇族自治州	梁河县	HW53312200001	勐科河	否	地表水	98°21′30″	24°47′56″	3	否
188	德宏傣族景颇族自治州	盈江县	HW53312300001	木乃河	否	地表水	97°53′27.8″	24°46′33.5″	10	否
189	德宏傣族景颇族自治州	陇川县	HW53312400001	弄怀坝水库	否	地表水	97°55′0″	24°9′0″	4.5	否
190	怒江傈僳族自治州	泸水县	HW53332100001	玛布河水源地	否	地表水	98°51′45.54″	25°48′52.81″	5.2	是
191	怒江傈僳族自治州	福贡县	HW53332300001	上帕河饮用水水源	否	地表水	98°52′23.17″	26°54′35.13″	0.8	否
192	怒江傈僳族自治州	贡山独龙族怒族自治县	HW53332400001	明里娃	否	地表水	98°39′47.1″	27°44′39.7″	0.9	否
193	怒江傈僳族自治州	兰坪白族普米族自治县	HW53332500001	兰坪县雪邦山龙潭水源地	否	地表水	99°28′34.69″	26°28′7.15″	2.8	否
194	迪庆藏族自治州	香格里拉县	HW53342100001	桑那水库	是	地表水	99°44′32″	27°49′32″	7	是
195	迪庆藏族自治州	香格里拉县	HW53342100002	龙谭河源头	否	地表水	99°43′7″	27°49′14″	7	是
196	迪庆藏族自治州	德钦县	HW53342200001	水磨房河	否	地表水	98°55′50.8″	28°30′10.1″	0.87	否
197	迪庆藏族自治州	维西傈僳族自治县	HW53342300002	纸厂河	否	地表水	99°22′4″	27°5′44″	1.5	否

2.3 空气监测点位

云南省县域生态环境质量监测评价与考核空气监测点位名单见表3-2-2-3。

表3-2-2-3 云南省县域生态环境质量监测评价与考核空气监测点位名单

序号	州（市）名称	县（市、区）名称	空气监测点位代码	空气监测点位名称	监测方式（自动、手工）	经度	纬度
1	昆明市	五华区	AI53010200001	金鼎山空气自动	自动	102°40′27.89″	24°4′1.25″
2	昆明市	盘龙区	AI53010300001	东风东路空气自动	自动	102°42′58″	25°2′26″
3	昆明市	盘龙区	AI53010300002	龙泉镇空气自动	自动	102°44′37″	25°6′41″
4	昆明市	官渡区	AI53011100001	关上空气自动	自动	102°44′36″	25°0′42″
5	昆明市	西山区	AI53011200001	碧鸡广场空气自动	自动	102°39′52″	25°2′24″
6	昆明市	东川区	AI53011300001	东川区空气自动	手工	103°10′58″	26°5′13″
7	昆明市	呈贡区	AI53011400001	呈贡新区空气自动	自动	102°49′14″	24°53′19″
8	昆明市	晋宁县	AI53012200001	晋宁县空气自动	自动	102°35′48.8″	24°40′26.3″
9	昆明市	富民县	AI53012400001	富民县空气自动	自动	102°29′53.2″	25°13′17.7″
10	昆明市	宜良县	AI53012500001	宜良县空气自动	自动	103°8′33.72″	24°55′35.04″
11	昆明市	石林彝族自治县	AI53012600001	石林县空气自动	自动	103°18′23″	24°48′0″
12	昆明市	嵩明县	AI53012700001	嵩明县空气自动	自动	103°2′22.1″	25°20′33.2″
13	昆明市	禄劝彝族苗族自治县	AI53012800001	禄劝县空气自动	自动	102°28′.64″	25°33′12.2″
14	昆明市	寻甸回族彝族自治县	AI53012900001	寻甸县空气自动	自动	103°15′7″	25°34′6″
15	昆明市	安宁市	AI53018100001	连然街道办	自动	102°28′9.5″	24°55′11″
16	昆明市	安宁市	AI53018100002	昆钢一中	自动	102°30′26″	24°53′23″
17	昆明市	安宁市	AI53018100003	温泉	自动	102°27′3.4″	24°57′19.6″
18	昆明市	安宁市	AI53018100004	职教园	自动	102°26′22″	24°53′11.8″
19	曲靖市	麒麟区	AI53030200001	曲靖市环境监测站	自动	103°47′23″	25°30′13″
20	曲靖市	麒麟区	AI53030200002	曲靖烟厂办公区点	自动	103°48′0″	25°32′11″
21	曲靖市	马龙县	AI53032100001	马龙县环保局办公楼	手工	103°35′17.57″	25°26′38.35″
22	曲靖市	陆良县	AI53032200001	兴隆村	手工	103°37′45″	25°31′20″
23	曲靖市	陆良县	AI53032200002	原县环保局	手工	103°39′36″	25°1′58″
24	曲靖市	师宗县	AI53032300001	师宗县环保局楼顶	手工	103°59′34″	24°49′39″
25	曲靖市	罗平县	AI53032400001	罗平一中	手工	104°18′25″	24°53′35″
26	曲靖市	罗平县	AI53032400002	罗平三中	手工	104°19′28″	24°53′42″
27	曲靖市	富源县	AI53032500001	环保局	手工	104°16′2.1″	25°42′6.9″
28	曲靖市	会泽县	AI53032600001	会泽县监测站楼顶	手工	103°17′55″	26°24′46″
29	曲靖市	沾益县	AI53032800001	县环保局拟建监测监察业务楼	手工	103°49′15″	25°35′29″
30	曲靖市	宣威市	AI53038100001	宣威市革香河水电开发公司	自动	104°5′38″	26°14′17″
31	玉溪市	红塔区	AI53040200001	东风水库	自动	102°34′29.82″	24°22′15.74″
32	玉溪市	红塔区	AI53040200002	玉溪一中	自动	102°32′20.08″	24°22′12.77″
33	玉溪市	红塔区	AI53040200003	文体中心	自动	102°32′17.74″	24°20′20.4″

序号	州（市）名称	县（市、区）名称	空气监测点位代码	空气监测点位名称	监测方式（自动、手工）	经度	纬度
34	玉溪市	江川县	AI53042100001	县医院	手工	102°45′29.61″	24°17′59.82″
35	玉溪市	澄江县	AI53042200001	县环保局	手工	102°54′13.35″	24°40′29.6″
36	玉溪市	通海县	AI53042300001	县环保局	手工	102°45′29″	24°6′57″
37	玉溪市	华宁县	AI53042400001	华宁县宁州镇示范小学行政办公楼楼顶	手工	102°55′28.73″	24°11′48.08″
38	玉溪市	易门县	AI53042500001	中医院	手工	102°9′54.9″	24°40′11.1″
39	玉溪市	峨山彝族自治县	AI53042600001	峨山县政府	手工	102°24′15.63″	24°10′18.15″
40	玉溪市	新平彝族傣族自治县	AI53042700001	新平县县政府楼顶	手工	101°59′23″	24°4′24″
41	玉溪市	元江哈尼族彝族傣族自治县	AI53042800001	元江县第四小学	手工	105°58′18″	23°36′17″
42	保山市	隆阳区	AI53050200001	市监测站	自动	99°10′4″	25°6′24″
43	保山市	隆阳区	AI53050200002	市环保局	自动	99°10′16″	25°7′58″
44	保山市	施甸县	AI53052100001	施甸县人民政府	手工	99°11′19″	24°43′33″
45	保山市	腾冲市	AI53052200001	腾冲县老干局	手工	98°29′30.6″	25°1′14.72″
46	保山市	龙陵县	AI53052300001	龙陵县政务服务中心	手工	98°41′56″	24°35′37″
47	保山市	昌宁县	AI53052400001	昌宁县环保局	手工	99°37′1″	24°49′52″
48	昭通市	昭阳区	AI53060200001	昭通市监测站楼顶	自动	103°47′17″	27°20′21″
49	昭通市	昭阳区	AI53060200002	昭通市环保局楼顶	自动	103°43′20″	27°20′9″
50	昭通市	鲁甸县	AI53062100001	鲁甸环保局楼顶	手工	103°33′24.84″	27°11′43.57″
51	昭通市	巧家县	AI53062200001	巧家环保局楼顶	手工	102°55′17.76″	26°55′9.12″
52	昭通市	盐津县	AI53062300001	环境监测站楼顶	手工	104°14′.8″	28°6′46.2″
53	昭通市	大关县	AI53062400001	大关县环境监测执法用房楼顶	手工	103°53′41″	27°45′56″
54	昭通市	永善县	AI53062500001	永善县环保局楼顶	手工		
55	昭通市	绥江县	AI53062600001	绥江县环保局楼顶	自动	103°57′18″	28°35′30″
56	昭通市	镇雄县	AI53062700001	监测站楼顶	手工	104°52′19″	27°26′20″
57	昭通市	彝良县	AI53062800001	广播电视局楼顶	手工	104°2′42.86″	27°37′43.5″
58	昭通市	威信县	AI53062900001	威信环保局楼顶	手工	105°2′30″	27°50′30″
59	昭通市	水富县	AI53063000001	水富县环保局楼顶	自动	104°24′35″	28°37′4″
60	丽江市	古城区	AI53070200001	市中心	自动	100°14′59″	26°52′48″
61	丽江市	古城区	AI53070200002	古城	自动	100°14′59″	26°52′48″
62	丽江市	玉龙纳西族自治县	AI53072100001	西南郊	自动	100°13′4″	26°51′39″
63	丽江市	永胜县	AI53072200001	县坏境监测站	手工	100°44′18.2″	26°41′51.4″
64	丽江市	华坪县	AI53072300001	县城气象局	手工	101°15′36″	26°38′13″
65	丽江市	宁蒗彝族自治县	AI53072400001	县环保局	手工	100°51′9″	27°17′46″
66	普洱市	思茅区	AI53080200001	市环保局	自动	100°58′48″	22°45′49″

序号	州（市）名称	县（市、区）名称	空气监测点位代码	空气监测点位名称	监测方式（自动、手工）	经度	纬度
67	普洱市	思茅区	AI53080200002	普洱二中	自动	100°58′54″	22°49′56″
68	普洱市	宁洱哈尼族彝族自治县	AI53082100001	县政协	手工	101°2′43″	23°2′56″
69	普洱市	墨江哈尼族自治县	AI53082200001	北回归线	手工	101°41′19″	23°25′50″
70	普洱市	景东彝族自治县	AI53082300001	县政府	手工	100°49′54″	24°26′57″
71	普洱市	景谷傣族彝族自治县	AI53082400001	县环保局	手工	100°42′18″	23°30′12″
72	普洱市	镇沅彝族哈尼族拉祜族自治县	AI53082500001	县人民政府办公楼	手工	101°6′23.2″	24°0′22.85″
73	普洱市	江城哈尼族彝族自治县	AI53082600001	县环保局	手工	101°52′29″	22°34′15″
74	普洱市	孟连傣族拉祜族佤族自治县	AI53082700001	县环保局	手工	99°34′59″	22°19′30″
75	普洱市	澜沧拉祜族自治县	AI53082800001	县环保局	手工	99°56′11.5″	22°33′33.3″
76	普洱市	西盟佤族自治县	AI53082900001	城建局	手工	99°35′29″	22°38′47″
77	临沧市	临翔区	AI53090200001	市环保局楼顶	自动	100°5′12.8″	23°52′55.8″
78	临沧市	临翔区	AI53090200002	气象局楼顶	自动	100°4′41.6″	23°53′53.7″
79	临沧市	凤庆县	AI53092100001	县环保局楼顶	手工	99°54′45″	24°35′38″
80	临沧市	云县	AI53092200001	气象局楼顶	手工	100°13′25″	24°45′16″
81	临沧市	永德县	AI53092300001	县博物馆楼顶	手工	99°15′37.29″	24°1′17.28″
82	临沧市	镇康县	AI53092400001	县环保局楼顶	手工	98°49′44″	23°45′54″
83	临沧市	双江拉祜族佤族布朗族傣族自治县	AI53092500001	县人民政府楼顶	手工	99°49′40″	23°28′22″
84	临沧市	耿马傣族佤族自治县	AI53092600001	县环境监测站楼顶	手工	99°24′25.13″	23°32′18.02″
85	临沧市	沧源佤族自治县	AI53092700001	勐董镇水库坝	手工	99°14′20″	23°8′26″
86	楚雄彝族自治州	楚雄市	AI53230100001	州环境监测站	自动	101°32′53.6″	25°2′38.7″
87	楚雄彝族自治州	楚雄市	AI53230100002	市经济开发区	自动	101°32′16.5″	25°2′56.9″
88	楚雄彝族自治州	楚雄市	AI53230100003	州文化馆	手工	101°34′33″	25°1′20″
89	楚雄彝族自治州	双柏县	AI53232200001	县环保局	手工	101°38′46″	24°41′28″
90	楚雄彝族自治州	牟定县	AI53232300001	牟定县环保业务办公楼顶	手工	101°32′17″	25°19′24″

序号	州（市）名称	县（市、区）名称	空气监测点位代码	空气监测点位名称	监测方式（自动、手工）	经度	纬度
91	楚雄彝族自治州	南华县	AI53232400001	南华县体育文化活动中心	手工	101°17′5″	25°12′31″
92	楚雄彝族自治州	姚安县	AI53232500001	县环保局	手工	101°14′18″	25°30′6″
93	楚雄彝族自治州	大姚县	AI53232600001	大姚县环境保护局	手工	101°19′37″	25°43′2″
94	楚雄彝族自治州	永仁县	AI53232700001	监测站实验室楼顶	手工	101°40′6″	26°3′33″
95	楚雄彝族自治州	元谋县	AI53232800001	环保局	手工	101°52′43″	25°42′19″
96	楚雄彝族自治州	武定县	AI53232900001	环保局	手工	102°24′8″	25°32′27″
97	楚雄彝族自治州	禄丰县	AI53233100001	禄丰县工商局办公楼顶	手工	102°4′8″	25°8′48″
98	红河哈尼族彝族自治州	个旧市	AI53250100001	少年宫	手工	103°9′34″	23°21′32″
99	红河哈尼族彝族自治州	开远市	AI53250200001	开远市政府	自动	103°15′57.43″	23°43′3.13″
100	红河哈尼族彝族自治州	蒙自市	AI53252200001	雨过铺	自动	103°18′40.8″	23°27′45.5″
101	红河哈尼族彝族自治州	蒙自市	AI53252200002	污水处理厂	自动	103°22′37.9″	23°23′57.5″
102	红河哈尼族彝族自治州	屏边苗族自治县	AI53252300001	玉屏县城区人武部	手工	103°33′11″	23°3′25″
103	红河哈尼族彝族自治州	建水县	AI53252400001	建水县民政局	自动	102°33′18″	23°12′42″
104	红河哈尼族彝族自治州	石屏县	AI53252500001	高级中学	手工	102°30′12″	23°42′16″
105	红河哈尼族彝族自治州	弥勒市	AI53252600001	行政中心办公楼楼顶	手工	103°24′43.95″	24°24′53.25″
106	红河哈尼族彝族自治州	泸西县	AI53252700001	县政府办公大楼楼顶	手工	103°45′36″	24°32′6″
107	红河哈尼族彝族自治州	元阳县	AI53252800001	元阳县人民政府办公楼楼顶	手工	102°50′.74″	23°23′21.03″
108	红河哈尼族彝族自治州	红河县	AI53252900001	迤萨镇北门街政府大楼	手工	102°24′10″	23°22′23″
109	红河哈尼族彝族自治州	金平苗族瑶族傣族自治县	AI53253000001	金平县政府办公楼	手工	103°13′30″	22°46′56″
110	红河哈尼族彝族自治州	绿春县	AI53253100001	行政中心A幢房顶	手工	102°23′30.2″	22°59′46.1″
111	红河哈尼族彝族自治州	河口瑶族自治县	AI53253200001	县医院	手工	103°57′49.8″	22°30′34.1″

序号	州（市）名称	县（市、区）名称	空气监测点位代码	空气监测点位名称	监测方式（自动、手工）	经度	纬度
112	红河哈尼族彝族自治州	河口瑶族自治县	AI53253200002	冶金招待所	手工	103°57′17.7″	22°30′43.6″
113	红河哈尼族彝族自治州	河口瑶族自治县	AI53253200003	县气象站(对照点)	手工	103°57′24″	22°30′54.5″
114	文山壮族苗族自治州	文山市	AI53262100001	文山州水务局	自动	104°15′12″	23°21′34″
115	文山壮族苗族自治州	文山市	AI53262100002	文山县便民服务中心	自动	104°13′55″	23°23′21″
116	文山壮族苗族自治州	砚山县	AI53262200001	城建大楼	手工	104°20′30″	23°36′40″
117	文山壮族苗族自治州	砚山县	AI53262200002	环保大楼	手工	104°20′41″	23°37′1″
118	文山壮族苗族自治州	西畴县	AI53262300001	国税宾馆	手工	104°40′31″	23°26′21″
119	文山壮族苗族自治州	西畴县	AI53262300002	北回广场	手工	104°40′31″	23°26′22″
120	文山壮族苗族自治州	麻栗坡县	AI53262400001	麻栗坡县地震局	手工	104°42′10″	23°7′36″
121	文山壮族苗族自治州	麻栗坡县	AI53262400002	龙熙顺景	手工	104°42′40″	23°8′23″
122	文山壮族苗族自治州	马关县	AI53262500001	华联酒店	手工	104°23′33″	23°0′54″
123	文山壮族苗族自治州	马关县	AI53262500002	通灵宾馆	手工	104°23′57″	23°0′11″
124	文山壮族苗族自治州	丘北县	AI53262600001	鲸鸿大酒店一分店	手工	104°11′59.97″	24°2′43.3″
125	文山壮族苗族自治州	丘北县	AI53262600002	土里长风情酒店	手工	104°10′22.8″	24°3′15.94″
126	文山壮族苗族自治州	广南县	AI53262700001	铜鼓广场	手工	105°3′5.7″	24°2′47.29″
127	文山壮族苗族自治州	广南县	AI53262700002	莲湖边	手工	105°3′41.9″	24°3′1.81″
128	文山壮族苗族自治州	富宁县	AI53262800001	普厅小区	手工	105°38′9″	23°37′36″
129	文山壮族苗族自治州	富宁县	AI53262800002	建设大厦	手工	105°37′29″	23°37′38″
130	西双版纳傣族自治州	景洪市	AI53280100001	江南站	自动	100°48′6.17″	22°0′19.33″
131	西双版纳傣族自治州	景洪市	AI53280100002	江北站	自动	100°48′28.81″	22°1′36.44″
132	西双版纳傣族自治州	勐海县	AI53282200001	环保局球场	手工	101°33′39″	21°27′15″
133	西双版纳傣族自治州	勐腊县	AI53282300001	环保局球场	手工	101°33′39″	21°27′15″

序号	州（市）名称	县（市、区）名称	空气监测点位代码	空气监测点位名称	监测方式（自动、手工）	经度	纬度
134	大理白族自治州	大理市	AI53290100001	大理市环境监测站	自动	100°13′15.2″	25°34′54.3″
135	大理白族自治州	大理市	AI53290100002	大理古城	自动	100°9′15.2″	25°42′19.59″
136	大理白族自治州	漾濞彝族自治县	AI53292200001	皇庄气象监测点	手工	99°57′21″	25°40′69″
137	大理白族自治州	祥云县	AI53292300001	祥云县环境保护局	手工		
138	大理白族自治州	宾川县	AI53292400001	宾川县环保局	手工	100°34′1.9″	25°49′40.24″
139	大理白族自治州	弥渡县	AI53292500001	弥渡县环境保护局	手工	100°28′44.29″	25°20′54.27″
140	大理白族自治州	南涧彝族自治县	AI53292600001	南涧县国土资源局三楼阳台	手工	100°30′45″	25°2′27.8″
141	大理白族自治州	巍山彝族回族自治县	AI53292700001	巍山县环境保护局楼顶	手工	100°18′0″	25°13′44″
142	大理白族自治州	永平县	AI53292800001	县环保局办公楼楼顶	手工	99°31′35″	25°27′14″
143	大理白族自治州	云龙县	AI53292900001	环境保护局大院	手工	99°21′59.04″	25°53′17.51″
144	大理白族自治州	洱源县	AI53293000001	洱源县环境保护局院内	手工	99°58′6″	26°7′15″
145	大理白族自治州	剑川县	AI53293100001	县环保局	手工	99°54′35″	26°32′24″
146	大理白族自治州	鹤庆县	AI53293200001	鹤庆县环保局	手工	100°10′12.63″	26°33′30.88″
147	德宏傣族景颇族自治州	瑞丽市	AI53310200001	瑞丽环保局	自动	97°51′28.97″	24°0′18.76″
148	德宏傣族景颇族自治州	瑞丽市	AI53310200002	姐告工商局	自动	97°53′22.47″	23°58′52.13″
149	德宏傣族景颇族自治州	芒市	AI53310300001	芒市环保局	自动	98°34′40″	24°26′26″
150	德宏傣族景颇族自治州	芒市	AI53310300002	州环境监测站	自动	98°33′39″	24°25′37″
151	德宏傣族景颇族自治州	梁河县	AI53312200001	县政务管理中心大楼	手工	98°17′29″	24°48′53″
152	德宏傣族景颇族自治州	盈江县	AI53312300001	县安监局楼顶	手工	97°55′58.4″	24°42′18.2″
153	德宏傣族景颇族自治州	陇川县	AI53312400001	陇川县政府大楼楼顶监测点	手工	97°47′35″	24°10′56″
154	怒江傈僳族自治州	泸水县	AI53332100001	州监测站	自动	98°51′36.4″	25°51′24″
155	怒江傈僳族自治州	泸水县	AI53332100002	泸水一中	自动	98°51′18.6″	25°49′20.8″

序号	州（市）名称	县（市、区）名称	空气监测点位代码	空气监测点位名称	监测方式（自动、手工）	经度	纬度
156	怒江傈僳族自治州	福贡县	AI53332300001	县城中心	手工	98°51′59″	26°54′30.7″
157	怒江傈僳族自治州	贡山独龙族怒族自治县	AI53332400001	县城中心	手工	98°39′53″	27°44′37″
158	怒江傈僳族自治州	兰坪白族普米族自治县	AI53332500001	金凤村	自动	99°24′32.56″	26°25′31.52″
159	怒江傈僳族自治州	兰坪白族普米族自治县	AI53332500002	县水务局	自动	99°25′15.71″	26°27′25.69″
160	迪庆藏族自治州	香格里拉县	AI53342100001	州监测站（州监测站楼顶）	自动	99°42′20″	27°49′54″
161	迪庆藏族自治州	德钦县	AI53342200001	原县环保局楼顶	手工	98°54′58″	28°28′42″
162	迪庆藏族自治州	维西傈僳族自治县	AI53342300001	县图书馆楼顶	手工	99°17′13″	27°11′7″

2.4 重点污染源及监测断面

云南省县域生态环境质量监测评价与考核重点污染源及监测断面名单见表 3-2-2-4。

表 3-2-2-4　云南省县域生态环境质量监测评价与考核重点污染源及监测断面名单

序号	州（市）名称	县（市、区）名称	污染源代码	污染源（企业）名称	污染源类型	污染源性质	排放去向	监测项目
1	昆明市	五华区	SA53010200001	云南铜业股份有限公司冶炼加工总厂熔炼烟囱	废气	国控	大气	颗粒物、SO_2
2	昆明市	五华区	SA53010200002	云南铜业股份有限公司冶炼加工总厂稀贵分银炉	废气	国控	大气	颗粒物、SO_2、NO_x
3	昆明市	五华区	SA53010200003	云南铜业股份有限公司冶炼加工总厂精炼阳极炉	废气	国控	大气	颗粒物、SO_2
4	昆明市	五华区	SA53010200004	云南铜业股份有限公司冶炼加工总厂硫酸三系列	废气	国控	大气	颗粒物、SO_2
5	昆明市	五华区	SA53010200005	云南铜业股份有限公司冶炼加工总厂硫酸四系列	废气	国控	大气	颗粒物、SO_2
6	昆明市	五华区	SA53010200006	云南铜业股份有限公司冶炼加工总厂稀贵脱硒排放烟囱	废气	国控	大气	氯气
7	昆明市	五华区	SA53010200007	云南铜业股份有限公司冶炼加工总厂脱硫烟囱	废气	国控	大气	颗粒物、SO_2、NO_x

序号	州（市）名称	县（市、区）名称	污染源代码	污染源（企业）名称	污染源类型	污染源性质	排放去向	监测项目
8	昆明市	五华区	SA53010200008	云南云铜锌业股份有限公司工频感应电炉	废气	国控	大气	颗粒物、SO$_2$、NO$_x$
9	昆明市	五华区	SA53010200009	云南云铜锌业股份有限公司浮腾焙烧炉	废气	国控	大气	颗粒物、SO$_2$、NO$_x$
10	昆明市	五华区	SA53010200010	云南云铜锌业股份有限公司挥发窑	废气	国控	大气	颗粒物、SO$_2$、NO$_x$
11	昆明市	五华区	SA53010200011	云南云铜锌业股份有限公司硫酸车间	废气	国控	大气	SO$_2$和硫酸雾
12	昆明市	五华区	SA53010200012	昆明鑫兴泽环境资源产业有限公司总排口	废气	省控	大气	颗粒物、SO$_2$、NO$_x$
13	昆明市	五华区	SW53010200001	云南铜业股份有限公司冶炼加工总厂外排截流口	废水	国控		COD$_{Cr}$、NH$_3$-N、镉、铅、砷
14	昆明市	盘龙区	SA53010300001	昆明醋酸纤维有限公司废气排口	废气	省控	大气	颗粒物、SO$_2$、NO$_x$
15	昆明市	盘龙区	SW53010300001	昆明市第四水质净化厂出口	废水	国控	盘龙江	流量、pH、COD$_{Cr}$、NH$_3$-N、TP、TN、阴离子表面活性剂、总汞、总镉、总砷、总铅、总铬
16	昆明市	盘龙区	SW53010300002	昆明市第五水质净化厂出口	废水	国控	盘龙江	流量、pH、COD$_{Cr}$、NH$_3$-N、TP、TN、阴离子表面活性剂、总汞、总镉、总砷、总铅、总铬
17	昆明市	盘龙区	SW53010300003	昆明醋酸纤维有限公司废水排口	废水	省控	城镇污水处理厂	pH、氨氮、总磷、化学需氧量、石油类
18	昆明市	官渡区	SW53011100001	昆明市第二水质净化厂出水口	废水	国控	明通河	流量、pH、COD$_{Cr}$、NH$_3$-N、TP、TN、阴离子表面活性剂、总汞、总镉、总砷、总铅、总铬
19	昆明市	官渡区	SW53011100002	昆明市第六水质净化厂出水口	废水	国控	新宝象河	流量、pH、COD$_{Cr}$、NH$_3$-N、TP、TN、阴离子表面活性剂、总汞、总镉、总砷、总铅、总铬
20	昆明市	西山区	SW53011200001	中轻依兰（集团）有限公司总排口	废水	国控	不外排	pH、磷酸盐、化学需氧量、悬浮物、悬浮物、阴离子表面活性剂、氨氮、氟化物

序号	州（市）名称	县（市、区）名称	污染源代码	污染源（企业）名称	污染源类型	污染源性质	排放去向	监测项目
21	昆明市	西山区	SW53011200002	昆明市第一水质净化厂总排口	废水	国控	直接排入江河湖库等水环境	流量、pH、COD_{Cr}、NH_3-N、TP、TN、阴离子表面活性剂、总汞、总镉、总砷、总铅、总铬
22	昆明市	西山区	SW53011200003	昆明市第三水质净化厂总排口	废水	国控	直接排入江河湖库等水环境	流量、pH、COD_{Cr}、NH_3-N、TP、TN、阴离子表面活性剂、总汞、总镉、总砷、总铅、总铬
23	昆明市	东川区	SA53011300001	东川碧龙矿产有限公司（冶炼厂）鼓风炉尾气排口	废气	国控	大气	颗粒物、二氧化硫、氮氧化物、铜、铅、锌、镉、砷
24	昆明市	东川区	SA53011300002	昆明唱响工贸有限公司锅炉尾气排口	废气	国控	大气	颗粒物、SO_2、NO_x
25	昆明市	东川区	SA53011300003	昆明新内都矿业有限公司鼓风炉尾气排口	废气	国控	大气	颗粒物、SO_2、NO_x、铜、铅、锌、镉、砷
26	昆明市	东川区	SA53011300004	昆明新内都矿业有限公司制团机尾气排口	废气	国控	大气	颗粒物、SO_2、NO_x、铜、铅、锌、镉、砷
27	昆明市	东川区	SA53011300005	昆明东川众智铜业有限公司鼓风炉、连吹炉尾气排口	废气	国控	大气	颗粒物、SO_2、NO_x、铜、铅、锌、镉、砷
28	昆明市	东川区	SA53011300006	昆明红川有色金属冶炼有限公司烟化炉尾气排口	废气	国控	大气	颗粒物、SO_2、NO_x、铜、铅、锌、镉、砷
29	昆明市	东川区	SA53011300007	昆明华联锢业有限公司锅炉尾气排口	废气	国控	大气	颗粒物、SO_2、NO_x
30	昆明市	东川区	SA53011300008	昆明金水铜冶炼有限公司制酸尾气排口	废气	国控	大气	颗粒物、SO_2、NO_x、铜、铅、锌、镉、砷、硫酸雾、氟化物
31	昆明市	东川区	SA53011300009	昆明金水铜冶炼有限公司事故烟囱尾气排口	废气	国控	大气	颗粒物、SO_2、NO_x、铜、铅、锌、镉、砷、硫酸雾、氟化物
32	昆明市	东川区	SA53011300010	昆明全源矿业有限公司鼓风炉尾气排口	废气	国控	大气	颗粒物、SO_2、NO_x、铜、铅、锌、镉、砷
33	昆明市	东川区	SA53011300011	昆明市东川金水矿业有限责任公司鼓风炉尾气排口	废气	国控	大气	颗粒物、SO_2、NO_x、铜、铅、锌、镉、砷
34	昆明市	东川区	SA53011300012	昆明市东川骏明矿业有限责任公司鼓风炉尾气排口	废气	国控	大气	颗粒物、SO_2、NO_x、铜、铅、锌、镉、砷
35	昆明市	东川区	SA53011300013	昆明星陨有色金属冶炼有限公司烟化炉尾气排口	废气	国控	大气	颗粒物、SO_2、NO_x、铜、铅、锌、镉、砷

序号	州（市）名称	县（市、区）名称	污染源代码	污染源（企业）名称	污染源类型	污染源性质	排放去向	监测项目
36	昆明市	东川区	SA53011300014	昆明奥宇锌业有限公司1#、2#锅炉尾气排口	废气	国控	大气	颗粒物、SO₂、NOₓ、铜、铅、锌、镉、砷、硫酸雾
37	昆明市	东川区	SA53011300015	昆明奥宇锌业有限公司回转窑尾气排口	废气	国控	大气	颗粒物、SO₂、NOₓ、铜、铅、锌、镉、砷、硫酸雾
38	昆明市	东川区	SA53011300016	昆明奥宇锌业有限公司工频炉尾气排口	废气	国控	大气	颗粒物、SO₂、NOₓ、铜、铅、锌、镉、砷、硫酸雾
39	昆明市	东川区	SA53011300017	昆明奥宇锌业有限公司尾吸塔排口	废气	国控	大气	颗粒物、SO₂、NOₓ、铜、铅、锌、镉、砷、硫酸雾
40	昆明市	东川区	SA53011300018	云南东昌金属加工有限公司锅炉尾气排口	废气	国控	大气	颗粒物、SO₂、NOₓ
41	昆明市	东川区	SA53011300019	云南铜业凯通有色金属有限公司制酸尾气排口	废气	国控	大气	颗粒物、SO₂、NOₓ、铜、铅、锌、镉、砷、硫酸雾、氟化物
42	昆明市	东川区	SA53011300020	云南铜业凯通有色金属有限公司环保集成烟道排口	废气	国控	大气	颗粒物、SO₂、NOₓ、铜、铅、锌、镉、砷、硫酸雾、氟化物
43	昆明市	东川区	SA53011300021	昆明龙凤锌业开发有限公司鼓风炉尾气排口	废气	国控	大气	颗粒物、SO₂、NOₓ、铜、铅、锌、镉、砷
44	昆明市	东川区	SA53011300022	昆明金湖冶金有限公司锅炉尾气排口	废气	国控	大气	颗粒物、SO₂、NOₓ
45	昆明市	东川区	SA53011300023	昆明金湖冶金有限公司沸腾炉尾气排口	废气	国控	大气	颗粒物、SO₂、NOₓ
46	昆明市	东川区	SA53011300024	昆明东荣金属材料有限公司锅炉尾气排口	废气	国控	大气	颗粒物、SO₂、NOₓ
47	昆明市	东川区	SW53011300001	昆明志欣诚矿业有限公司（原东川碧龙矿产有限公司（选厂））尾矿库内	废水	国控	生产废水不外排	pH、悬浮物、COD_Cr、氨氮、铜、铅、锌、镉、砷
48	昆明市	东川区	SW53011300002	东川鹏博选矿厂（东川桃树沟选矿厂）尾矿库内	废水	国控	生产废水不外排	pH、悬浮物、化学需氧量、氨氮、铜、铅、锌、镉、砷
49	昆明市	东川区	SW53011300003	东川区老村湿法冶炼厂尾矿库内	废水	国控	生产废水不外排	pH、悬浮物、化学需氧量、氨氮、铜、铅、锌、镉、砷
50	昆明市	东川区	SW53011300004	东川文兴选矿厂尾矿库内	废水	国控	生产废水不外排	pH、悬浮物、化学需氧量、氨氮、铜、铅、锌、镉、砷
51	昆明市	东川区	SW53011300005	东川昱成民政福利有限责任公司尾矿库内	废水	国控	生产废水不外排	pH、悬浮物、化学需氧量、氨氮、铜、铅、锌、镉、砷

序号	州（市）名称	县（市、区）名称	污染源代码	污染源（企业）名称	污染源类型	污染源性质	排放去向	监测项目
52	昆明市	东川区	SW53011300006	昆明东川金水矿业有限公司选厂压滤车间废水外排口	废水	国控	废水经压滤沉淀后排入金沙江	pH、悬浮物、化学需氧量、氨氮、铜、铅、锌、镉、砷
53	昆明市	东川区	SW53011300007	昆明东海矿业有限公司昆明汤丹冶金公司尾矿库废水外排口	废水	国控	废水经尾矿库沉淀后排入小江	pH、悬浮物、化学需氧量、氨氮、铜、铅、锌、镉、砷
54	昆明市	东川区	SW53011300008	昆明东瑾矿业有限公司压滤车间废水外排口	废水	国控	废水经尾矿库沉淀后排入金沙江	pH、悬浮物、化学需氧量、氨氮、铜、铅、锌、镉、砷
55	昆明市	东川区	SW53011300009	昆明东靖工贸有限公司尾矿库内	废水	国控	生产废水不外排	pH、悬浮物、化学需氧量、氨氮、铜、铅、锌、镉、砷
56	昆明市	东川区	SW53011300010	昆明合美达工贸有限公司尾矿库内	废水	国控	生产废水不外排	pH、悬浮物、化学需氧量、氨氮、铜、铅、锌、镉、砷
57	昆明市	东川区	SW53011300011	昆明锦鸿涛矿业有限责任公司红卫山尾矿库废水外排口	废水	国控	废水经尾矿库沉淀后排入小江	pH、悬浮物、化学需氧量、氨氮、铜、铅、锌、镉、砷
58	昆明市	东川区	SW53011300012	昆明老来红矿业有限公司尾矿库内	废水	国控	生产废水不外排	pH、悬浮物、化学需氧量、氨氮、铜、铅、锌、镉、砷
59	昆明市	东川区	SW53011300013	昆明利南矿业有限公司尾矿库内	废水	国控	生产废水不外排	pH、悬浮物、化学需氧量、氨氮、铜、铅、锌、镉、砷
60	昆明市	东川区	SW53011300014	昆明龙腾矿业有限公司昆明汤丹冶金公司尾矿库废水外排口	废水	国控	废水经尾矿库沉淀后排入小江	pH、悬浮物、化学需氧量、氨氮、铜、铅、锌、镉、砷
61	昆明市	东川区	SW53011300015	昆明全利矿业有限公司压滤车间废水外排口	废水	国控	废水经压滤沉淀后排入金沙江	pH、悬浮物、化学需氧量、氨氮、铜、铅、锌、镉、砷
62	昆明市	东川区	SW53011300016	昆明瑞能矿业有限公司尾矿库内	废水	国控	生产废水不外排	pH、悬浮物、化学需氧量、氨氮、铜、铅、锌、镉、砷
63	昆明市	东川区	SW53011300017	昆明山通工贸有限公司尾矿库内	废水	国控	生产废水不外排	pH、悬浮物、化学需氧量、氨氮、铜、铅、锌、镉、砷
64	昆明市	东川区	SW53011300018	昆明升新矿业有限公司尾矿库内	废水	国控	生产废水不外排	pH、悬浮物、化学需氧量、氨氮、铜、铅、锌、镉、砷

序号	州（市）名称	县（市、区）名称	污染源代码	污染源（企业）名称	污染源类型	污染源性质	排放去向	监测项目
65	昆明市	东川区	SW53011300019	昆明市东川宝雁山矿业有限公司压滤车间废水外排口	废水	国控	废水经压滤沉淀后排入金沙江	pH、悬浮物、化学需氧量、氨氮、铜、铅、锌、镉、砷
66	昆明市	东川区	SW53011300020	昆明市东川将军水金矿业有限公司红卫山尾矿库废水外排口	废水	国控	废水经尾矿库沉淀后排入小江	pH、悬浮物、化学需氧量、氨氮、铜、铅、锌、镉、砷
67	昆明市	东川区	SW53011300021	昆明市东川金水矿业有限责任公司一分厂压滤车间废水外排口	废水	国控		pH、悬浮物、化学需氧量、氨氮、铜、铅、锌、镉、砷
68	昆明市	东川区	SW53011300022	昆明市东川金水矿业有限责任公司二厂压滤车间废水外排口	废水	国控	废水经压滤沉淀后排入金沙江	pH、悬浮物、化学需氧量、氨氮、铜、铅、锌、镉、砷
69	昆明市	东川区	SW53011300023	昆明市东川科华铜选厂压滤车间废水外排口	废水	国控	废水经压滤沉淀后排入金沙江	pH、悬浮物、化学需氧量、氨氮、铜、铅、锌、镉、砷
70	昆明市	东川区	SW53011300024	昆明市东川区福金工贸有限公司三选厂红卫山尾矿库废水外排口	废水	国控	废水经尾矿库沉淀后排入小江	pH、悬浮物、化学需氧量、氨氮、铜、铅、锌、镉、砷
71	昆明市	东川区	SW53011300025	昆明市东川区雪岭铜选厂压滤车间废水外排口	废水	国控	废水经压滤沉淀后排入金沙江	pH、悬浮物、化学需氧量、氨氮、铜、铅、锌、镉、砷
72	昆明市	东川区	SW53011300026	昆明市东川通宇选矿厂尾矿库内	废水	国控	生产废水不外排	pH、悬浮物、化学需氧量、氨氮、铜、铅、锌、镉、砷
73	昆明市	东川区	SW53011300027	昆明市新泰有限责任公司（铜选厂）压滤车间废水外排口	废水	国控	废水经压滤沉淀后排入金沙江	pH、悬浮物、化学需氧量、氨氮、铜、铅、锌、镉、砷
74	昆明市	东川区	SW53011300028	昆明市东川众誉矿业有限责任公司压滤车间废水外排口	废水	国控	废水经压滤沉淀后排入金沙江	pH、悬浮物、化学需氧量、氨氮、铜、铅、锌、镉、砷
75	昆明市	东川区	SW53011300029	昆明市生乾矿业有限责任公司尾矿库内	废水	国控	生产废水不外排	pH、悬浮物、化学需氧量、氨氮、铜、铅、锌、镉、砷
76	昆明市	东川区	SW53011300030	昆明市石将军矿业有限责任公司红卫山尾矿库废水外排口	废水	国控	生产废水不外排	pH、悬浮物、化学需氧量、氨氮、铜、铅、锌、镉、砷

序号	州（市）名称	县（市、区）名称	污染源代码	污染源（企业）名称	污染源类型	污染源性质	排放去向	监测项目
77	昆明市	东川区	SW53011300031	昆明顺祥矿业有限公司尾矿库内	废水	国控	生产废水不外排	pH、悬浮物、化学需氧量、氨氮、铜、铅、锌、镉、砷
78	昆明市	东川区	SW53011300032	昆明汤丹冶金有限责任公司（一分厂）昆明汤丹冶金尾矿库废水外排口	废水	国控	废水经尾矿库沉淀后排入小江	pH、悬浮物、化学需氧量、氨氮、铜、铅、锌、镉、砷
79	昆明市	东川区	SW53011300033	昆明同心矿业有限责任公司尾矿库内	废水	国控	生产废水不外排	pH、悬浮物、化学需氧量、氨氮、铜、铅、锌、镉、砷
80	昆明市	东川区	SW53011300034	昆明同心矿业有限责任公司一分厂尾矿库内	废水	国控	生产废水不外排	pH、悬浮物、化学需氧量、氨氮、铜、铅、锌、镉、砷
81	昆明市	东川区	SW53011300035	昆明铜鑫矿业有限公司压滤车间废水外排口	废水	国控	废水经压滤沉淀后排入金沙江	pH、悬浮物、化学需氧量、氨氮、铜、铅、锌、镉、砷
82	昆明市	东川区	SW53011300036	昆明银潞矿业有限公司尾矿库内	废水	国控	生产废水不外排	pH、悬浮物、化学需氧量、氨氮、铜、铅、锌、镉、砷
83	昆明市	东川区	SW53011300037	昆明长丰源冶金有限公司因民公司尾矿库废水外排口	废水	国控	废水经尾矿库沉淀后排入金沙江	pH、悬浮物、化学需氧量、氨氮、铜、铅、锌、镉、砷
84	昆明市	东川区	SW53011300038	昆明兆鑫矿业有限公司尾矿库内	废水	国控	生产废水不外排	pH、悬浮物、化学需氧量、氨氮、铜、铅、锌、镉、砷
85	昆明市	东川区	SW53011300039	云南金沙矿业股份有限公司滥泥坪公司红卫山尾矿库废水外排口	废水	国控	废水经尾矿库沉淀后排入小江	pH、悬浮物、化学需氧量、氨氮、铜、铅、锌、镉、砷
86	昆明市	东川区	SW53011300040	云南金沙矿业股份有限公司汤丹公司昆明汤丹冶金公司尾矿库废水外排口	废水	国控	废水经尾矿库沉淀后排入小江	pH、悬浮物、化学需氧量、氨氮、铜、铅、锌、镉、砷
87	昆明市	东川区	SW53011300041	云南金沙矿业股份有限公司因民公司尾矿库废水外排口	废水	国控	废水经尾矿库沉淀后排入金沙江	pH、悬浮物、化学需氧量、氨氮、铜、铅、锌、镉、砷
88	昆明市	东川区	SW53011300042	昆明强瑞矿业有限公司（原昆明市东川区哲博淦铜业有限责任公司红卫山尾矿库废水外排口	废水	国控	废水经尾矿库沉淀后排入小江	pH、悬浮物、化学需氧量、氨氮、铜、铅、锌、镉、砷

序号	州（市）名称	县（市、区）名称	污染源代码	污染源（企业）名称	污染源类型	污染源性质	排放去向	监测项目
89	昆明市	东川区	SW53011300043	昆明梓豪矿业有限公司昆明汤丹冶金公司尾矿库废水外排口	废水	国控	废水经尾矿库沉淀后排入小江	pH、悬浮物、化学需氧量、氨氮、铜、铅、锌、镉、砷
90	昆明市	东川区	SW53011300044	昆明因民冶金有限责任公司因民公司尾矿库废水外排口	废水	国控	废水经尾矿库沉淀后排入金沙江	pH、悬浮物、化学需氧量、氨氮、铜、铅、锌、镉、砷
91	昆明市	东川区	SW53011300045	昆明市东川区宏明珠宝有限责任公司尾矿库内	废水	国控	生产废水不外排	pH、悬浮物、化学需氧量、氨氮、铜、铅、锌、镉、砷
92	昆明市	东川区	SW53011300046	昆明昊泰钼化有限公司	废水	国控		
93	昆明市	东川区	SW53011300047	昆明云铜稀贵钴业有限公司	废水	国控		
94	昆明市	东川区	SW53011300048	昆明市东川区国祯污水处理有限公司出口	废水	国控		流量、pH、COD_{Cr}、NH_3-N、TP、TN、阴离子表面活性剂、总汞、总镉、总砷、总铅、总铬
95	昆明市	呈贡区	SA53011400001	云南白药集团股份有限公司锅炉废气排口	废气	省控	大气	颗粒物、SO_2、NO_x
96	昆明市	呈贡区	SW53011400001	昆明市呈贡区排水管理中心出水口	废水	国控	滇池	流量、pH、COD_{Cr}、NH_3-N、TP、TN、阴离子表面活性剂、总汞、总镉、总砷、总铅、总铬
97	昆明市	呈贡区	SW53011400002	云南白药集团股份有限公司中水站出水口	废水	省控	捞鱼河污水处理厂	化学需氧量、氨氮、石油类
98	昆明市	晋宁县	SA53012200001	云南宏东镍业有限公司 1#、2#烧结机脱硫设施排口	废气	国控	外环境空气	SO_2、NO_x、颗粒物及烟气参数
99	昆明市	晋宁县	SA53012200002	云南宏东镍业有限公司 3#烧结机排口	废气	国控	外环境空气	SO_2、NO_x、颗粒物及烟气参数
100	昆明市	晋宁县	SA53012200003	云南宏东镍业有限公司 4#烧结机排口	废气	国控	外环境空气	SO_2、NO_x、颗粒物及烟气参数
101	昆明市	晋宁县	SW53012200001	晋宁清源排水有限公司出口	废水	国控	中河	流量、pH、COD_{Cr}、NH_3-N、TP、TN、阴离了表面活性剂、总汞、总镉、总砷、总铅、总铬
102	昆明市	富民县	SA53012400001	拉法基瑞安（富民）水泥有限公司窑尾废气排放口	废气	省控	环境空气	颗粒物、SO_2、NO_x

序号	州（市）名称	县（市、区）名称	污染源代码	污染源（企业）名称	污染源类型	污染源性质	排放去向	监测项目
103	昆明市	富民县	SW53012400001	富民深隆污水处理有限公司出口	废水	国控	螳螂川	流量、pH、COD_{Cr}、NH_3-N、TP、TN、阴离子表面活性剂、总汞、总镉、总砷、总铅、总铬
104	昆明市	宜良县	SA53012500001	宜良红狮水泥有限公司一线窑尾排口	废气	国控	北古城	颗粒物、SO_2、NO_x
105	昆明市	宜良县	SA53012500002	宜良红狮水泥有限公司二线窑尾排口	废气	国控	北古城	颗粒物、SO_2、NO_x
106	昆明市	宜良县	SW53012500001	云南西部水务有限公司宜良污水处理厂污水排放口	废水	国控	南盘江	流量、pH、COD_{Cr}、NH_3-N、TP、TN、阴离子表面活性剂、总汞、总镉、总砷、总铅、总铬
107	昆明市	石林彝族自治县	SA53012600001	昆明宏熙水泥有限公司窑尾	废气	县控	鹿阜街道北小村	颗粒物、SO_2、NO_x
108	昆明市	石林彝族自治县	SW53012600001	石林市政工程发展有限公司外排口	废水	国控	巴江	流量、pH、COD_{Cr}、NH_3-N、TP、TN、阴离子表面活性剂、总汞、总镉、总砷、总铅、总铬
109	昆明市	嵩明县	SW53012700001	嵩明县第一污水处理厂（嵩明县荣净污水运营有限公司）出水口	废水	国控	果马河	流量、pH、COD_{Cr}、NH_3-N、TP、TN、阴离子表面活性剂、总汞、总镉、总砷、总铅、总铬
110	昆明市	嵩明县	SW53012700002	嵩明县第二污水处理厂（嵩明北控江源水务有限公司）出水口	废水	县控	杨林工业园区回用	流量、pH、COD_{Cr}、NH_3-N、TP、TN、阴离子表面活性剂、总汞、总镉、总砷、总铅、总铬
111	昆明市	禄劝彝族苗族自治县	SW53012800001	云南国祯环保科技有限责任公司禄劝污水处理厂出口	废水	国控	掌鸠河	流量、pH、COD_{Cr}、NH_3-N、TP、TN、阴离子表面活性剂、总汞、总镉、总砷、总铅、总铬
112	昆明市	寻甸回族彝族自治县	SA53012900001	云南云岭建工水泥有限公司回转窑尾排气筒	废气	国控	大气	颗粒物、SO_2、NO_x
113	昆明市	寻甸回族彝族自治县	SA53012900002	中化云龙有限公司75吨锅炉排气筒	废气	国控	大气	颗粒物、SO_2、NO_x
114	昆明市	寻甸回族彝族自治县	SA53012900003	中化云龙有限公司硫酸车间沸腾炉排气筒	废气	国控	大气	硫酸雾、SO_2

序号	州（市）名称	县（市、区）名称	污染源代码	污染源（企业）名称	污染源类型	污染源性质	排放去向	监测项目
115	昆明市	寻甸回族彝族自治县	SA53012900004	南磷集团寻甸磷电有限公司1号循环流化床锅炉	废气	国控	大气	颗粒物、SO_2、NO_x、林格曼黑度
116	昆明市	寻甸回族彝族自治县	SA53012900005	南磷集团寻甸磷电有限公司2号循环流化床锅炉	废气	国控	大气	颗粒物、SO_2、NO_x、林格曼黑度
117	昆明市	寻甸回族彝族自治县	SW53012900001	寻甸县通球污水处理有限公司寻甸县城污水处理厂出口	废水	国控	牛栏江（前进河）	流量、pH、COD_{Cr}、NH_3-N、TP、TN、阴离子表面活性剂、总汞、总镉、总砷、总铅、总铬
118	昆明市	寻甸回族彝族自治县	SW53012900002	云南南磷集团电化有限公司污水处理站出口	废水	国控	小江（功山河）	pH、COD_{Cr}、BOD_5、T-Hg、As、Pb、Cd、Cr^{6+}、T-Cr、SS、S^{2-}、流量、活性氯
119	昆明市	安宁市	SA53018100001	昆明钢铁集团有限责任公司动力$2^\#$75t锅炉	废气	国控	大气	颗粒物、SO_2、NO_x
120	昆明市	安宁市	SA53018100002	昆明钢铁集团有限责任公司三烧$1^\#$脱硫塔出口	废气	国控	大气	颗粒物、SO_2、NO_x
121	昆明市	安宁市	SA53018100003	昆明钢铁集团有限责任公司三烧$2^\#$脱硫塔出口	废气	国控	大气	颗粒物、SO_2、NO_x
122	昆明市	安宁市	SA53018100004	昆明钢铁集团有限责任公司四烧脱硫塔出口	废气	国控	大气	颗粒物、SO_2、NO_x
123	昆明市	安宁市	SA53018100005	昆明钢铁集团有限责任公司球团$1^\#$脱硫塔出口	废气	国控	大气	颗粒物、SO_2、NO_x
124	昆明市	安宁市	SA53018100006	昆明钢铁集团有限责任公司球团$2^\#$脱硫塔出口	废气	国控	大气	颗粒物、SO_2、NO_x
125	昆明市	安宁市	SA53018100007	昆明钢铁集团有限责任公司动力$1^\#$75t锅炉	废气	国控	大气	颗粒物、SO_2、NO_x
126	昆明市	安宁市	SA53018100008	云南昆钢嘉华水泥建材有限公司2 000t水泥窑窑尾	废气	国控	大气	颗粒物、SO_2、NO_x
127	昆明市	安宁市	SA53018100009	云南昆钢嘉华水泥建材有限公司4 000t水泥窑窑尾	废气	国控	大气	颗粒物、SO_2、NO_x
128	昆明市	安宁市	SA53018100010	云南盐化股份有限公司昆明盐矿$1^\#$脱硫塔出口	废气	国控	大气	颗粒物、SO_2、NO_x

序号	州（市）名称	县（市、区）名称	污染源代码	污染源（企业）名称	污染源类型	污染源性质	排放去向	监测项目
129	昆明市	安宁市	SA53018100011	云南盐化股份有限公司昆明盐矿 2#脱硫塔出口	废气	国控	大气	颗粒物、SO_2、NO_x
130	昆明市	安宁市	SA53018100012	云南云天化国际化工股份有限公司富瑞分公司一期 80 万 t 硫酸	废气	国控	大气	硫酸雾、SO_2
131	昆明市	安宁市	SA53018100013	云南云天化国际化工股份有限公司富瑞分公司二期 80 万 t 硫酸	废气	国控	大气	硫酸雾、SO_2
132	昆明市	安宁市	SA53018100014	云南云天化国际化工股份有限公司富瑞分公司 60 万 t 硫酸	废气	国控	大气	硫酸雾、SO_2
133	昆明市	安宁市	SA53018100015	安宁永昌钢铁有限公司 $105m^2$ 烧结机机尾	废气	国控	大气	颗粒物、SO_2、NO_x
134	昆明市	安宁市	SA53018100016	安宁永昌钢铁有限公司 $125m^2$ 烧结机机尾	废气	国控	大气	颗粒物、SO_2、NO_x
135	昆明市	安宁市	SA53018100017	安宁永昌钢铁有限公司热风炉烟气排口	废气	国控	大气	颗粒物、SO_2、NO_x
136	昆明市	安宁市	SA53018100018	安宁永昌钢铁有限公司转炉烟气排口	废气	国控	大气	颗粒物、SO_2、NO_x
137	昆明市	安宁市	SW53018100001	云南盐化股份有限公司"双十"废水排放口	废水	国控	沙河	汞、COD_{Cr}、氨氮
138	昆明市	安宁市	SW53018100002	安宁市污水处理厂废水总排口	废水	国控	螳螂川	流量、pH、COD_{Cr}、NH_3-N、TP、TN、阴离子表面活性剂、总汞、总镉、总砷、总铅、总铬
139	曲靖市	麒麟区	SA53030200001	云南省双友钢铁有限公司 1 号电厂锅炉烟道	废气	国控	大气	颗粒物、SO_2、NO_x
140	曲靖市	麒麟区	SA53030200002	云南省双友钢铁有限公司 2 号电厂锅炉烟道	废气	国控	大气	颗粒物、SO_2、NO_x
141	曲靖市	麒麟区	SA53030200003	云南省双友钢铁有限公司 1 号烧结机机头烟囱	废气	国控	大气	颗粒物、SO_2、NO_x
142	曲靖市	麒麟区	SA53030200004	云南省双友钢铁有限公司 2 号烧结机脱硫烟囱	废气	国控	大气	颗粒物、SO_2、NO_x
143	曲靖市	麒麟区	SA53030200005	云南省双友钢铁有限公司 1 号炼铁高炉（含热风炉）	废气	国控	大气	颗粒物、SO_2、NO_x
144	曲靖市	麒麟区	SA53030200006	云南省双友钢铁有限公司 2 号炼铁高炉（含热风炉）	废气	国控	大气	颗粒物、SO_2、NO_x

序号	州（市）名称	县（市、区）名称	污染源代码	污染源（企业）名称	污染源类型	污染源性质	排放去向	监测项目
145	曲靖市	麒麟区	SA53030200007	云南省双友钢铁有限公司炼钢转炉排气筒	废气	国控	大气	颗粒物、SO_2、NO_x
146	曲靖市	麒麟区	SA53030200008	云南曲靖越钢集团有限公司 $2\times90m^2$ 烧结机排口	废气	国控	大气	颗粒物、SO_2、NO_x
147	曲靖市	麒麟区	SA53030200009	云南曲靖越钢集团有限公司越钢焦炉烟囱	废气	国控	大气	颗粒物、SO_2、NO_x
148	曲靖市	麒麟区	SA53030200010	建仓煤业有限公司焦炉烟囱	废气	国控	大气	颗粒物、SO_2、NO_x
149	曲靖市	麒麟区	SW53030200001	曲靖创业水务有限公司两江口污水处理厂排口	废水	国控	南盘江	流量、pH、COD_{Cr}、NH_3-N、TP、TN、阴离子表面活性剂、总汞、总镉、总砷、总铅、总铬
150	曲靖市	马龙县	SA53032100001	云南曲靖钢铁集团呈钢钢铁有限公司烧结机头	废气	国控	牛栏江马龙河	颗粒物、SO_2、NO_x
151	曲靖市	马龙县	SA53032100002	云南曲靖钢铁集团呈钢钢铁有限公司转炉排气筒	废气	国控	牛栏江马龙河	颗粒物、SO_2、NO_x
152	曲靖市	马龙县	SA53032100003	云南曲靖钢铁集团呈钢钢铁有限公司3号高炉热风炉排气筒	废气	国控	牛栏江马龙河	颗粒物、SO_2、NO_x
153	曲靖市	马龙县	SA53032100004	马龙县天创钢铁有限公司烧结机头	废气	国控	牛栏江马龙河	颗粒物、SO_2、NO_x
154	曲靖市	马龙县	SA53032100005	马龙县湘龙钢铁有限公司	废气	国控	牛栏江马龙河	
155	曲靖市	马龙县	SW53032100001	马龙县供排水有限公司出口	废水	国控	牛栏江马龙河	流量、pH、COD_{Cr}、NH_3-N、TP、TN、阴离子表面活性剂、总汞、总镉、总砷、总铅、总铬
156	曲靖市	陆良县	SA53032200001	云南远东水泥有限责任公司窑尾排放口	废气	国控	外环境	颗粒物、SO_2、NO_x
157	曲靖市	陆良县	SA53032200002	云南福隆建材有限责任公司窑尾排放口	废气	国控	外环境	颗粒物、SO_2、NO_x
158	曲靖市	陆良县	SA53032200003	云南省陆良县龙海化工有限责任公司窑尾排放口	废气	国控	外环境	SO_2、硫酸雾、Pb、As
159	曲靖市	陆良县	SA53032200004	云南鸿泰博化工股份有限公司窑尾排放口	废气	国控	外环境	SO_2、硫酸雾、Pb、As
160	曲靖市	陆良县	SA53032200005	陆良县际云矿业有限公司窑尾排放口	废气	国控	外环境	SO_2、硫酸雾、Pb、As

序号	州（市）名称	县（市、区）名称	污染源代码	污染源（企业）名称	污染源类型	污染源性质	排放去向	监测项目
161	曲靖市	陆良县	SA53032200006	云南省陆良乐事达工贸有限公司窑尾排放口	废气	国控	外环境	SO_2、硫酸雾、Pb、As
162	曲靖市	陆良县	SA53032200007	陆良县金泰博化工有限公司窑尾排放口	废气	国控	外环境	SO_2、硫酸雾、Pb、As
163	曲靖市	陆良县	SA53032200008	云南省陆良化工实业有限公司窑尾排放口	废气	国控	外环境	SO_2、硫酸雾、Pb、As
164	曲靖市	陆良县	SW53032200001	云南陆良银河纸业有限公司总排口	废水	国控	南盘江	COD_{Cr}、BOD、NH_3-N、SS、色度
165	曲靖市	陆良县	SW53032200002	云南陆良县国桢污水处理有限公司出口	废水	国控	南盘江	流量、pH、COD_{Cr}、NH_3-N、TP、TN、阴离子表面活性剂、总汞、总镉、总砷、总铅、总铬
166	曲靖市	师宗县	SA53032300001	云南天高镍业有限公司电炉	废气	国控	大气	颗粒物、二氧化硫
167	曲靖市	师宗县	SA53032300002	云南天高镍业有限公司转炉	废气	国控	大气	颗粒物、二氧化硫
168	曲靖市	师宗县	SA53032300003	云南天高镍业有限公司 AOD 除尘	废气	国控	大气	颗粒物、二氧化硫
169	曲靖市	师宗县	SA53032300004	师宗煤焦化工有限公司燃煤锅炉 1# 脱硫出口	废气	国控	大气	颗粒物、SO_2、NO_x
170	曲靖市	师宗县	SA53032300005	师宗煤焦化工有限公司燃煤锅炉 2# 脱硫出口	废气	国控	大气	颗粒物、SO_2、NO_x
171	曲靖市	师宗县	SA53032300006	师宗煤焦化工有限公司焦炉烟囱	废气	国控	大气	颗粒物、SO_2、NO_x
172	曲靖市	师宗县	SA53032300007	师宗煤焦化工有限公司粗苯管式加热炉尾气	废气	国控	大气	颗粒物、SO_2、NO_x
173	曲靖市	师宗县	SW53032300001	云南西部水务有限公司师宗分公司污水处理厂出口	废水	国控		流量、pH、COD_{Cr}、NH_3-N、TP、TN、阴离子表面活性剂、总汞、总镉、总砷、总铅、总铬
174	曲靖市	罗平县	SA53032400001	云南罗平锌电股份有限公司 4# 锅炉排放口	废气	国控	大气	颗粒物、SO_2、NO_x
175	曲靖市	罗平县	SA53032400002	罗平县金星冶炼厂	废气	国控	大气	汞、铅、镉、砷、颗粒物、二氧化硫
176	曲靖市	罗平县	SA53032400003	罗平县天俊实业有限责任公司废气总排口	废气	国控	大气	颗粒物、SO_2、NO_x
177	曲靖市	罗平县	SA53032400004	云南金福焦化有限公司废气总排口	废气	国控	大气	颗粒物、SO_2、NO_x

序号	州（市）名称	县（市、区）名称	污染源代码	污染源（企业）名称	污染源类型	污染源性质	排放去向	监测项目
178	曲靖市	罗平县	SW53032400001	罗平县学田污水处理厂废水总排口	废水	国控	大干河	COD、NH_3-N、pH
179	曲靖市	富源县	SA53032500001	云南曲靖德鑫煤业股份有限公司焦炉烟囱	废气	国控	大气	颗粒物、SO_2、NO_x
180	曲靖市	富源县	SA53032500002	云南曲靖德鑫煤业股份有限公司燃气锅炉出口	废气	国控	大气	颗粒物、SO_2、NO_x
181	曲靖市	富源县	SA53032500003	富源信德焦化有限责任公司 1#、2#焦炉烟囱	废气	国控	大气	颗粒物、SO_2、NO_x
182	曲靖市	富源县	SA53032500004	富源信德焦化有限责任公司燃气锅炉出口	废气	国控	大气	颗粒物、SO_2、NO_x
183	曲靖市	富源县	SA53032500005	华能云南滇东能源有限责任公司滇东电厂 1#、2#机组排口	废气	国控	大气	颗粒物、SO_2、NO_x
184	曲靖市	富源县	SA53032500006	华能云南滇东能源有限责任公司滇东电厂 3#、4#机组排口	废气	国控	大气	颗粒物、SO_2、NO_x
185	曲靖市	富源县	SA53032500007	云南滇东雨汪能源有限公司雨汪电厂 1#、2#机组排口	废气	国控	大气	颗粒物、SO_2、NO_x
186	曲靖市	富源县	SW53032500001	富源清源污水处理有限公司出水口	废水	国控	块泽河	流量、pH、COD_{Cr}、NH_3-N、TP、TN、阴离子表面活性剂、总汞、总镉、总砷、总铅、总铬
187	曲靖市	会泽县	SA53032600001	云南驰宏锌锗股份有限公司会泽冶炼分公司制酸车间弗腾炉、顶吹熔炼炉烟气出口	废气	国控	大气	颗粒物、SO_2、NO_x、铅、镉、砷、铬和汞
188	曲靖市	会泽县	SA53032600002	云南驰宏锌锗股份有限公司会泽冶炼分公司烟化炉车间烟化炉、热渣还原炉、多膛炉烟气出口	废气	国控	大气	颗粒物、SO_2、NO_x、铅、镉、砷、铬和汞
189	曲靖市	会泽县	SA53032600003	云南驰宏锌锗股份有限公司会泽冶炼分公司铅精矿仓及配料车间混料工段废气、顶吹熔炼炉环境集烟出口	废气	国控	大气	颗粒物、SO_2、NO_x、铅、镉、砷、铬和汞
190	曲靖市	会泽县	SA53032600004	云南驰宏锌锗股份有限公司会泽冶炼分公司烟化炉车间热渣还原炉环境集烟出口	废气	国控	大气	颗粒物、SO_2、NO_x、铅、镉、砷、铬和汞

序号	州（市）名称	县（市、区）名称	污染源代码	污染源（企业）名称	污染源类型	污染源性质	排放去向	监测项目
191	曲靖市	会泽县	SA53032600005	云南驰宏锌锗股份有限公司会泽冶炼分公司丹宁灼烧车间灼烧窑烟气出口	废气	国控	大气	颗粒物、SO₂、NOₓ、铅、镉、砷、铬和汞
192	曲靖市	会泽县	SA53032600006	云南会泽东兴实业有限公司回转窑废气排放口	废气	国控	大气	烟温、流速、含氧量、废气量、二氧化硫、氮氧化物、颗粒物、铅、镉、砷、铬和汞
193	曲靖市	会泽县	SA53032600007	云南会泽东兴实业有限公司锅炉废气排放口	废气	国控	大气	颗粒物、SO₂、NOₓ
194	曲靖市	会泽县	SA53032600008	会泽滇北工贸有限公司冶炼厂鼓风炉废气外排口	废气	国控	大气	颗粒物、SO₂、NOₓ、铅、镉、砷、铬和汞
195	曲靖市	会泽县	SA53032600009	会泽滇北工贸有限公司冶炼厂干燥窑废气排放口	废气	国控	大气	颗粒物、SO₂、NOₓ、铅、镉、砷、铬和汞
196	曲靖市	会泽县	SA53032600010	会泽矿山经济开发有限公司回转窑废气外排口	废气	国控	大气	颗粒物、SO₂、NOₓ、铅、镉、砷、铬和汞
197	曲靖市	会泽县	SA53032600011	会泽成诚锌电实业有限责任公司电锌炉废气外排口	废气	国控	大气	颗粒物、SO₂、NOₓ、铅、镉、砷、铬和汞
198	曲靖市	会泽县	SW53032600001	会泽县污水处理厂废水外排口	废水	国控	以礼河	流量、pH、CODCr、NH₃-N、TP、TN、阴离子表面活性剂、总汞、总镉、总砷、总铅、总铬
199	曲靖市	会泽县	SW53032600002	云南驰宏锌锗股份有限公司会泽矿业分公司尾矿库	废水	国控	循环使用	铅、镉、砷、铬和汞
200	曲靖市	会泽县	SW53032600003	会泽以则铅锌矿有限公司尾矿库	废水	国控	循环使用	铅、镉、砷、铬和汞
201	曲靖市	会泽县	SW53032600004	会泽县鑫和矿业有限责任公司尾矿库	废水	国控	循环使用	铅、镉、砷、铬和汞
202	曲靖市	会泽县	SW53032600005	会泽县宏兴矿业有限责任公司尾矿库	废水	国控	循环使用	铅、镉、砷、铬和汞
203	曲靖市	会泽县	SW53032600006	会泽县大海靖元铅锌矿有限公司尾矿库	废水	国控	循环使用	铅、镉、砷、铬和汞
204	曲靖市	沾益县	SA53032800001	云南大为制氨有限公司废气锅炉烟囱	废气	国控	大气	颗粒物、SO₂、NOₓ
205	曲靖市	沾益县	SA53032800003	云南云维股份有限公司废气锅炉烟囱	废气	国控	大气	颗粒物、SO₂、NOₓ

序号	州（市）名称	县（市、区）名称	污染源代码	污染源（企业）名称	污染源类型	污染源性质	排放去向	监测项目
206	曲靖市	沾益县	SA53032800004	云南云维股份有限公司水泥生产线废气2号水泥窑尾	废气	国控	大气	颗粒物、SO_2、NO_x
207	曲靖市	沾益县	SA53032800005	云南大为制焦有限公司废气热电锅炉烟囱	废气	国控	大气	颗粒物、SO_2、NO_x
208	曲靖市	沾益县	SA53032800006	曲靖大为焦化制供气有限公司废气1#、2#焦炉烟囱	废气	国控	大气	颗粒物、SO_2、NO_x
209	曲靖市	沾益县	SA53032800007	沾益县鑫福有限公司废气热风炉	废气	国控	大气	颗粒物
210	曲靖市	沾益县	SA53032800008	沾益县鑫福有限公司废气烧结机	废气	国控	大气	颗粒物、SO_2、NO_x
211	曲靖市	沾益县	SA53032800009	云南东源煤业集团曲靖铝业有限公司废气一系列净化	废气	国控	大气	颗粒物、SO_2、NO_x、氟化物
212	曲靖市	沾益县	SA53032800010	云南东源煤业集团曲靖铝业有限公司废气二系列净化	废气	国控	大气	颗粒物、SO_2、NO_x、氟化物
213	曲靖市	沾益县	SA53032800011	东源曲靖能源有限公司废气脱硫机组出口	废气	国控	大气	颗粒物、SO_2、NO_x
214	曲靖市	沾益县	SW53032800001	曲靖西部水务有限公司沾益污水处理厂废水总排口	废水	国控	南盘江	流量、pH、COD_{Cr}、NH_3-N、TP、TN、阴离子表面活性剂、总汞、总镉、总砷、总铅、总铬
215	曲靖市	沾益县	SW53032800003	云南云维股份有限公司废水总排口	废水	国控	南盘江	pH、COD_{Cr}、NH_3-N
216	曲靖市	宣威市	SA53038100001	国电宣威发电有限责任公司7-12#锅炉排口	废气	国控	大气	颗粒物、SO_2、NO_x
217	曲靖市	宣威市	SA53038100002	云南宣威磷电公司电厂1-3#锅炉排口	废气	国控	大气	颗粒物、SO_2、NO_x
218	曲靖市	宣威市	SA53038100003	宣威榕城废渣综合利用公司废气排口	废气	国控	大气	颗粒物、SO_2、硫酸雾
219	曲靖市	宣威市	SW53038100001	宣威市污水处理厂总排口	废水	国控	东大河	流量、pH、COD_{Cr}、NH_3-N、TP、TN、阴离子表面活性剂、总汞、总镉、总砷、总铅、总铬
220	玉溪市	红塔区	SA53040200001	玉溪汇溪金属铸造制品有限公司120m² 烧结机烟气脱硫塔废气出口	废气	国控	大气	颗粒物、SO_2、NO_x、氟化物
221	玉溪市	红塔区	SA53040200002	玉溪汇溪金属铸造制品有限公司450m³ 高炉废气排放口	废气	国控	大气	颗粒物、SO_2、NO_x

序号	州（市）名称	县（市、区）名称	污染源代码	污染源（企业）名称	污染源类型	污染源性质	排放去向	监测项目
222	玉溪市	红塔区	SA53040200004	玉溪汇溪金属铸造制品有限公司转炉一次烟气除尘和二次烟气除尘排放口	废气	国控	大气	颗粒物
223	玉溪市	红塔区	SA53040200005	云南玉溪玉昆钢铁集团有限公司烧结机脱硫塔废气排放口	废气	国控	大气	颗粒物、SO_2、NO_x
224	玉溪市	红塔区	SA53040200006	云南玉溪玉昆钢铁集团有限公司650m³高炉热风炉废气排放口	废气	国控	大气	颗粒物、SO_2、NO_x
225	玉溪市	红塔区	SA53040200007	云南玉溪玉昆钢铁集团有限公司1 080m³高炉热风炉废气排放口	废气	国控	大气	颗粒物、SO_2、NO_x
226	玉溪市	红塔区	SA53040200008	云南玉溪玉昆钢铁集团有限公司1号、2号40t转炉一次烟气除尘和二次烟气除尘排放口	废气	国控	大气	颗粒物
227	玉溪市	红塔区	SA53040200009	云南玉溪玉昆钢铁集团有限公司3号、4号40t转炉一次烟气除尘和二次烟气除尘排放口	废气	国控	大气	颗粒物
228	玉溪市	红塔区	SA53040200010	玉溪洛河永旭钢铁有限责任公司1#烧结机烟气脱硫塔废气出口	废气	国控	大气	SO_2、NO_x、颗粒物、流量、氟化物、多参数
229	玉溪市	红塔区	SA53040200011	玉溪洛河永旭钢铁有限责任公司2#烧结机烟气脱硫塔废气出口	废气	国控	大气	SO_2、NO_x、颗粒物、流量、氟化物、多参数
230	玉溪市	红塔区	SA53040200012	玉溪洛河永旭钢铁有限责任公司450m²高炉热风炉排放口	废气	国控	大气	SO_2、NO_x、颗粒物、流量、氟化物、多参数
231	玉溪市	红塔区	SA53040200013	玉溪洛河永旭钢铁有限责任公司1#烧结机机头排放口	废气	国控	大气	SO_2、NO_x、颗粒物、流量、氟化物、多参数
232	玉溪市	红塔区	SA53040200014	玉溪洛河永旭钢铁有限责任公司2#烧结机机头排放口	废气	国控	大气	SO_2、NO_x、颗粒物、流量、氟化物、多参数
233	玉溪市	红塔区	SA53040200015	云南省活发集团刘总旗水泥有限公司窑尾废气排放口	废气	国控	大气	颗粒物、SO_2、NO_x
234	玉溪市	红塔区	SA53040200016	云南省活发集团刘总旗水泥有限公司2 500t新型干法窑烟气脱硝设施出口	废气	国控	大气	颗粒物、SO_2、NO_x

序号	州（市）名称	县（市、区）名称	污染源代码	污染源（企业）名称	污染源类型	污染源性质	排放去向	监测项目
235	玉溪市	红塔区	SA53040200017	玉溪市福玉钢铁有限公司1#、2#烧结机烟气共用脱硫塔废气出口	废气	国控	大气	颗粒物、SO_2、NO_x
236	玉溪市	红塔区	SA53040200018	玉溪市福玉钢铁有限公司630m³高炉热风炉排放口	废气	国控	大气	颗粒物、SO_2、NO_x
237	玉溪市	红塔区	SA53040200019	玉溪新兴钢铁有限公司2×105m²烧结机烟气脱硫塔废气出口	废气	国控	大气	颗粒物、SO_2、NO_x
238	玉溪市	红塔区	SA53040200020	玉溪新兴钢铁有限公司260m²烧结机（钒资源综合利用成球工艺）烟气脱硫塔废气出口	废气	国控	大气	颗粒物、SO_2、NO_x
239	玉溪市	红塔区	SA53040200021	玉溪新兴钢铁有限公司1号高炉热风炉废气排放口	废气	国控	大气	颗粒物、SO_2、NO_x
240	玉溪市	红塔区	SA53040200022	玉溪新兴钢铁有限公司2号高炉热风炉废气排放口	废气	国控	大气	颗粒物、SO_2、NO_x
241	玉溪市	红塔区	SA53040200023	玉溪新兴钢铁有限公司3号高炉热风炉废气排放口	废气	国控	大气	颗粒物、SO_2、NO_x
242	玉溪市	红塔区	SA53040200024	玉溪新兴钢铁有限公司1号、2号转炉一次烟气除尘和二次烟气除尘排放口	废气	国控	大气	颗粒物
243	玉溪市	红塔区	SA53040200025	玉溪新兴钢铁有限公司3号转炉一次烟气除尘和二次烟气除尘排放口	废气	国控	大气	颗粒物
244	玉溪市	红塔区	SA53040200026	玉溪新兴钢铁有限公司4号转炉一次烟气除尘和二次烟气除尘排放口	废气	国控	大气	颗粒物
245	玉溪市	红塔区	SA53040200027	云南玉溪化肥厂有限责任公司氟吸收装置废气排放口	废气	国控	大气	氟化物、颗粒物、流量
246	玉溪市	红塔区	SW53040200001	玉溪北控城投水质净化有限公司出口	废水	国控		流量、pH、COD_{Cr}、$NH_3\text{-}N$、TP、TN、阴离子表面活性剂、总汞、总镉、总砷、总铅、总铬
247	玉溪市	江川县	FW53042100001	江川县星云湖南片区污水处理厂排水口	污水处理厂	国控	星云湖	COD、氨氮、流量、总磷、总氮、pH

序号	州（市）名称	县（市、区）名称	污染源代码	污染源（企业）名称	污染源类型	污染源性质	排放去向	监测项目
248	玉溪市	江川县	SW53042100001	云南江川翠峰纸业有限公司	废水	国控	星云湖	COD、氨氮、流量、总磷、总氮、pH
249	玉溪市	澄江县	FW53042200001	澄江县污水处理厂设施出水口	污水处理厂	国控	抚仙湖	COD、氨氮
250	玉溪市	通海县	FW53042300001	玉溪捷运环保水务有限公司通海县污水处理厂设施出水口	污水处理厂	国控	杞麓湖	COD、氨氮、流量、总磷、总氮、pH
251	玉溪市	通海县	SA53042300001	云南省通海秀山水泥有限公司1000t新型干法窑烟气脱硝设施出口	废气	国控	大气	氮氧化物、二氧化硫、烟尘、烟气流量
252	玉溪市	华宁县	FW53042400001	玉溪捷运环保水务有限公司华宁县污水处理厂总排放口	污水处理厂	国控	华溪河	COD、氨氮、流量、总磷、总氮、pH
253	玉溪市	华宁县	SA53042400001	华宁玉珠水泥有限公司2号1000t新型干法窑窑尾排放口	废气	市控	大气	氮氧化物、二氧化硫、烟尘、烟气流量
254	玉溪市	华宁县	SA53042400002	华宁玉珠水泥有限公司3号2500t旋窑窑尾排放口	废气	市控	大气	氮氧化物、二氧化硫、烟尘、烟气流量
255	玉溪市	易门县	SA53042500001	易门铜业有限公司新线车间2#尾气吸收塔废气排放口	废气	国控	大气	颗粒物、SO_2、镉、砷及其化合物、铅及其化合物
256	玉溪市	易门县	SA53042500002	云南易门科源工业固废物综合利用有限公司回转窑废气排放口	废气	国控	大气	颗粒物、SO_2、镉、砷及其化合物、铅及其化合物
257	玉溪市	易门县	SW53042500001	玉溪捷运环保水务有限公司易门县污水处理厂出口	废水	国控	扒河	pH、COD、氨氮
258	玉溪市	易门县	SW53042500002	玉溪矿业有限公司狮子山铜矿尾矿库废水总排放口	废水	国控	绿汁江	pH、SS、COD、汞、镉、铅、锌、砷、铜、F⁻、石油类、硫化物、六价铬
259	玉溪市	易门县	SW53042500003	云南易门大龙口酒业有限公司废水总排放口	废水	国控	扒河	pH、COD、氨氮、SS、色度、总磷
260	玉溪市	峨山彝族自治县	SA53042600001	玉溪墩煌铸造原料有限责任公司高炉热风炉废气排放口	废气	国控	大气	颗粒物、SO_2、NO_x
261	玉溪市	峨山彝族自治县	SA53042600002	玉溪墩煌铸造原料有限责任公司36m²烧结机头机尾共用排放口	废气	国控	大气	颗粒物、SO_2、NO_x
262	玉溪市	峨山彝族自治县	SW53042600001	云南玉溪银河化工有限责任公司废水总排放口	废水	国控	倪江	COD、氨氮、流量、氟化物、总磷

序号	州（市）名称	县（市、区）名称	污染源代码	污染源（企业）名称	污染源类型	污染源性质	排放去向	监测项目
263	玉溪市	新平彝族傣族自治县	SA53042700001	云南玉溪仙福钢铁（集团）有限公司198m² 烧结机烟气脱硫设施出口	废气	国控	大气	颗粒物、SO_2、NO_x
264	玉溪市	新平彝族傣族自治县	SA53042700002	云南玉溪仙福钢铁（集团）有限公司180m² 烧结机排放口	废气	国控	大气	颗粒物、SO_2、NO_x
265	玉溪市	新平彝族傣族自治县	SA53042700003	云南玉溪仙福钢铁（集团）有限公司90m² 烧结机烟气脱硫设施出口	废气	国控	大气	颗粒物、SO_2、NO_x
266	玉溪市	新平彝族傣族自治县	SA53042700004	云南玉溪仙福钢铁（集团）有限公司450m³ 高炉热风炉废气排放口	废气	国控	大气	颗粒物、SO_2、NO_x
267	玉溪市	新平彝族傣族自治县	SA53042700005	云南玉溪仙福钢铁（集团）有限公司580m³ 高炉热风炉废气排放口	废气	国控	大气	颗粒物、SO_2、NO_x
268	玉溪市	新平彝族傣族自治县	SA53042700006	云南玉溪仙福钢铁（集团）有限公司1 号630m³ 高炉热风炉废气排放口	废气	国控	大气	颗粒物、SO_2、NO_x
269	玉溪市	新平彝族傣族自治县	SA53042700007	云南玉溪仙福钢铁（集团）有限公司2 号630m³ 高炉热风炉废气排放口	废气	国控	大气	颗粒物、SO_2、NO_x
270	玉溪市	新平彝族傣族自治县	SA53042700008	云南玉溪仙福钢铁（集团）有限公司35t 转炉一次烟尘烟气除尘排放口	废气	国控	大气	颗粒物
271	玉溪市	新平彝族傣族自治县	SA53042700009	云南玉溪仙福钢铁（集团）有限公司35t 转炉二次烟尘烟气除尘排放口	废气	国控	大气	颗粒物
272	玉溪市	新平彝族傣族自治县	SA53042700010	云南玉溪仙福钢铁（集团）有限公司50t 转炉一次烟尘烟气除尘排放口	废气	国控	大气	颗粒物
273	玉溪市	新平彝族傣族自治县	SA53042700011	云南玉溪仙福钢铁（集团）有限公司50t 转炉二次烟尘烟气除尘排放口	废气	国控	大气	颗粒物

序号	州（市）名称	县（市、区）名称	污染源代码	污染源（企业）名称	污染源类型	污染源性质	排放去向	监测项目
274	玉溪市	新平彝族傣族自治县	SW53042700001	新平恒诚糖业有限公司制糖废水排放口	废水	国控	进入河流	pH、COD$_{Cr}$、NH$_3$-N
275	玉溪市	新平彝族傣族自治县	SW53042700002	云南新平南恩糖纸有限责任公司制糖废水排放口	废水	国控	进入河流	pH、COD$_{Cr}$、NH$_3$-N
276	玉溪市	新平彝族傣族自治县	SW53042700003	玉溪矿业有限公司大红山铜矿尾矿库废水排放口	废水	国控	进入河流	pH、SS、COD、汞、镉、铅、砷、铜、F⁻、石油类、硫化物、总氮、总磷、氨氮、总锌、镍、钴、流量
277	玉溪市	新平彝族傣族自治县	SW53042700004	玉溪大红山矿业有限公司尾矿库废水排放口	废水	国控	进入河流	pH、SS、COD、汞、镉、铅、砷、铜、F⁻、石油类、硫化物、总氮、总磷、氨氮、总锌、镍、钴、流量
278	玉溪市	新平彝族傣族自治县	SW53042700005	新平彝族傣族自治县供排水有限责任公司新平县污水处理厂总排放口	废水	国控	进入河流	流量、pH、COD$_{Cr}$、NH$_3$-N、TP、TN、阴离子表面活性剂、总汞、总镉、总砷、总铅、总铬
279	玉溪市	元江哈尼族彝族傣族自治县	SA53042800001	云锡元江镍业有限责任公司甘庄精炼厂燃煤锅炉废气排放口	废气	国控	大气	颗粒物、SO$_2$、NO$_x$
280	玉溪市	元江哈尼族彝族傣族自治县	SA53042800002	元江县永发水泥有限公司2 500t新型干法烟气脱硝设施出口	废气	国控	大气	颗粒物、SO$_2$、NO$_x$
281	玉溪市	元江哈尼族彝族傣族自治县	SA53042800003	元江县永发水泥有限公司1 000t新型干法烟气脱硝设施出口	废气	国控	大气	颗粒物、SO$_2$、NO$_x$
282	玉溪市	元江哈尼族彝族傣族自治县	SW53042800001	云南省元江县金珂集团糖业有限责任公司生产一厂废水总排污口	废水	国控		pH、COD$_{Cr}$、NH$_3$-N
283	玉溪市	元江哈尼族彝族傣族自治县	SW53042800002	云南省元江县金珂集团糖业有限责任公司生产二厂废水总排污口	废水	国控		pH、COD$_{Cr}$、NH$_3$-N
284	玉溪市	元江哈尼族彝族傣族自治县	SW53042800003	云南万绿生物股份有限公司废水总排污口	废水	国控		pH、COD$_{Cr}$、NH$_3$-N
285	玉溪市	元江哈尼族彝族傣族自治县	SW53042800004	云锡元江镍业有限责任公司甘庄精炼厂废水总排放口	废水	国控		COD、氨氮、SS、汞、Cr^{6+}、镉、铅、砷、铜、锌、镍、流量

序号	州（市）名称	县（市、区）名称	污染源代码	污染源（企业）名称	污染源类型	污染源性质	排放去向	监测项目
286	玉溪市	元江哈尼族彝族傣族自治县	SW53042800005	玉溪捷运环保水务有限公司元江县污水处理厂废水总排污口	废水	国控		流量、pH、COD_{Cr}、$NH_3\text{-}N$、TP、TN、阴离子表面活性剂、总汞、总镉、总砷、总铅、总铬
287	保山市	隆阳区	SW53050200001	保山晶泰糖业有限公司糖厂综合排放口	废水	国控	怒江	pH、COD_{Cr}、$NH_3\text{-}N$
288	保山市	隆阳区	SW53050200002	保山市隆阳区福隆糖业有限责任公司糖厂综合排放口	废水	国控	怒江	pH、COD_{Cr}、$NH_3\text{-}N$
289	保山市	隆阳区	SW53050200003	云南保升龙糖业有限责任公司上江分公司糖厂综合排放口	废水	国控	怒江	pH、COD_{Cr}、$NH_3\text{-}N$
290	保山市	隆阳区	SW53050200004	保山市中心城区污水处理厂综合排放口	废水	国控	东河	流量、pH、COD_{Cr}、$NH_3\text{-}N$、TP、TN、阴离子表面活性剂、总汞、总镉、总砷、总铅、总铬
291	保山市	施甸县	SW53052100001	施甸康丰糖业有限责任公司综合废水排放口	废水	国控	怒江	pH、COD_{Cr}、$NH_3\text{-}N$
292	保山市	施甸县	SW53052100002	施甸康丰糖业有限责任公司龙坪分公司综合废水排放口	废水	国控	怒江	pH、COD_{Cr}、$NH_3\text{-}N$
293	保山市	施甸县	SW53052100003	施甸滇池水务有限公司废水总排放口	废水	县控	怒江	流量、pH、COD_{Cr}、$NH_3\text{-}N$、TP、TN、阴离子表面活性剂、总汞、总镉、总砷、总铅、总铬
294	保山市	腾冲市	SA53052200001	腾冲县腾越水泥有限公司水泥熟料窑尾排放口	废气	省控	达标后排入大气中	颗粒物、SO_2、NO_x
295	保山市	腾冲市	SW53052200001	腾冲县隆鑫矿业有限公司尾矿库废水外排口	废水	国控	山寨河	铅、汞、镉、砷、六价铬
296	保山市	腾冲市	SW53052200002	腾冲县松坡宏兴锡选厂、腾冲县幸运贸易有限责任公司尾矿库废水外排口	废水	国控	小龙河	铅、汞、镉、砷、六价铬
297	保山市	腾冲市	SW53052200003	腾冲县水务产业投资有限公司出水口	废水	县控	大盈江	流量、pH、COD_{Cr}、$NH_3\text{-}N$、TP、TN、阴离子表面活性剂、总汞、总镉、总砷、总铅、总铬

序号	州（市）名称	县（市、区）名称	污染源代码	污染源（企业）名称	污染源类型	污染源性质	排放去向	监测项目
298	保山市	龙陵县	SA53052300001	龙陵海螺水泥有限责任公司2 500t水泥窑窑尾	废气	省控	处理达标后排入大气	颗粒物、SO_2、NO_x
299	保山市	龙陵县	SW53052300001	云南康丰糖业（集团）有限公司勐糯分公司废水综合排放口	废水	国控	排入蛮关河进入怒江	pH、COD_{Cr}、NH_3-N
300	保山市	龙陵县	SW53052300002	云南康丰糖业（集团）有限公司龙塘分公司废水综合排放口	废水	国控	排入勐梅河进入怒江	pH、COD_{Cr}、NH_3-N
301	保山市	龙陵县	SW53052300003	云南永昌铅锌股份有限公司厂区生产废水处理站后排放口	废水	国控	排入蛮关河进入怒江	pH、悬浮物、化学需氧量、氨氮、铜、铅、锌
302	保山市	龙陵县	SW53052300004	龙陵县佳洁环卫有限责任公司（龙陵县污水处理厂）废水综合排放口	废水	县控	排入河冲河进入龙川江	流量、pH、COD_{Cr}、NH_3-N、TP、TN、阴离子表面活性剂、总汞、总镉、总砷、总铅、总铬
303	保山市	昌宁县	SA53052400001	云南省湾甸勐亚水泥有限公司窑尾除尘器后	废气		大气	颗粒物、SO_2、NO_x
304	保山市	昌宁县	SW53052400001	昌宁康丰糖业有限责任公司综合废水排放口	废水	国控	勐统河	pH、COD_{Cr}、NH_3-N
305	保山市	昌宁县	SW53052400002	云南省昌宁恒盛糖业有限公司卡斯糖厂综合废水排放口	废水	国控	枯柯河	pH、COD_{Cr}、NH_3-N
306	保山市	昌宁县	SW53052400003	云南省昌宁恒盛糖业有限公司湾甸糖厂综合废水排放口	废水	国控	枯柯河	pH、COD_{Cr}、NH_3-N
307	保山市	昌宁县	SW53052400004	昌宁县城源污水处理有限责任公司出水口	废水	县控	罗闸河	流量、pH、COD_{Cr}、NH_3-N、TP、TN、阴离子表面活性剂、总汞、总镉、总砷、总铅、总铬
308	昭通市	昭阳区	SA53060200001	华新水泥（昭通）有限公司窑尾排放口	废气	国控	大气	颗粒物、SO_2、NO_x
309	昭通市	昭阳区	SW53060200001	昭通市供排水公司污水处理厂出水口	废水	国控	秃尾河	流量、pH、COD_{Cr}、NH_3-N、TP、TN、阴离子表面活性剂、总汞、总镉、总砷、总铅、总铬
310	昭通市	鲁甸县	SW53062100001	鲁甸县水务产业投资有限公司出水口	废水	国控		流量、pH、COD_{Cr}、NH_3-N、TP、TN、阴离子表面活性剂、总汞、总镉、总砷、总铅、总铬

序号	州（市）名称	县（市、区）名称	污染源代码	污染源（企业）名称	污染源类型	污染源性质	排放去向	监测项目
311	昭通市	鲁甸县	SW53062100002	云南昊龙实业集团火德红铅锌采选有限公司矿井涌水监测点	废水	国控		pH、CODCr、NH3-N、总汞、总镉、总砷、总铅和总铬
312	昭通市	鲁甸县	SW53062100003	云南昊龙实业集团火德红铅锌采选有限公司雀落海子水塘监测点	废水	国控		pH、CODCr、NH3-N、总汞、总镉、总砷、总铅和总铬
313	昭通市	鲁甸县	SW53062100004	云南昊龙实业集团火德红铅锌采选有限公司尾矿库废水监测点	废水	国控		pH、CODCr、NH3-N、总汞、总镉、总砷、总铅和总铬
314	昭通市	鲁甸县	SW53062100005	云南昊龙实业集团火德红铅锌采选有限公司车间排口监测点	废水	国控		pH、CODCr、NH3-N、总汞、总镉、总砷、总铅和总铬
315	昭通市	鲁甸县	SW53062100006	云南鲁甸八宝矿业有限公司	废水	国控		pH、CODCr、NH3-N、总汞、总镉、总砷、总铅和总铬
316	昭通市	巧家县	SA53062200001	云南昊龙实业集团巧家白鹤滩建材有限公司窑尾排放口	废气	市控	窑尾	颗粒物、SO2、NOx
317	昭通市	巧家县	SW53062200001	巧家县污水处理厂出水口	废水	市控	金沙江	流量、pH、CODCr、NH3-N、TP、TN、阴离子表面活性剂、总汞、总镉、总砷、总铅、总铬
318	昭通市	盐津县	SA53062300001	盐津云宏化工有限责任公司电石炉出炉尾气	废气	市控	大气层	颗粒物、SO2、NOx
319	昭通市	盐津县	SW53062300001	盐津县污水处理厂出水口	废水	市控	横江	流量、pH、CODCr、NH3-N、TP、TN、阴离子表面活性剂、总汞、总镉、总砷、总铅、总铬
320	昭通市	大关县	SA53062400001	昭通昆钢嘉华水泥建材有限公司窑尾排放口	废气	市控	大气环境	颗粒物、SO2、NOx
321	昭通市	大关县	SW53062400001	大关县水务产业投资有限公司出水口	废水	市控	大关河	流量、pH、CODCr、NH3-N、TP、TN、阴离子表面活性剂、总汞、总镉、总砷、总铅、总铬
322	昭通市	永善县	SW53062500001	永善县水务产业投资有限公司出水口	废水	市控	金沙江	流量、pH、CODCr、NH3-N、TP、TN、阴离子表面活性剂、总汞、总镉、总砷、总铅、总铬

序号	州（市）名称	县（市、区）名称	污染源代码	污染源（企业）名称	污染源类型	污染源性质	排放去向	监测项目
323	昭通市	永善县	SW53062500002	永善金沙矿业有限责任公司车间排口监测点	废水	市控	牛角湾	pH、COD_{Cr}、NH_3-N、总汞、总镉、总砷、总铅和总铬
324	昭通市	永善县	SW53062500003	永善金沙矿业有限责任公司公尾矿库废水监测点	废水	市控		pH、COD_{Cr}、NH_3-N、总汞、总镉、总砷、总铅和总铬
325	昭通市	永善县	SW53062500004	永善金沙矿业有限责任公司监测井	废水	市控		pH、COD_{Cr}、NH_3-N、总汞、总镉、总砷、总铅和总铬
326	昭通市	绥江县	SA53062600001	绥江县浙浦水泥有限责任公司窑尾排放口	废气	国控	厂区及周边大气环境	颗粒物、SO_2、NO_x
327	昭通市	绥江县	SW53062600001	绥江县污水处理厂出水口	废水	市控	金沙江	流量、pH、COD_{Cr}、NH_3-N、TP、TN、阴离子表面活性剂、总汞、总镉、总砷、总铅、总铬
328	昭通市	镇雄县	SA53062700001	云南华电镇雄发电有限公司1#燃煤锅炉烟囱出口	废气	国控	大气环境	颗粒物、SO_2、NO_x
329	昭通市	镇雄县	SA53062700002	云南华电镇雄发电有限公司2#燃煤锅炉烟囱出口	废气	国控	大气环境	颗粒物、SO_2、NO_x
330	昭通市	镇雄县	SW53062700001	镇雄县水务产业投资有限公司出水口	废水	国控	平坝河	流量、pH、COD_{Cr}、NH_3-N、TP、TN、阴离子表面活性剂、总汞、总镉、总砷、总铅、总铬
331	昭通市	彝良县	SA53062800001	彝良县毛坪水泥厂窑尾排放口	废气	国控	大气	颗粒物、SO_2、NO_x
332	昭通市	彝良县	SW53062800001	彝良滇池水务有限公司出水口	废水	市控	洛泽河	流量、pH、COD_{Cr}、NH_3-N、TP、TN、阴离子表面活性剂、总汞、总镉、总砷、总铅、总铬
333	昭通市	彝良县	SW53062800002	彝良驰宏矿业有限公司矿井涌水排放口	废水	国控		流量、pH、COD_{Cr}、NH_3-N、总汞、总镉、总砷、总铅和总铬
334	昭通市	威信县	SA53062900001	威信云投粤电扎西能源有限公司1#燃煤锅炉烟囱出口	废气	国控	大气	颗粒物、SO_2、NO_x
335	昭通市	威信县	SA53062900002	威信云投粤电扎西能源有限公司2#燃煤锅炉烟囱出口	废气	国控	大气	颗粒物、SO_2、NO_x

序号	州（市）名称	县（市、区）名称	污染源代码	污染源（企业）名称	污染源类型	污染源性质	排放去向	监测项目
336	昭通市	威信县	SW53062900001	威信县水务投资产业有限公司出水口	废水	国控	赤水河	流量、pH、COD_{Cr}、NH_3-N、TP、TN、阴离子表面活性剂、总汞、总镉、总砷、总铅、总铬
337	昭通市	水富县	SA53063000001	云南水富云天化有限公司供热 1# 锅炉除尘器后	废气	国控	大气环境	颗粒物、SO_2、NO_x
338	昭通市	水富县	SA53063000002	云南水富云天化有限公司供热 2# 锅炉除尘器后	废气	国控	大气环境	颗粒物、SO_2、NO_x
339	昭通市	水富县	SA53063000003	云南水富云天化有限公司供热 3# 锅炉除尘器后	废气	国控	大气环境	颗粒物、SO_2、NO_x
340	昭通市	水富县	SA53063000004	云南水富云天化有限公司供热 4# 锅炉除尘器后	废气	国控	大气环境	颗粒物、SO_2、NO_x
341	昭通市	水富县	SA53063000005	云南水富云天化有限公司硫酸尾气排口	废气	国控	大气环境	流量、SO_2
342	昭通市	水富县	SW53063000001	云南水富云天化有限公司废水南排口	废水	国控	横江	流量、pH、COD、氨氮
343	昭通市	水富县	SW53063000002	云南水富云天化有限公司废水北排口	废水	国控	金沙江	流量、pH、COD、氨氮、甲醛
344	昭通市	水富县	SW53063000003	水富县水务产业投资有限公司出水口	废水	国控	横江	流量、pH、COD_{Cr}、NH_3-N、TP、TN、阴离子表面活性剂、总汞、总镉、总砷、总铅、总铬
345	丽江市	古城区	SA53070200001	云南永保特种水泥有限责任公司金山分公司窑尾	废气	省控	大气	颗粒物、SO_2、NO_x
346	丽江市	古城区	SW53070200001	丽江供排水有限公司第一污水处理厂出水口	废水	国控	漾弓江	流量、pH、COD_{Cr}、NH_3-N、TP、TN、阴离子表面活性剂、总汞、总镉、总砷、总铅、总铬
347	丽江市	古城区	SW53070200002	丽江供排水有限公司第二污水处理厂出水口	废水	国控	漾弓江	流量、pH、COD_{Cr}、NH_3-N、TP、TN、阴离子表面活性剂、总汞、总镉、总砷、总铅、总铬
348	丽江市	永胜县	SA53072200001	云南永保特种水泥有限责任公司窑尾	废气	省控	大气中	颗粒物、SO_2、NO_x

序号	州（市）名称	县（市、区）名称	污染源代码	污染源（企业）名称	污染源类型	污染源性质	排放去向	监测项目
349	丽江市	永胜县	SW53072200001	永胜县污水处理有限公司出水口	废水	国控	仙人河	流量、pH、COD_{Cr}、NH_3-N、TP、TN、阴离子表面活性剂、总汞、总镉、总砷、总铅、总铬
350	丽江市	永胜县	SW53072200002	永胜桃园糖业有限责任公司总排污口	废水	国控	农灌沟渠	pH、COD_{Cr}、NH_3-N
351	丽江市	华坪县	SA53072300001	华坪县大兴石灰厂石灰窑出口烟囱	废气	国控	大气	颗粒物、NO_x
352	丽江市	华坪县	SA53072300002	华坪龙源实业有限公司石灰窑出口烟囱	废气	国控	大气	颗粒物、NO_x
353	丽江市	华坪县	SA53072300003	华坪县富荣植养化有限责任公司石灰窑出口烟囱	废气	国控	大气	颗粒物、NO_x
354	丽江市	华坪县	SA53072300004	华坪县兴泉通风洞石灰厂石灰窑出口烟囱	废气	国控	大气	颗粒物、NO_x
355	丽江市	华坪县	SA53072300005	华坪县定华能源建材有限责任公司窑尾	废气	市控	大气	颗粒物、SO_2、NO_x
356	丽江市	华坪县	SA53072300006	云南省丽江水泥有限责任公司窑尾	废气	市控	大气	颗粒物、SO_2、NO_x
357	丽江市	华坪县	SW53072300001	华坪县供排水有限责任公司污水处理厂出水口	废水	国控	新庄河	流量、pH、COD_{Cr}、NH_3-N、TP、TN、阴离子表面活性剂、总汞、总镉、总砷、总铅、总铬
358	丽江市	宁蒗彝族自治县	FW53072400001	宁蒗县供排水有限责任公司县污水处理厂总排污口	污水处理厂	国控	宁蒗河	COD、氨氮、流量、总磷、总氮、pH
359	丽江市	宁蒗彝族自治县	SA53072400001	宁蒗县再生木业有限公司	废气	县控	大气	氮氧化物、二氧化硫、烟尘、烟气流量
360	普洱市	思茅区	SA53080200001	普洱西南水泥有限公司3号窑尾废气排放口	废气	国控	大气	颗粒物、SO_2、NO_x
361	普洱市	思茅区	SA53080200002	云南尖峰水泥有限公司窑尾烟气排口	废气		大气	颗粒物、SO_2、NO_x
362	普洱市	思茅区	SW53080200001	普洱市污水处理厂废水排口	废水	国控		流量、pH、COD_{Cr}、NH_3-N、TP、TN、阴离子表面活性剂、总汞、总镉、总砷、总铅、总铬
363	普洱市	思茅区	SW53080200002	普洱市污水处理厂二厂废水排口	废水	国控		流量、pH、COD_{Cr}、NH_3-N、TP、TN、阴离子表面活性剂、总汞、总镉、总砷、总铅、总铬

序号	州（市）名称	县（市、区）名称	污染源代码	污染源（企业）名称	污染源类型	污染源性质	排放去向	监测项目
364	普洱市	宁洱哈尼族彝族自治县	SA53082100001	云南盐化股份有限公司普洱制盐分公司20t锅炉烟气排口	废气	国控	大气	颗粒物、SO_2、NO_x
365	普洱市	宁洱哈尼族彝族自治县	SA53082100002	普洱天恒水泥有限公司回转窑窑尾废气排口	废气		大气	颗粒物、SO_2、NO_x
366	普洱市	宁洱哈尼族彝族自治县	SW53082100001	宁洱水务产业投资有限公司废水排口	废水	国控	普洱大河	流量、pH、COD_{Cr}、NH_3-N、TP、TN、阴离子表面活性剂、总汞、总镉、总砷、总铅、总铬
367	普洱市	宁洱哈尼族彝族自治县	SW53082100002	普洱锦茂矿业有限责任公司宁洱分公司尾矿库废水排口	废水	国控	小黑江	pH、COD_{Cr}、NH_3-N、汞、镉、砷、铅、铬
368	普洱市	墨江哈尼族自治县	SW53082200001	普洱墨江力量生物制品有限公司废水、废气、排放口	废水		布竜河	pH、COD_{Cr}、NH_3-N
369	普洱市	墨江哈尼族自治县	SW53082200002	墨江水务产业投资有限公司废水排口	废水	国控	他郎河	流量、pH、COD_{Cr}、NH_3-N、TP、TN、阴离子表面活性剂、总汞、总镉、总砷、总铅、总铬
370	普洱市	景东彝族自治县	SW53082300001	景东县污水处理厂废水排口	废水	国控	川河	流量、pH、COD_{Cr}、NH_3-N、TP、TN、阴离子表面活性剂、总汞、总镉、总砷、总铅、总铬
371	普洱市	景东彝族自治县	SW53082300002	景东立华腾矿业有限公司尾矿水总排口	废水	国控	澜沧江	铜、汞、镉、铬、砷、铅
372	普洱市	景谷傣族彝族自治县	SA53082400001	云南云景林纸股份有限公司1号烟气排放口（锅炉）	废气	国控	大气	颗粒物、SO_2、NO_x
373	普洱市	景谷傣族彝族自治县	SA53082400002	云南云景林纸股份有限公司2号烟气排放口（1#与2#碱炉）	废气	国控	大气	颗粒物、SO_2、NO_x
374	普洱市	景谷傣族彝族自治县	SA53082400003	云南云景林纸股份有限公司3号烟气排放口（3#碱炉）	废气	国控	大气	颗粒物、SO_2、NO_x
375	普洱市	景谷傣族彝族自治县	SW53082400001	云南云景林纸股份有限公司废水排口	废水	国控	威远江	pH、COD_{Cr}、NH_3-N
376	普洱市	景谷傣族彝族自治县	SW53082400002	景谷水务产业投资有限公司废水排口	废水	国控	威远江	流量、pH、COD_{Cr}、NH_3-N、TP、TN、阴离子表面活性剂、总汞、总镉、总砷、总铅、总铬

序号	州（市）名称	县（市、区）名称	污染源代码	污染源（企业）名称	污染源类型	污染源性质	排放去向	监测项目
377	普洱市	景谷傣族彝族自治县	SW53082400003	景谷力量生物制品有限公司永平糖厂废水排口	废水	国控	勐嘎河	pH、COD$_{Cr}$、NH$_3$-N
378	普洱市	景谷傣族彝族自治县	SW53082400004	景谷盛鑫矿冶有限公司废水排口	废水	国控	文折河	铜、汞、镉、铬、砷、铅
379	普洱市	镇沅彝族哈尼族拉祜族自治县	SW53082500001	镇沅县污水处理厂废水排口	废水	国控	把边江	流量、pH、COD$_{Cr}$、NH$_3$-N、TP、TN、阴离子表面活性剂、总汞、总镉、总砷、总铅、总铬
380	普洱市	江城哈尼族彝族自治县	SW53082600001	江城嘉禾橡胶有限公司废水排口	废水	国控		pH、COD$_{Cr}$、NH$_3$-N
381	普洱市	江城哈尼族彝族自治县	SW53082600002	普洱江城力量生物有限公司废水排口	废水	国控		pH、COD$_{Cr}$、NH$_3$-N
382	普洱市	孟连傣族拉祜族佤族自治县	SW53082700001	孟连昌裕糖业有限责任公司废水排口	废水	国控	南垒河	pH、COD$_{Cr}$、NH$_3$-N
383	普洱市	孟连傣族拉祜族佤族自治县	SW53082700002	孟连水务产业投资有限公司废水排口	废水	国控	南垒河	流量、pH、COD$_{Cr}$、NH$_3$-N、TP、TN、阴离子表面活性剂、总汞、总镉、总砷、总铅、总铬
384	普洱市	澜沧拉祜族自治县	SW53082800001	云南澜沧铅矿有限公司铅冶炼厂废水排口	废水	国控	南拉河	汞、镉、铬、砷、铅
385	普洱市	澜沧拉祜族自治县	SW53082800002	云南澜沧铅矿有限公司锌冶炼厂废水排口	废水	国控	南拉河	锌、汞、镉、铬、砷、铅
386	普洱市	澜沧拉祜族自治县	SW53082800003	澜沧县双马铅锌采选厂废水排口	废水	国控	南拉河	pH、COD$_{Cr}$、总汞、总镉、总砷、总铅
387	普洱市	澜沧拉祜族自治县	SW53082800004	澜沧污水处理厂废水排口	废水	国控	南拉河	流量、pH、COD$_{Cr}$、NH$_3$-N、TP、TN、阴离子表面活性剂、总汞、总镉、总砷、总铅、总铬
388	普洱市	西盟佤族自治县	SW53082900001	西盟昌裕糖业有限责任公司废水排口	废水		南康河	pH、COD$_{Cr}$、NH$_3$-N
389	普洱市	西盟佤族自治县	SW53082900002	云南农垦集团西盟橡胶有限责任公司废水排口	废水		南康河	pH、COD$_{Cr}$、NH$_3$-N
390	临沧市	临翔区	SA53090200001	云南临沧鑫圆锗业股份有限公司锅炉烟气排口	废气	国控	大气	颗粒物、SO$_2$、NO$_x$

序号	州（市）名称	县（市、区）名称	污染源代码	污染源（企业）名称	污染源类型	污染源性质	排放去向	监测项目
391	临沧市	临翔区	SW53090200001	临翔南华晶鑫糖业有限公司废水总排口	废水	国控		pH、COD$_{Cr}$、NH$_3$-N
392	临沧市	临翔区	SW53090200002	云南临沧鑫圆锗业股份有限公司废水总排口	废水	国控		pH、COD$_{Cr}$、NH$_3$-N
393	临沧市	临翔区	SW53090200003	临翔城市供排水有限责任公司污水处理厂废水排口	废水	国控		流量、pH、COD$_{Cr}$、NH$_3$-N、TP、TN、阴离子表面活性剂、总汞、总镉、总砷、总铅、总铬
394	临沧市	凤庆县	SW53092100001	凤庆北控水务有限公司污水处理厂废水排口	废水	国控	凤庆河	流量、pH、COD$_{Cr}$、NH$_3$-N、TP、TN、阴离子表面活性剂、总汞、总镉、总砷、总铅、总铬
395	临沧市	凤庆县	SW53092100002	云南凤庆糖业集团营盘有限公司废水总排口	废水	国控	老街河	pH、COD$_{Cr}$、NH$_3$-N
396	临沧市	云县	SW53092200001	云南澜沧江酒业集团有限公司废水总排口	废水	国控	北河	pH、COD$_{Cr}$、NH$_3$-N
397	临沧市	云县	SW53092200002	云南省云县幸福糖业有限公司废水总排口	废水	国控	南汀河	pH、COD$_{Cr}$、NH$_3$-N
398	临沧市	云县	SW53092200003	云南茅粮酒业集团有限公司废水总排口	废水	国控	罗闸河	pH、COD$_{Cr}$、NH$_3$-N
399	临沧市	云县	SW53092200004	云南云县甘化有限公司废水总排口	废水	国控	罗闸河	pH、COD$_{Cr}$、NH$_3$-N
400	临沧市	云县	SW53092200005	云县污水处理有限责任公司污水处理厂废水排口	废水	国控	罗闸河	流量、pH、COD$_{Cr}$、NH$_3$-N、TP、TN、阴离子表面活性剂、总汞、总镉、总砷、总铅、总铬
401	临沧市	云县	SW53092200006	云县江天矿冶有限公司尾矿水总排口	废水	国控	拿鱼河	铜、汞、镉、铬、砷、铅
402	临沧市	永德县	SW53092300001	云南永德糖业集团有限公司永甸糖厂废水总排口	废水	国控	永康河	pH、COD$_{Cr}$、NH$_3$-N
403	临沧市	永德县	SW53092300002	云南永德糖业集团有限公司康甸糖业公司废水总排口	废水	国控	永康河	pH、COD$_{Cr}$、NH$_3$-N
404	临沧市	永德县	SW53092300003	云南永德麦坝糖业公司废水总排口	废水	国控	麦坝河	pH、COD$_{Cr}$、NH$_3$-N
405	临沧市	永德县	SW53092300004	云南玉丹食品饮料有限责任公司废水总排口	废水	国控	永康河	pH、COD$_{Cr}$、NH$_3$-N

序号	州（市）名称	县（市、区）名称	污染源代码	污染源（企业）名称	污染源类型	污染源性质	排放去向	监测项目
406	临沧市	永德县	SW53092300005	永德县大雪山实业有限责任公司废水总排口	废水	国控	南汀河	pH、CODCr、NH3-N
407	临沧市	永德县	SW53092300006	永德县污水处理厂污水处理厂废水排口	废水	市控	德党河	流量、pH、CODCr、NH3-N、TP、TN、阴离子表面活性剂、总汞、总镉、总砷、总铅、总铬
408	临沧市	镇康县	SA53092400001	镇康水泥建材有限公司2 000t窑尾烟气排口	废气	省控	自然排放	颗粒物、SO2、NOx
409	临沧市	镇康县	SW53092400001	镇康南华南伞糖业有限公司废水总排口	废水	国控	南捧河	pH、CODCr、NH3-N
410	临沧市	镇康县	SW53092400002	镇康南华勐堆糖业有限公司废水总排口	废水	国控	南捧河	pH、CODCr、NH3-N
411	临沧市	镇康县	SW53092400003	镇康县恒稳市政供排水有限责任公司污水处理厂废水排口	废水	国控	南捧河	流量、pH、CODCr、NH3-N、TP、TN、阴离子表面活性剂、总汞、总镉、总砷、总铅、总铬
412	临沧市	镇康县	SW53092400004	镇康县东鸿锌业有限公司废水总排口	废水	国控		铜、汞、镉、铬、砷、铅
413	临沧市	双江拉祜族佤族布朗族傣族自治县	SW53092500001	双江南华糖业有限公司废水总排口	废水	国控		pH、CODCr、NH3-N
414	临沧市	双江拉祜族佤族布朗族傣族自治县	SW53092500002	双江县污水处理厂废水排口	废水	市控		流量、pH、CODCr、NH3-N、TP、TN、阴离子表面活性剂、总汞、总镉、总砷、总铅、总铬
415	临沧市	耿马傣族佤族自治县	SA53092600001	临沧南华纸业有限公司锅炉烟气排口	废气	国控	大气	颗粒物、SO2、NOx
416	临沧市	耿马傣族佤族自治县	SA53092600002	拉法基瑞安（临沧）水泥有限公司2 500t窑尾烟气排口	废气	省控	大气	颗粒物、SO2、NOx
417	临沧市	耿马傣族佤族自治县	SW53092600001	耿马南华糖业有限公司废水总排口	废水	国控		pH、CODCr、NH3-N
418	临沧市	耿马傣族佤族自治县	SW53092600002	耿马南华华侨糖业有限公司废水总排口	废水	国控		pH、CODCr、NH3-N
419	临沧市	耿马傣族佤族自治县	SW53092600003	耿马南华勐永糖业有限公司废水总排口	废水	国控		pH、CODCr、NH3-N

序号	州（市）名称	县（市、区）名称	污染源代码	污染源（企业）名称	污染源类型	污染源性质	排放去向	监测项目
420	临沧市	耿马傣族佤族自治县	SW53092600004	临沧南华纸业有限公司废水排口	废水	国控		pH、COD_{Cr}、NH_3-N、SS、色度
421	临沧市	耿马傣族佤族自治县	SW53092600005	耿马县污水厂污水处理厂废水排口	废水	市控		流量、pH、COD_{Cr}、NH_3-N、TP、TN、阴离子表面活性剂、总汞、总镉、总砷、总铅、总铬
422	临沧市	沧源佤族自治县	SA53092700001	云南金江沧源水泥工业有限公司2 500t窑尾烟气排口	废气	省控	大气	颗粒物、SO_2、NO_x
423	临沧市	沧源佤族自治县	SW53092700001	沧源南华勐省糖业有限公司废水总排口	废水	国控	南碧河	pH、COD_{Cr}、NH_3-N
424	临沧市	沧源佤族自治县	SW53092700002	沧源县污水厂污水处理厂废水排口	废水	市控	勐董河	流量、pH、COD_{Cr}、NH_3-N、TP、TN、阴离子表面活性剂、总汞、总镉、总砷、总铅、总铬
425	楚雄彝族自治州	楚雄市	SA53230100001	楚雄滇中有色金属有限责任公司制酸尾气外排口	废气	国控	大气环境	SO_2、NO_x、NH_3、硫酸雾、颗粒物
426	楚雄彝族自治州	楚雄市	SA53230100002	楚雄昆钢奕标新型建材有限公司热风炉出口	废气	县控	大气环境	颗粒物、SO_2、NO_x
427	楚雄彝族自治州	楚雄市	SA53230100003	拉法基瑞安（楚雄）水泥有限公司烘干机排口	废气	县控	大气环境	颗粒物、SO_2、NO_x
428	楚雄彝族自治州	楚雄市	SW53230100001	楚雄市供排水有限公司第一污水处理厂总排口	废水	国控	龙川江	流量、pH、COD_{Cr}、NH_3-N、TP、TN、阴离子表面活性剂、总汞、总镉、总砷、总铅、总铬
429	楚雄彝族自治州	楚雄市	SW53230100002	楚雄市供排水有限公司第二污水处理厂总排口	废水	国控	龙川江	流量、pH、COD_{Cr}、NH_3-N、TP、TN、阴离子表面活性剂、总汞、总镉、总砷、总铅、总铬
430	楚雄彝族自治州	双柏县	SA53232200001	双柏华兴人造板有限公司锅炉烟囱排口	废气	州控	大气	颗粒物、NO_x、烟气黑度、TSP
431	楚雄彝族自治州	双柏县	SW53232200001	双柏县污水处理厂污水排放口	废水	国控		流量、pH、COD_{Cr}、NH_3-N、TP、TN、阴离子表面活性剂、总汞、总镉、总砷、总铅、总铬
432	楚雄彝族自治州	牟定县	SA53232300001	云南业胜有色金属提炼有限公司锅炉	废气	国控	大气	颗粒物、SO_2、NO_x

序号	州（市）名称	县（市、区）名称	污染源代码	污染源（企业）名称	污染源类型	污染源性质	排放去向	监测项目
433	楚雄彝族自治州	牟定县	SA53232300002	牟定星宇工贸有限公司无组织排放	废气	国控	大气	颗粒物
434	楚雄彝族自治州	牟定县	SA53232300003	牟定县泓瑞工贸有限公司无组织排放	废气	国控	大气	颗粒物
435	楚雄彝族自治州	牟定县	SW53232300001	云南水务产业投资发展有限公司牟定县污水处理厂污水排放口	废水	国控	龙川河	流量、pH、COD$_{Cr}$、NH$_3$-N、TP、TN、阴离子表面活性剂、总汞、总镉、总砷、总铅、总铬
436	楚雄彝族自治州	牟定县	SW53232300002	云南牟定兴宏铜业有限公司矿井涌水排放口	废水	国控	龙川河	pH、COD$_{Cr}$、总汞、总镉、总砷、总铅、铬、铜、锌
437	楚雄彝族自治州	牟定县	SW53232300003	云南楚雄矿冶有限公司牟定郝家河铜矿副矿井涌水排放口	废水	国控	龙川河	pH、COD$_{Cr}$、总汞、总镉、总砷、总铅、铬、铜、锌
438	楚雄彝族自治州	南华县	SA53232400001	云南一鑫玻璃制品有限公司废气排放口	废气	县控	大气	颗粒物、烟气黑度、SO$_2$、氟化物
439	楚雄彝族自治州	南华县	SW53232400001	云南澜沧江酒业集团楚雄有限公司废水排放口	废水	国控		COD$_{Cr}$、BOD$_5$、SS、氨氮、总磷、pH、流量、动植物油、石油类
440	楚雄彝族自治州	南华县	SW53232400002	南华县污水处理厂出水口	废水	国控		流量、pH、COD$_{Cr}$、NH$_3$-N、TP、TN、阴离子表面活性剂、总汞、总镉、总砷、总铅、总铬
441	楚雄彝族自治州	姚安县	SA53232500001	楚雄源泰矿业有限公司姚安分厂燃煤锅炉烟气排口	废气	县控	直排	颗粒物、SO$_2$、NO$_x$
442	楚雄彝族自治州	姚安县	SW53232500001	姚安县污水处理厂姚安县污水处理厂总排口	废水	省控	蜻蛉河	流量、pH、COD$_{Cr}$、NH$_3$-N、TP、TN、阴离子表面活性剂、总汞、总镉、总砷、总铅、总铬
443	楚雄彝族自治州	大姚县	SA53232600001	云南金碧制药有限公司锅炉排口	废气	县控	大气	颗粒物、SO$_2$、NO$_x$
444	楚雄彝族自治州	大姚县	SW53232600001	云南金碧制药有限公司废水排口	废水	县控	大姚县污水处理厂	PH 值、COD、BOD$_5$、NH$_3$-N、SS
445	楚雄彝族自治州	大姚县	SW53232600002	大姚县污水处理厂出水口	废水	国控	蜻蛉河	流量、pH、COD$_{Cr}$、BOD$_5$、SS、动植油、石油类、粪大肠菌群、六价铬、挥发酚、总氰化物、NH$_3$-N、TP、TN、阴离子表面活性剂、总汞、总镉、总砷、总铅、总铬

序号	州（市）名称	县（市、区）名称	污染源代码	污染源（企业）名称	污染源类型	污染源性质	排放去向	监测项目
446	楚雄彝族自治州	永仁县	SW53232700001	永仁县赛丽茧丝绸有限责任公司缫丝厂污水排放口	废水	县控		pH、悬浮物（SS）、总磷、氨氮、总氮、化学需氧量（COD）、五日生化需氧量（BOD₅）
447	楚雄彝族自治州	永仁县	SW53232700002	永仁县污水处理厂出水口	废水	国控		流量、pH、CODCr、NH₃-N、TP、TN、阴离子表面活性剂、总汞、总镉、总砷、总铅、总铬
448	楚雄彝族自治州	元谋县	SW53232800001	元谋县污水处理厂出水口	废水	省控	龙川江	流量、pH、CODCr、NH₃-N、TP、TN、阴离子表面活性剂、总汞、总镉、总砷、总铅、总铬
449	楚雄彝族自治州	元谋县	SW53232800002	元谋闽中食品有限公司食品厂出水口	废水	县控	龙川江	pH、CODCr、NH₃-N
450	楚雄彝族自治州	武定县	SA53232900001	武定新立钛业有限公司废气排放口	废气	州控	大气	颗粒物、SO₂、NOx
451	楚雄彝族自治州	武定县	SW53232900001	武定深隆污水处理有限公司污水排放口	废水	国控	菜园河	流量、pH、CODCr、NH₃-N、TP、TN、阴离子表面活性剂、总汞、总镉、总砷、总铅、总铬
452	楚雄彝族自治州	禄丰县	SA53233100001	云南德胜钢铁有限公司烧结厂烧结机头脱硫塔外排口	废气	国控	大气	颗粒物、SO₂、NOx
453	楚雄彝族自治州	禄丰县	SA53233100002	云南德胜钢铁有限公司机动厂2×6MW1#、2#发电机锅炉废气外排口	废气	国控	大气	颗粒物、SO₂、NOx
454	楚雄彝族自治州	禄丰县	SA53233100003	云南德胜钢铁有限公司1#烧结机尾排放口	废气	国控	大气	颗粒物
455	楚雄彝族自治州	禄丰县	SA53233100004	云南德胜钢铁有限公司2#烧结机尾排放口	废气	国控	大气	颗粒物
456	楚雄彝族自治州	禄丰县	SA53233100005	云南德胜钢铁有限公司1#高炉出铁场排放口	废气	国控	大气	颗粒物
457	楚雄彝族自治州	禄丰县	SA53233100006	云南德胜钢铁有限公司2#高炉出铁场排放口	废气	国控	大气	颗粒物
458	楚雄彝族自治州	禄丰县	SA53233100007	云南德胜钢铁有限公司3#高炉出铁场排放口	废气	国控	大气	颗粒物

序号	州（市）名称	县（市、区）名称	污染源代码	污染源（企业）名称	污染源类型	污染源性质	排放去向	监测项目
459	楚雄彝族自治州	禄丰县	SA53233100008	云南德胜钢铁有限公司 2#高炉供料除尘排放口	废气	国控	大气	颗粒物
460	楚雄彝族自治州	禄丰县	SA53233100009	云南德胜钢铁有限公司 2#高炉供料除尘排放口	废气	国控	大气	颗粒物
461	楚雄彝族自治州	禄丰县	SA53233100010	云南德胜钢铁有限公司炼钢二次除尘排放口	废气	国控	大气	颗粒物
462	楚雄彝族自治州	禄丰县	SA53233100011	楚雄德胜煤化工有限公司球团厂竖炉烟气脱硫设施排口	废气	国控	大气	颗粒物、SO_2、NO_x
463	楚雄彝族自治州	禄丰县	SA53233100012	楚雄德胜煤化工有限公司 1、2 号焦炉烟囱排口	废气	国控	大气	颗粒物、SO_2、NO_x
464	楚雄彝族自治州	禄丰县	SA53233100013	楚雄德胜煤化工有限公司 3、4 号焦炉烟囱排口	废气	国控	大气	颗粒物、SO_2、NO_x
465	楚雄彝族自治州	禄丰县	SW53233100001	禄丰县水务产业投资有限公司污水处理厂总排口	废水	国控		流量、pH、COD_{Cr}、$NH_3\text{-}N$、TP、TN、阴离子表面活性剂、总汞、总镉、总砷、总铅、总铬
466	红河哈尼族彝族自治州	个旧市	SA53250100001	云南云铝润鑫铝业有限公司电解一车间废气排放口	废气	国控	大气	颗粒物、SO_2、NO_x、氟化物
467	红河哈尼族彝族自治州	个旧市	新增	云南云铝润鑫铝业有限公司电解二车间废气排放口	废气	国控	大气	颗粒物、SO_2、NO_x、氟化物
468	红河哈尼族彝族自治州	个旧市	SW53250100001	红河州云祥矿冶有限公司烟化炉废气排放口	废气	国控	大气	颗粒物、二氧化硫、氮氧化物、砷、铅
469	红河哈尼族彝族自治州	个旧市	SW53250100002	个旧市排水公司总排口	废水	国控	倘甸双河	流量、pH、悬浮物、COD、BOD_5、氨氮、阴离子洗涤剂、石油类、动植物油、总氮、总磷、砷、汞、铅、镉、铜、六价铬、粪大肠菌群、色度
470	红河哈尼族彝族自治州	个旧市	SW53250100003	云锡集团锌业有限责任公司回转窑废气排放口	废气	国控	大气	风量、砷、铅
471	红河哈尼族彝族自治州	个旧市	SW53250100004	云南振兴实业集团有限责任公司熔铅锅废气排放口	废气	国控	大气	风量、砷、铅

序号	州（市）名称	县（市、区）名称	污染源代码	污染源（企业）名称	污染源类型	污染源性质	排放去向	监测项目
472	红河哈尼族彝族自治州	个旧市	SW53250100005	云南锡业股份有限公司冶炼分公司制酸尾气排放口	废气	国控	大气	风量、砷、铅
473	红河哈尼族彝族自治州	个旧市	SW53250100006	云南省个旧市沙甸电冶有限公司熔铅锅废气排放口	废气	国控	大气	风量、砷、铅
474	红河哈尼族彝族自治州	个旧市	SW53250100007	云南乘风有色金属股份有限公司烟化炉废气排放口	废气	国控	大气	风量、砷、铅
475	红河哈尼族彝族自治州	个旧市	SW53250100008	红河州云祥矿冶有限公司烟化炉废气排放口	废气	国控	大气	风量、砷、铅
476	红河哈尼族彝族自治州	个旧市	SW53250100009	红河州云杰工贸有限公司鼓风炉废气排放口	废气	国控	大气	风量、砷、铅
477	红河哈尼族彝族自治州	个旧市	SW53250100010	红河州天江工贸有限公司	废水	国控	倘甸双河	
478	红河哈尼族彝族自治州	个旧市	SW53250100011	红河州红浩冶炼厂鼓风炉废气排放口	废气	国控	大气	风量、砷、铅
479	红河哈尼族彝族自治州	个旧市	SW53250100012	红河州彩马实业有限责任公司反射炉废气排放口	废气	国控	大气	风量、砷、铅
480	红河哈尼族彝族自治州	个旧市	SW53250100013	红河州奔腾矿冶有限公司鼓风炉废气排放口	废气	国控	大气	风量、砷、铅
481	红河哈尼族彝族自治州	个旧市	SW53250100014	红河合众锌业有限公司	废水	国控	倘甸双河	
482	红河哈尼族彝族自治州	个旧市	SW53250100015	个旧威龙铅冶炼有限公司鼓风炉废气排放口	废气	国控	大气	风量、砷、铅
483	红河哈尼族彝族自治州	个旧市	SW53250100016	个旧市自立矿冶有限公司	废水	国控	倘甸双河	
484	红河哈尼族彝族自治州	个旧市	SW53250100017	个旧市卓越有色金属冶炼厂鼓风炉废气排放口	废气	国控	大气	风量、砷、铅
485	红河哈尼族彝族自治州	个旧市	SW53250100018	个旧市志达实业有限责任公司鼓风炉废气排放口	废气	国控	大气	风量、砷、铅
486	红河哈尼族彝族自治州	个旧市	SW53250100019	个旧市振沙冶炼厂鼓风炉废气排放口	废气	国控	大气	风量、砷、铅

序号	州（市）名称	县（市、区）名称	污染源代码	污染源（企业）名称	污染源类型	污染源性质	排放去向	监测项目
487	红河哈尼族彝族自治州	个旧市	SW53250100020	个旧市云新有色电解有限公司烟化炉废气排放口	废气	国控	大气	风量、砷、铅
488	红河哈尼族彝族自治州	个旧市	SW53250100021	个旧市有色金属加工有限公司回转窑废气排放口	废气	国控	大气	风量、砷、铅
489	红河哈尼族彝族自治州	个旧市	SW53250100022	个旧市永博冶炼厂鼓风炉废气排放口	废气	国控	大气	风量、砷、铅
490	红河哈尼族彝族自治州	个旧市	SW53250100023	个旧市兴垒冶炼厂鼓风炉废气排放口	废气	国控	大气	风量、砷、铅
491	红河哈尼族彝族自治州	个旧市	SW53250100024	个旧市星发冶炼厂反射炉废气排放口	废气	国控	大气	风量、砷、铅
492	红河哈尼族彝族自治州	个旧市	SW53250100025	个旧市鑫兴有色金属有限责任公司鼓风炉废气排放口	废气	国控	大气	风量、砷、铅
493	红河哈尼族彝族自治州	个旧市	SW53250100026	个旧市祥麟有色化工有限责任公司鼓风炉废气排放口	废气	国控	大气	风量、砷、铅
494	红河哈尼族彝族自治州	个旧市	SW53250100027	个旧市锡隆矿冶有限公司回转窑废气排放口	废气	国控	大气	风量、砷、铅
495	红河哈尼族彝族自治州	个旧市	SW53250100028	个旧市锡城有色金属废渣处理厂烟化炉废气排放口	废气	国控	大气	风量、砷、铅
496	红河哈尼族彝族自治州	个旧市	SW53250100029	个旧市西口冶炼厂鼓风炉废气排放口	废气	国控	大气	风量、砷、铅
497	红河哈尼族彝族自治州	个旧市	SW53250100030	个旧市伟俊冶炼厂鼓风炉废气排放口	废气	国控	大气	风量、砷、铅
498	红河哈尼族彝族自治州	个旧市	SW53250100031	个旧市同富电冶有限公司熔铅锅废气排放口	废气	国控	大气	风量、砷、铅
499	红河哈尼族彝族自治州	个旧市	SW53250100032	个旧市天梯冶炼厂烟化炉废气排放口	废气	国控	大气	风量、砷、铅
500	红河哈尼族彝族自治州	个旧市	SW53250100033	个旧市天黎冶炼厂鼓风炉废气排放口	废气	国控	大气	风量、砷、铅
501	红河哈尼族彝族自治州	个旧市	SW53250100034	个旧市松华冶炼厂鼓风炉废气排放口	废气	国控	大气	风量、砷、铅

序号	州（市）名称	县（市、区）名称	污染源代码	污染源（企业）名称	污染源类型	污染源性质	排放去向	监测项目
502	红河哈尼族彝族自治州	个旧市	SW53250100035	个旧市双龙贵金属实业有限公司	废水	国控	倘甸双河	
503	红河哈尼族彝族自治州	个旧市	SW53250100036	个旧市盛云有色冶炼厂鼓风炉废气排放口	废气	国控	大气	风量、砷、铅
504	红河哈尼族彝族自治州	个旧市	SW53250100037	个旧市莎迪冶金工贸有限公司鼓风炉废气排放口	废气	国控	大气	风量、砷、铅
505	红河哈尼族彝族自治州	个旧市	SW53250100038	个旧市沙甸云海冶炼厂鼓风炉废气排放口	废气	国控	大气	风量、砷、铅
506	红河哈尼族彝族自治州	个旧市	SW53250100039	个旧市沙甸兴沙有色冶炼厂鼓风炉废气排放口	废气	国控	大气	风量、砷、铅
507	红河哈尼族彝族自治州	个旧市	SW53250100040	个旧市沙甸和群有色金属有限公司一车间鼓风炉废气排放口	废气	国控	大气	风量、砷、铅
508	红河哈尼族彝族自治州	个旧市	SW53250100041	个旧市沙甸万坤矿业有限公司鼓风炉废气排放口	废气	国控	大气	风量、砷、铅
509	红河哈尼族彝族自治州	个旧市	SW53250100042	个旧市沙甸铅都实业有限责任公司鼓风炉废气排放口	废气	国控	大气	风量、砷、铅
510	红河哈尼族彝族自治州	个旧市	SW53250100043	个旧市沙甸矿冶厂鼓风炉废气排放口	废气	国控	大气	风量、砷、铅
511	红河哈尼族彝族自治州	个旧市	SW53250100044	个旧市沙甸康晖有色金属加工厂鼓风炉废气排放口	废气	国控	大气	风量、砷、铅
512	红河哈尼族彝族自治州	个旧市	SW53250100045	个旧市沙甸和兴铅业有限公司熔铅锅废气排放口	废气	国控	大气	风量、砷、铅
513	红河哈尼族彝族自治州	个旧市	SW53250100046	个旧市沙甸大通冶炼厂熔铅锅废气排放口	废气	国控	大气	风量、砷、铅
514	红河哈尼族彝族自治州	个旧市	SW53250100047	个旧市森源有限责任公司鼓风炉废气排放口	废气	国控	大气	风量、砷、铅
515	红河哈尼族彝族自治州	个旧市	SW53250100048	个旧市三宇矿产品加工厂熔铅锅废气排放口	废气	国控	大气	风量、砷、铅
516	红河哈尼族彝族自治州	个旧市	SW53250100049	个旧市群力有色金属有限公司熔铅锅废气排放口	废气	国控	大气	风量、砷、铅

序号	州（市）名称	县（市、区）名称	污染源代码	污染源（企业）名称	污染源类型	污染源性质	排放去向	监测项目
517	红河哈尼族彝族自治州	个旧市	SW53250100050	个旧市齐力冶炼厂鼓风炉废气排放口	废气	国控	大气	风量、砷、铅
518	红河哈尼族彝族自治州	个旧市	SW53250100051	个旧市路通冶炼厂鼓风炉废气排放口	废气	国控	大气	风量、砷、铅
519	红河哈尼族彝族自治州	个旧市	SW53250100052	个旧市隆起有色金属加工厂鼓风炉废气排放口	废气	国控	大气	风量、砷、铅
520	红河哈尼族彝族自治州	个旧市	SW53250100053	个旧市联祥冶炼厂鼓风炉废气排放口	废气	国控	大气	风量、砷、铅
521	红河哈尼族彝族自治州	个旧市	SW53250100054	个旧市凯盟工贸有限责任公司烟化炉废气排放口	废气	国控	大气	风量、砷、铅
522	红河哈尼族彝族自治州	个旧市	SW53250100055	个旧市俊兴冶炼厂回转窑废气排放口	废气	国控	大气	风量、砷、铅
523	红河哈尼族彝族自治州	个旧市	SW53250100056	个旧市经盛有色金属冶炼厂鼓风炉废气排放口	废气	国控	大气	风量、砷、铅
524	红河哈尼族彝族自治州	个旧市	SW53250100057	个旧市锦星锑业有限公司鼓风炉废气排放口	废气	国控	大气	风量、砷、铅
525	红河哈尼族彝族自治州	个旧市	新增	个旧市锦星锑业有限公司反射炉废气排放口	废气	国控	大气	风量、砷、铅
526	红河哈尼族彝族自治州	个旧市	新增	个旧市锦星锑业有限公司焙烧炉废气排放口	废气	国控	大气	风量、砷、铅
527	红河哈尼族彝族自治州	个旧市	SW53250100058	个旧市金叶冶炼厂鼓风炉废气排放口	废气	国控	大气	风量、砷、铅
528	红河哈尼族彝族自治州	个旧市	SW53250100059	个旧市金冶矿产有限公司烟化炉废气排放口	废气	国控	大气	风量、砷、铅
529	红河哈尼族彝族自治州	个旧市	SW53250100060	个旧市吉源矿冶有限公司烟化炉废气排放口	废气	国控	大气	风量、砷、铅
530	红河哈尼族彝族自治州	个旧市	SW53250100061	个旧市鸡街红杰矿冶有限责任公司鼓风炉废气排放口	废气	国控	大气	风量、砷、铅
531	红河哈尼族彝族自治州	个旧市	SW53250100062	个旧市回益经贸有限公司熔铅锅废气排放口	废气	国控	大气	风量、砷、铅

序号	州（市）名称	县（市、区）名称	污染源代码	污染源（企业）名称	污染源类型	污染源性质	排放去向	监测项目
532	红河哈尼族彝族自治州	个旧市	SW53250100063	个旧市华泰有色金属矿产品加工鼓风炉废气排放口厂	废气	国控	大气	风量、砷、铅
533	红河哈尼族彝族自治州	个旧市	SW53250100064	个旧市虎山矿冶有限公司鼓风炉废气排放口	废气	国控	大气	风量、砷、铅
534	红河哈尼族彝族自治州	个旧市	SW53250100065	个旧市洪江矿产有限公司鼓风炉废气排放口	废气	国控	大气	风量、砷、铅
535	红河哈尼族彝族自治州	个旧市	SW53250100066	个旧市红田经贸有限公司烟化炉废气排放口 ·	废气	国控	大气	风量、砷、铅
536	红河哈尼族彝族自治州	个旧市	SW53250100067	个旧市光博电冶厂熔铅锅废气排放口	废气	国控	大气	风量、砷、铅
537	红河哈尼族彝族自治州	个旧市	SW53250100068	个旧市岗穆冶炼厂鼓风炉废气排放口	废气	国控	大气	风量、砷、铅
538	红河哈尼族彝族自治州	个旧市	SW53250100069	个旧市富祥工贸有限责任公司烟化炉废气排放口	废气	国控	大气	风量、砷、铅
539	红河哈尼族彝族自治州	个旧市	SW53250100070	个旧市凤鸣冶金化工厂烟化炉废气排放口	废气	国控	大气	风量、砷、铅
540	红河哈尼族彝族自治州	个旧市	SW53250100071	个旧市达明威工贸有限责任公司鼓风炉废气排放口	废气	国控	大气	风量、砷、铅
541	红河哈尼族彝族自治州	个旧市	SW53250100072	云锡集团创源实业有限公司	废水	国控	倘甸双河	
542	红河哈尼族彝族自治州	个旧市	SW53250100073	个旧市成功冶炼厂鼓风炉废气排放口	废气	国控	大气	风量、砷、铅
543	红河哈尼族彝族自治州	个旧市	SW53250100074	个旧市超拓有限责任公司鼓风炉废气排放口	废气	国控	大气	风量、砷、铅
544	红河哈尼族彝族自治州	个旧市	SW53250100075	个旧市滨涛有色金属冶炼厂鼓风炉废气排放口	废气	国控	大气	风量、砷、铅
545	红河哈尼族彝族自治州	个旧市	SW53250100076	红河州云祥矿冶有限公司	危险废物	国控	倘甸双河	
546	红河哈尼族彝族自治州	开远市	SA53250200001	云南解化清洁能源开发有限公司解化化工分公司3台130t循环流化床锅炉	废气	国控	大气	颗粒物、SO_2、NO_x

序号	州（市）名称	县（市、区）名称	污染源代码	污染源（企业）名称	污染源类型	污染源性质	排放去向	监测项目
547	红河哈尼族彝族自治州	开远市	SA53250200002	云南解化清洁能源开发有限公司解化化工分公司 4#130t 循环流化床锅炉	废气	国控	大气	颗粒物、SO_2、NO_x
548	红河哈尼族彝族自治州	开远市	SA53250200003	云南解化清洁能源开发有限公司解化化工分公司 5#75t 锅炉与 6#130t 锅炉共用排口	废气	国控	大气	颗粒物、SO_2、NO_x
549	红河哈尼族彝族自治州	开远市	SA53250200004	拉法基瑞安（红河）水泥有限公司 5#窑尾	废气	国控	大气	颗粒物、SO_2、NO_x
550	红河哈尼族彝族自治州	开远市	SA53250200005	拉法基瑞安（红河）水泥有限公司 6#窑尾	废气	国控	大气	颗粒物、SO_2、NO_x
551	红河哈尼族彝族自治州	开远市	SA53250200006	云南大唐国际红河发电有限责任公司 1#、2#锅炉烟囱	废气	国控	大气	颗粒物、SO_2、NO_x
552	红河哈尼族彝族自治州	开远市	SA53250200007	国电开远发电有限公司 1#、2#锅炉烟囱	废气	国控	大气	颗粒物、SO_2、NO_x
553	红河哈尼族彝族自治州	开远市	SW53250200001	云南解化清洁能源开发有限公司解化化工分公司 1#排口	废水	国控	泸江河	pH、SS、COD_{Cr}、NH_3-N、挥发酚、氰化物、石油类、硫化物
554	红河哈尼族彝族自治州	开远市	SW53250200002	云南解化清洁能源开发有限公司解化化工分公司 3#排口	废水	国控	泸江河	pH、SS、COD_{Cr}、NH_3-N、挥发酚、氰化物、石油类、硫化物
555	红河哈尼族彝族自治州	开远市	SW53250200003	开远市污水处理厂出口	废水	国控	泸江河	流量、pH、COD_{Cr}、NH_3-N、TP、TN、阴离子表面活性剂、总汞、总镉、总砷、总铅、总铬
556	红河哈尼族彝族自治州	蒙自市	SA53252200001	蒙自矿冶有限责任公司环保科技分公司挥发窑排口	废气	国控	排空	颗粒物、SO_2、NO_x、铅、镉、砷
557	红河哈尼族彝族自治州	蒙自市	SA53252200002	蒙自矿冶有限责任公司综合利用分公司脱硫尾气排口	废气	国控	排空	颗粒物、SO_2、NO_x、铅、镉、砷
558	红河哈尼族彝族自治州	蒙自市	SA53252200003	红河钢铁有限公司 $2 \times 105m^2$ 烧结机排口	废气	国控	排空	颗粒物、SO_2、NO_x、氟化物
559	红河哈尼族彝族自治州	蒙自市	SA53252200004	红河钢铁有限公司 $260m^2$ 烧结机排口	废气	国控	排空	颗粒物、SO_2、NO_x、氟化物

序号	州（市）名称	县（市、区）名称	污染源代码	污染源（企业）名称	污染源类型	污染源性质	排放去向	监测项目
560	红河哈尼族彝族自治州	蒙自市	SA53252200005	红河州振兴电源有限公司2#除尘净化装置	废气	国控	排空	颗粒物、SO_2、NO_x
561	红河哈尼族彝族自治州	蒙自市	SW53252200001	蒙自市污水处理厂出口	废水	国控	长桥海	流量、pH、COD_{Cr}、NH_3-N、TP、TN、阴离子表面活性剂、总汞、总镉、总砷、总铅、总铬
562	红河哈尼族彝族自治州	屏边苗族自治县	FW53252300001	屏边县污水处理厂处理后排口	污水处理厂	国控	农田灌溉	pH、SS、COD_{Cr}、BOD_5、NH_3-N、TN、TP、石油类、动植物油、色度、粪大肠菌群、阴离子表面活性剂、挥发酚、总铅、总镉、总铬、Cr^{6+}、总砷、总汞、流量
563	红河哈尼族彝族自治州	屏边苗族自治县	SA53252300001	屏边县黄磷厂有限责任公司1#原料烘干布袋收尘器排口	废气	市控	大气	排气量、含氧、烟温、粉尘浓度、二氧化硫浓度、NO_x浓度
564	红河哈尼族彝族自治州	屏边苗族自治县	SA53252300002	屏边县黄磷厂有限责任公司2#原料烘干布袋收尘器排口	废气	市控	大气	排气量、含氧、烟温、粉尘浓度、二氧化硫浓度、NO_x浓度
565	红河哈尼族彝族自治州	建水县	SA53252400001	红河州紫燕水泥有限责任公司窑尾排放口	废气	国控	大气	颗粒物、SO_2、NO_x
566	红河哈尼族彝族自治州	建水县	SA53252400002	云南建水锰矿有限责任公司1#、2#电炉排口	废气	国控	大气	颗粒物、SO_2、NO_x
567	红河哈尼族彝族自治州	建水县	SA53252400003	云南云铝涌鑫铝业有限公司东区烟气排放口	废气	国控	大气	颗粒物、SO_2、NO_x、氟化物
568	红河哈尼族彝族自治州	建水县	SA53252400004	云南云铝涌鑫铝业有限公司西区烟气排放口	废气	国控	大气	颗粒物、SO_2、NO_x、氟化物
569	红河哈尼族彝族自治州	建水县	SA53252400005	云南东磁有色金属有限公司废气总排口	废气	国控	大气	颗粒物、SO_2、NO_x、Pb、As、Cd
570	红河哈尼族彝族自治州	建水县	SW53252400001	建水县水务产业投资有限公司出水口	废水	国控	泸冲河	流量、pH、COD_{Cr}、NH_3-N、TP、TN、阴离子表面活性剂、总汞、总镉、总砷、总铅、总铬
571	红河哈尼族彝族自治州	石屏县	SA53252500001	石屏金池商品混凝土有限公司厂区南	废气	县控	大气环境	颗粒物

序号	州（市）名称	县（市、区）名称	污染源代码	污染源（企业）名称	污染源类型	污染源性质	排放去向	监测项目
572	红河哈尼族彝族自治州	石屏县	SW53252500001	石屏县污水处理厂（二期）处理后排口	废水	国控	马宝龙湿地	流量、pH、COD_{Cr}、NH_3-N、TP、TN、阴离子表面活性剂、总汞、总镉、总砷、总铅、总铬
573	红河哈尼族彝族自治州	弥勒市	SA53252600001	红河锦东化工股份有限公司25t循环流化床锅炉烟囱	废气	国控	大气	颗粒物、SO_2、NO_x
574	红河哈尼族彝族自治州	弥勒市	SA53252600002	云南华电巡检司发电有限公司1#、2#锅炉烟囱	废气	国控	大气	颗粒物、SO_2、NO_x
575	红河哈尼族彝族自治州	弥勒市	SA53252600003	弥勒市河湾水泥制造有限责任公司窑尾废气排放口	废气	国控	大气	颗粒物、SO_2、NO_x
576	红河哈尼族彝族自治州	弥勒市	SA53252600004	云南力量生物制品（集团）有限公司制糖二厂3#锅炉（40t）烟囱	废气	国控	大气	颗粒物、SO_2、NO_x
577	红河哈尼族彝族自治州	弥勒市	SA53252600005	弥勒市吉成能源煤化工有限责任公司炼焦炉烟囱	废气	国控	大气	颗粒物、SO_2、NO_x
578	红河哈尼族彝族自治州	弥勒市	SA53252600006	云南省弥勒市嘉麟实业有限公司焦化厂炼焦炉烟囱	废气	国控	大气	颗粒物、SO_2、NO_x
579	红河哈尼族彝族自治州	弥勒市	SW53252600001	弥勒市污水处理厂处理厂排污口	废水	国控	大气	流量、pH、COD_{Cr}、NH_3-N、TP、TN、阴离子表面活性剂、总汞、总镉、总砷、总铅、总铬
580	红河哈尼族彝族自治州	弥勒市	SW53252600002	红河锦东化工股份有限公司废水总排口	废水	国控	大气	COD、BOD、氨氮、挥发酚、石油类、氰化物、总磷、总氮、硫化物、SS、pH
581	红河哈尼族彝族自治州	弥勒市	SW53252600003	云南力量生物制品（集团）有限公司制糖二厂污水排放口	废水	国控	大气	pH、COD_{Cr}、NH_3-N
582	红河哈尼族彝族自治州	泸西县	SA53252700001	云南泸西大为焦化有限公司2台90t/h电厂锅炉共排口	废气	国控	大气	颗粒物、SO_2、NO_x
583	红河哈尼族彝族自治州	泸西县	SA53252700002	云南泸西大为焦化有限公司焦炉烟囱	废气	国控	大气	颗粒物、SO_2、NO_x
584	红河哈尼族彝族自治州	泸西县	SW53252700001	泸西县水务产业投资有限公司污水排口	废水	国控		流量、pH、COD_{Cr}、NH_3-N、TP、TN、阴离子表面活性剂、总汞、总镉、总砷、总铅、总铬

序号	州（市）名称	县（市、区）名称	污染源代码	污染源（企业）名称	污染源类型	污染源性质	排放去向	监测项目
585	红河哈尼族彝族自治州	元阳县	SW53252800001	元阳县污水处理厂南沙大桥、污水处理厂废水总排放口	废水	国控	红河	流量、pH、COD_{Cr}、$NH_3\text{-}N$
586	红河哈尼族彝族自治州	元阳县	SW53252800002	元阳县英茂糖业有限公司废水总排放口	废水	国控	红河	流量、pH、COD_{Cr}、$NH_3\text{-}N$
587	红河哈尼族彝族自治州	元阳县	SW53252800003	元阳县兴泰铅矿选矿厂	废水	国控		
588	红河哈尼族彝族自治州	红河县	SW53252900001	云南省红河糖业有限责任公司糖业生产总排污口	废水	国控	木龙河	pH、COD_{Cr}、$NH_3\text{-}N$
589	红河哈尼族彝族自治州	红河县	SW53252900002	红河县污水处理厂处理厂排污口	废水	省控	木龙河	流量、pH、COD_{Cr}、$NH_3\text{-}N$、TP、TN、阴离子表面活性剂、总汞、总镉、总砷、总铅、总铬
590	红河哈尼族彝族自治州	金平苗族瑶族傣族自治县	FW53253000001	金平县城市污水处理厂	污水处理厂	国控	金平河	COD、SS、氨氮等
591	红河哈尼族彝族自治州	金平苗族瑶族傣族自治县	SA53253000001	红河恒昊矿业股份有限公司金平分公司冶炼厂	废气重金属	国控	大气	停产，无监测项目
592	红河哈尼族彝族自治州	金平苗族瑶族傣族自治县	SM53253000001	金平县老集寨湾塘铅锌矿有限公司	废水	国控	循环使用	停产，无监测项目
593	红河哈尼族彝族自治州	金平苗族瑶族傣族自治县	SM53253000002	红河恒昊矿业股份有限公司金平分公司选厂	废水	国控	循环使用	停产，无监测项目
594	红河哈尼族彝族自治州	金平苗族瑶族傣族自治县	SM53253000003	金平东为矿业有限责任公司	废水	国控	循环使用	停产，无监测项目
595	红河哈尼族彝族自治州	金平苗族瑶族傣族自治县	SM53253000004	金平金水河镇信义铜选厂	废水	国控	循环使用	停产，无监测项目
596	红河哈尼族彝族自治州	金平苗族瑶族傣族自治县	SM53253000005	金平长安矿业有限公司	废水	国控	循环使用	砷、铅等
597	红河哈尼族彝族自治州	金平苗族瑶族傣族自治县	SM53253000006	云南金平县红河矿业有限公司	废水	国控	循环使用	砷、铅等
598	红河哈尼族彝族自治州	金平苗族瑶族傣族自治县	SM53253000007	金平县同心矿业有限责任公司	废水	国控	循环使用	停产，无监测项目

序号	州（市）名称	县（市、区）名称	污染源代码	污染源（企业）名称	污染源类型	污染源性质	排放去向	监测项目
599	红河哈尼族彝族自治州	金平苗族瑶族傣族自治县	SM53253000008	金平锌业有限责任公司	废水	国控	循环使用	砷、铅等
600	红河哈尼族彝族自治州	金平苗族瑶族傣族自治县	SM53253000009	金平长鑫众达矿业有限公司	废水	国控	循环使用	砷、铅等
601	红河哈尼族彝族自治州	绿春县	SW53253100001	绿春县污水处理厂排污口	废水	省控	泗南江	流量、pH、COD_{Cr}、NH_3-N、TP、TN、阴离子表面活性剂、总汞、总镉、总砷、总铅、总铬
602	红河哈尼族彝族自治州	绿春县	SW53253100002	绿春县同力橡胶有限公司加工厂排污口	废水	县控	李仙江	pH、COD_{Cr}、NH_3-N
603	红河哈尼族彝族自治州	河口瑶族自治县	SW53253200001	云南科维生物产业有限公司总排口	废水	国控	红河	pH、SS、COD、BOD、NH_3-N、TN、TP
604	红河哈尼族彝族自治州	河口瑶族自治县	SW53253200002	河口县污水处理厂总排口	废水	国控	红河	流量、pH、COD_{Cr}、NH_3-N、TP、TN、阴离子表面活性剂、总汞、总镉、总砷、总铅、总铬
605	文山壮族苗族自治州	文山市	FW53262100001	文山市污水处理厂	污水处理厂	国控	盘龙河	
606	文山壮族苗族自治州	文山市	SA53262100001	云南壮山实业股份有限公司	废气		大气	
607	文山壮族苗族自治州	文山市	SM53262100001	云南文冶有色金属有限公司	重金属企业	国控	生产废水循环使用，不外排	
608	文山壮族苗族自治州	文山市	SM53262100002	文山市金仪铟业科技有限责任公司	重金属企业	国控	生产废水循环使用，不外排	
609	文山壮族苗族自治州	文山市	SM53262100003	文山天龙锌业有限责任公司	重金属企业	国控	生产废水循环使用，不外排	
610	文山壮族苗族自治州	砚山县	SA53262200001	云南兴建水泥有限公司窑尾排放口	废气	省控	大气	颗粒物、SO_2、NO_x

序号	州（市）名称	县（市、区）名称	污染源代码	污染源（企业）名称	污染源类型	污染源性质	排放去向	监测项目
611	文山壮族苗族自治州	砚山县	SW53262200001	砚山县污水处理中心排放口	废水	国控	西江水系	流量、pH、COD_{Cr}、$NH_3\text{-}N$、TP、TN、阴离子表面活性剂、总汞、总镉、总砷、总铅、总铬
612	文山壮族苗族自治州	西畴县	FW53262300001	西畴县污水处理厂	污水处理厂		畴阳河	
613	文山壮族苗族自治州	西畴县	SW53262300001	西畴县衡昌矿业有限公司	废水		盘龙河	
614	文山壮族苗族自治州	麻栗坡县	SW53262400001	麻栗坡县污水处理厂排放口	废水	州控	畴阳河	流量、pH、COD_{Cr}、$NH_3\text{-}N$、TP、TN、阴离子表面活性剂、总汞、总镉、总砷、总铅、总铬
615	文山壮族苗族自治州	马关县	FW53262500001	马关县水务产业投资有限公司总排放口	污水处理厂	国控		
616	文山壮族苗族自治州	马关县	SM53262500001	马关贵达矿业有限公司	重金属企业	国控		
617	文山壮族苗族自治州	马关县	SM53262500002	马关恒源矿业有限公司	重金属企业	国控		
618	文山壮族苗族自治州	马关县	SM53262500003	云南中金共和资源有限公司马关分公司	重金属企业	国控		
619	文山壮族苗族自治州	马关县	SM53262500004	马关华晟矿业有限公司	重金属企业	国控		
620	文山壮族苗族自治州	马关县	SM53262500005	马关林志选矿厂	重金属企业	国控		
621	文山壮族苗族自治州	马关县	SM53262500006	马关鹏程矿业有限公司	重金属企业	国控		
622	文山壮族苗族自治州	马关县	SM53262500007	马关文良矿业有限公司尾矿库排放口	重金属企业	国控		
623	文山壮族苗族自治州	马关县	SM53262500008	马关县福丰选厂尾矿库排放口	重金属企业	国控		

序号	州（市）名称	县（市、区）名称	污染源代码	污染源（企业）名称	污染源类型	污染源性质	排放去向	监测项目
624	文山壮族苗族自治州	马关县	SM53262500009	马关县广元选冶厂	重金属企业	国控		
625	文山壮族苗族自治州	马关县	SM53262500010	马关县汇源矿业有限责任公司	重金属企业	国控		
626	文山壮族苗族自治州	马关县	SM53262500011	马关县江湖选厂	重金属企业	国控		
627	文山壮族苗族自治州	马关县	SM53262500012	马关县锦兴选矿厂	重金属企业	国控		
628	文山壮族苗族自治州	马关县	SM53262500013	马关县南捞鸿盛选矿厂	重金属企业	国控		
629	文山壮族苗族自治州	马关县	SM53262500014	马关县三利矿业开发有限公司	重金属企业	国控		
630	文山壮族苗族自治州	马关县	SM53262500015	马关县天鹏矿业有限责任公司	重金属企业	国控		
631	文山壮族苗族自治州	马关县	SM53262500016	马关县五口洞采选厂一分厂循环沉淀池出口	重金属企业			
632	文山壮族苗族自治州	马关县	SM53262500017	马关玉兔矿业有限公司	重金属企业	国控		
633	文山壮族苗族自治州	马关县	SM53262500018	马关云铜锌业有限公司（马关通市锌铟冶炼有限公司）硫酸车间废水处理站总排放口	重金属企业	国控		
634	文山壮族苗族自治州	马关县	SM53262500019	云南云铜马关有色金属有限责任公司尾矿库排放口	重金属企业	国控		
635	文山壮族苗族自治州	马关县	SM53262500020	云南马关富海铜业有限公司	重金属企业			
636	文山壮族苗族自治州	马关县	SM53262500021	云南省马关县兴源矿业有限责任公司	重金属企业	国控		
637	文山壮族苗族自治州	马关县	SM53262500022	马关明立贸易有限责任公司尾矿库排放口	重金属企业	国控		

序号	州（市）名称	县（市、区）名称	污染源代码	污染源（企业）名称	污染源类型	污染源性质	排放去向	监测项目
638	文山壮族苗族自治州	马关县	SW53262500001	云南华联锌铟股份有限公司铜街大沟尾矿库排放口	废水	国控		
639	文山壮族苗族自治州	马关县	SW53262500002	云南华联锌铟股份有限公司万龙山尾矿库排放口	废水	国控		
640	文山壮族苗族自治州	丘北县	SW53262600001	丘北县污水处理厂排放口	废水	国控	北门河	流量、pH、COD_{Cr}、$NH_3\text{-}N$、TP、TN、阴离子表面活性剂、总汞、总镉、总砷、总铅、总铬
641	文山壮族苗族自治州	广南县	FW53262700001	广南县自来水公司	污水处理厂	国控	西洋江	pH、COD、SS、生化需氧量、氨氮、总氮、总磷、石油类、阴离子表面活性剂、色度、六价铬、总铬、粪大肠菌群、铅、镉、砷、汞、动物油
642	文山壮族苗族自治州	广南县	SA53262700001	广固水泥有限责任公司	废气		烟囱	二氧化硫
643	文山壮族苗族自治州	广南县	SW53262700001	广南县那榔酒业有限公司	废水	国控	西洋江	
644	文山壮族苗族自治州	广南县	SW53262700002	广南冠桂糖业有限公司	废水	国控	驮娘江	pH、COD、SS、生化需氧量、氨氮、总氮、总磷、单位产品基准水量
645	文山壮族苗族自治州	富宁县	FW53262800001	富宁县污水处理厂污水排放口	污水处理厂	国控	普厅河	COD、BOD_5、悬浮物、动植物油、石油类、阴离子表面活性剂、总氮、氨氮、总磷、色度、pH、汞、镉、六价铬、砷、铅
646	文山壮族苗族自治州	富宁县	SW53262800001	富宁永鑫糖业有限责任公司废水排放口	废水	省控	普厅河	pH、悬浮物、BOD、COD_{Cr}、氨氮、总磷、总氮
647	西双版纳傣族自治州	景洪市	SW53280100001	景洪市给排水有限责任公司出水口	废水	国控	澜沧江	流量、pH、COD_{Cr}、$NH_3\text{-}N$、TP、TN、阴离子表面活性剂、总汞、总镉、总砷、总铅、总铬
648	西双版纳傣族自治州	景洪市	SW53280100002	西双版纳金星啤酒有限公司总排口	废水	国控	流沙河	pH、SS、$NH_3\text{-}N$、COD_{Cr}、BOD_5、TP

序号	州（市）名称	县（市、区）名称	污染源代码	污染源（企业）名称	污染源类型	污染源性质	排放去向	监测项目
649	西双版纳傣族自治州	勐海县	SW53282200001	汉麻产业投资控股有限公司排放口	废水	国控	流沙河	pH、色度、SS、氨氮、化学需氧量
650	西双版纳傣族自治州	勐海县	SW53282200002	勐海县华冠酒精有限责任公司排放口	废水	国控	流沙河	pH、色度、SS、氨氮、化学需氧量、生化需氧量、总氮、总氰化物
651	西双版纳傣族自治州	勐海县	SW53282200003	云南省黎明农工商联合公司糖厂排放口	废水	国控	南哈河	pH、SS、化学需氧量、生化需氧量、总磷、总氮
652	西双版纳傣族自治州	勐海县	SW53282200004	打洛胶厂排放口	废水	省控	南览河	pH、悬浮物、氨氮、化学需氧量
653	西双版纳傣族自治州	勐海县	SW53282200005	西双版纳景阳橡胶有限责任公司黎明第一制胶厂排放口	废水	国控	南览河	pH、SS、氨氮、化学需氧量
654	西双版纳傣族自治州	勐海县	SW53282200006	云南西双版纳英茂糖业有限公司景真糖厂排放口	废水	国控	南哈河	pH、SS、氨氮、化学需氧量、生化需氧量、总磷、总氮
655	西双版纳傣族自治州	勐海县	SW53282200007	云南西双版纳英茂糖业有限公司勐阿糖厂排放口	废水	国控	南果河	pH、SS、化学需氧量、生化需氧量、总磷、总氮
656	西双版纳傣族自治州	勐腊县	SW53282300001	勐腊田房制胶有限责任公司总排放口	废水	国控	南满河	
657	西双版纳傣族自治州	勐腊县	SW53282300002	勐腊县关累制胶厂总排放口	废水	国控	南腊河	
658	西双版纳傣族自治州	勐腊县	SW53282300003	勐腊县曼庄橡胶有限公司总排放口	废水	国控	南腊河	
659	西双版纳傣族自治州	勐腊县	SW53282300004	勐腊县勐远制胶厂总排放口	废水	国控	南远河	
660	西双版纳傣族自治州	勐腊县	SW53282300005	勐腊县热源制胶有限公司总排放口	废水	国控	南腊河	
661	西双版纳傣族自治州	勐腊县	SW53282300006	勐腊县天邦制胶有限责任公司总排放口	废水	国控	南腊河	
662	西双版纳傣族自治州	勐腊县	SW53282300007	西双版纳宏大胶业有限公司总排放口	废水	国控	南腊河	
663	西双版纳傣族自治州	勐腊县	SW53282300008	西双版纳中化橡胶有限公司勐润分公司总排放口	废水	国控	南润河	

序号	州（市）名称	县（市、区）名称	污染源代码	污染源（企业）名称	污染源类型	污染源性质	排放去向	监测项目
664	西双版纳傣族自治州	勐腊县	SW53282300009	云南中云勐腊糖业有限公司总排放口	废水	国控	南腊河	
665	西双版纳傣族自治州	勐腊县	SW53282300010	达维天然橡胶（云南）有限公司总排放口	废水	国控	南腊河	
666	西双版纳傣族自治州	勐腊县	SW53282300011	勐腊县勐捧糖业有限责任公司总排放口	废水	国控	南腊河	
667	西双版纳傣族自治州	勐腊县	SW53282300012	西双版纳景阳橡胶有限责任公司勐满第一制胶厂总排放口	废水	国控	南满河	
668	西双版纳傣族自治州	勐腊县	SW53282300013	西双版纳景阳橡胶有限责任公司勐醒第一制胶厂总排放口	废水	国控	南腊河	
669	西双版纳傣族自治州	勐腊县	SW53282300014	西双版纳景阳橡胶有限责任公司勐捧第一制胶厂总排放口	废水	国控	南远河	
670	西双版纳傣族自治州	勐腊县	SW53282300015	西双版纳景阳橡胶有限责任公司勐满第二制胶厂总排放口	废水	国控	南润河	
671	西双版纳傣族自治州	勐腊县	SW53282300016	西双版纳景阳橡胶有限责任公司勐满第三制胶厂总排放口	废水	国控	南满河	
672	西双版纳傣族自治州	勐腊县	SW53282300017	西双版纳景阳橡胶有限责任公司勐腊制胶厂总排放口	废水	国控	南腊河	
673	西双版纳傣族自治州	勐腊县	SW53282300018	西双版纳景阳橡胶有限责任公司勐醒第二制胶厂总排放口	废水	国控	勐醒河	
674	西双版纳傣族自治州	勐腊县	SW53282300019	西双版纳景阳橡胶有限责任公司勐醒第三制胶厂总排放口	废水	国控	补远江	
675	西双版纳傣族自治州	勐腊县	SW53282300021	西双版纳景阳橡胶有限责任公司勐捧第二制胶厂总排放口	废水	国控	南腊河	
676	西双版纳傣族自治州	勐腊县	SW53282300022	西双版纳景阳橡胶有限责任公司勐捧第三制胶厂总排放口	废水	国控	南腊河	
677	大理白族自治州	大理市	SA53290100001	云南红塔滇西水泥股份有限公司1#窑尾	废气	国控	大气	流量、二氧化硫、氮氧化物、粉尘
678	大理白族自治州	大理市	SA53290100002	云南红塔滇西水泥股份有限公司2#窑尾	废气	国控	大气	流量、二氧化硫、氮氧化物、粉尘

序号	州（市）名称	县（市、区）名称	污染源代码	污染源（企业）名称	污染源类型	污染源性质	排放去向	监测项目
679	大理白族自治州	大理市	SA53290100003	云南红塔滇西水泥股份有限公司3#窑尾	废气	国控	大气	流量、二氧化硫、氮氧化物、粉尘
680	大理白族自治州	大理市	SA53290100004	云南红塔滇西水泥股份有限公司4#窑尾	废气	国控	大气	流量、二氧化硫、氮氧化物、粉尘
681	大理白族自治州	大理市	SW53290100001	大理水务产业投资有限公司污水处理设施出口	废水	国控	西洱河	流量、pH、COD_{Cr}、NH_3-N、TP、TN、阴离子表面活性剂、总汞、总镉、总砷、总铅、总铬
682	大理白族自治州	漾濞彝族自治县	SA53292200001	大理大钢钢铁有限公司废气排放口	废气	国控	大气	颗粒物、SO_2、NO_x
683	大理白族自治州	漾濞彝族自治县	SA53292200002	漾濞县跃进化工有限责任公司废气排放口	废气	州控	大气	二氧化硫、硫酸雾
684	大理白族自治州	漾濞彝族自治县	SW53292200001	漾濞县污水处理厂排水口	废水		黑惠江	流量、pH、COD_{Cr}、NH_3-N、TP、TN、阴离子表面活性剂、总汞、总镉、总砷、总铅、总铬
685	大理白族自治州	祥云县	SA53292300001	云南中天锑业有限责任公司脱硫系统烟囱	废气	国控	大气	铅及其化合物、汞及其化合物、镉及其化合物、颗粒物、二氧化硫
686	大理白族自治州	祥云县	SA53292300002	云南祥云飞龙再生科技股份有限公司硫酸厂总排口	废气	国控	大气	颗粒物、SO_2、NO_x、硫酸雾
687	大理白族自治州	祥云县	SA53292300003	云南祥云飞龙再生科技股份有限公司浸出渣无害化处理厂尾气排放口	废气	国控	大气	二氧化硫、氮氧化物、颗粒物、铅及其化合物、砷、镉及其化合物
688	大理白族自治州	祥云县	SA53292300004	祥云县建材（集团）有限责任公司窑尾排放口	废气	县控	大气	颗粒物、SO_2、NO_x
689	大理白族自治州	祥云县	SW53292300001	云南龙云大有实业有限公司总排口	废水	国控	污水处理厂	COD、氨氮、BOD生化需氧量、pH
690	大理白族自治州	祥云县	SW53292300002	祥云县供排水公司污水处理厂总排口	废水	国控	经排放口直接进入河道，最终流入青海湖	流量、pH、COD_{Cr}、NH_3-N、TP、TN、阴离子表面活性剂、总汞、总镉、总砷、总铅、总铬
691	大理白族自治州	宾川县	SA53292400001	昆钢金鑫建材有限公司窑尾	废气	省控	大气	颗粒物、SO_2、NO_x
692	大理白族自治州	宾川县	SW53292400001	宾川县污水处理厂排放口	废水	国控	宾川县桑园河	流量、pH、COD_{Cr}、NH_3-N、TP、TN、阴离子表面活性剂、总汞、总镉、总砷、总铅、总铬

序号	州（市）名称	县（市、区）名称	污染源代码	污染源（企业）名称	污染源类型	污染源性质	排放去向	监测项目
693	大理白族自治州	弥渡县	SA53292500001	华润水泥（弥渡）有限公司一线窑尾排放口	废气	县控	大气	颗粒物、SO_2、NO_x
694	大理白族自治州	弥渡县	SA53292500002	华润水泥（弥渡）有限公司二线窑尾排放口	废气	县控	大气	颗粒物、SO_2、NO_x
695	大理白族自治州	弥渡县	SW53292500001	弥渡县污水处理厂总排口	废水	国控	毗雄河	流量、pH、COD_{Cr}、$NH_3\text{-}N$、TP、TN、阴离子表面活性剂、总汞、总镉、总砷、总铅、总铬
696	大理白族自治州	南涧彝族自治县	SW53292600001	南涧县污水处理厂排放口	废水	国控	南涧河	流量、pH、COD_{Cr}、$NH_3\text{-}N$、TP、TN、阴离子表面活性剂、总汞、总镉、总砷、总铅、总铬
697	大理白族自治州	巍山彝族回族自治县	SA53292700001	巍山永生玻璃制品有限公司1#烟囱排放口	废气	县控	外环境	颗粒物、SO_2、NO_x、氟化物
698	大理白族自治州	巍山彝族回族自治县	SA53292700002	巍山永生玻璃制品有限公司2#烟囱排放口	废气	县控	外环境	颗粒物、SO_2、NO_x、氟化物
699	大理白族自治州	巍山彝族回族自治县	SA53292700003	巍山永生玻璃制品有限公司3#烟囱排放口	废气	县控	外环境	颗粒物、SO_2、NO_x、氟化物
700	大理白族自治州	巍山彝族回族自治县	SW53292700001	巍山县生活污水处理厂出水口	废水	州控	西河	流量、pH、COD_{Cr}、$NH_3\text{-}N$、TP、TN、阴离子表面活性剂、总汞、总镉、总砷、总铅、总铬
701	大理白族自治州	永平县	SA53292800001	永平无量山水泥有限责任公司窑尾废气排放口	废气	县控	大气	颗粒物、SO_2、NO_x
702	大理白族自治州	永平县	SW53292800001	永平县污水处理厂排水口	废水			流量、pH、COD_{Cr}、$NH_3\text{-}N$、TP、TN、阴离子表面活性剂、总汞、总镉、总砷、总铅、总铬
703	大理白族自治州	永平县	SW53292800002	云南省永平矿业有限责任公司选矿废水排放口	废水	县控		pH、COD_{Cr}、总汞、总镉、总砷、总铅
704	大理白族自治州	云龙县	SA53292900001	云南三江水泥厂三江水泥厂废气排放口	废气	县控	大气	二氧化硫、二氧化氮、粉尘
705	大理白族自治州	云龙县	SA53292900002	云龙县银铜矿无组织排放废气监控点	废气		大气	TSP、硫酸雾

序号	州（市）名称	县（市、区）名称	污染源代码	污染源（企业）名称	污染源类型	污染源性质	排放去向	监测项目
706	大理白族自治州	云龙县	SW53292900001	云龙县污水处理厂排水口	废水		沘江流域	pH、COD$_{Cr}$、NH$_3$-N
707	大理白族自治州	洱源县	SA53293000001	新希望云南邓川蝶泉乳业有限公司（新厂）废气排口	废气	县控	烟囱	颗粒物、SO$_2$、NO$_x$
708	大理白族自治州	洱源县	SW53293000001	洱源县城污水处理站废水排口	废水	县控	入湿地	COD$_{Cr}$、NH$_3$-N
709	大理白族自治州	剑川县	SA53293100001	大理银河乳业有限责任公司	废气		大气	烟（粉）尘、SO$_2$、NO$_x$
710	大理白族自治州	剑川县	SA53293100002	剑川益云有色金属有限公司	废气		大气	烟（粉）尘、SO$_2$、NO$_x$
711	大理白族自治州	剑川县	SA53293100003	剑川有色金属冶炼厂	废气		大气	烟（粉）尘、SO$_2$、NO$_x$
712	大理白族自治州	剑川县	SA53293100004	拉法基瑞安（剑川）水泥有限公司	废气		大气	烟（粉）尘、SO$_2$、NO$_x$
713	大理白族自治州	鹤庆县	SA53293200001	华润水泥（鹤庆）有限公司 1$^{\#}$窑尾	废气	州控	大气	颗粒物、SO$_2$、NO$_x$
714	大理白族自治州	鹤庆县	SA53293200002	华润水泥（鹤庆）有限公司 2$^{\#}$窑尾	废气	州控	大气	颗粒物、SO$_2$、NO$_x$
715	大理白族自治州	鹤庆县	SW53293200001	鹤庆县水务产业投资有限公司总排口	废水	国控	海尾河	流量、pH、COD$_{Cr}$、NH$_3$-N、TP、TN、阴离子表面活性剂、总汞、总镉、总砷、总铅、总铬
716	德宏傣族景颇族自治州	瑞丽市	SW53310200001	瑞丽市第一污水处理厂总排口	废水	国控	瑞丽江	流量、pH、COD$_{Cr}$、NH$_3$-N、TP、TN、阴离子表面活性剂、总汞、总镉、总砷、总铅、总铬
717	德宏傣族景颇族自治州	瑞丽市	SW53310200002	瑞丽市第二污水处理厂总排口	废水	国控	瑞丽江	流量、pH、COD$_{Cr}$、NH$_3$-N、TP、TN、阴离子表面活性剂、总汞、总镉、总砷、总铅、总铬
718	德宏傣族景颇族自治州	芒市	SA53310300001	德宏奥环水泥有限公司窑尾	废气		大气	颗粒物、SO$_2$、NO$_x$
719	德宏傣族景颇族自治州	芒市	SA53310300002	云南芒市西南水泥有限公司窑尾	废气		大气	颗粒物、SO$_2$、NO$_x$
720	德宏傣族景颇族自治州	芒市	SW53310300001	云南德宏英茂糖业有限公司龙江糖厂废水总排口	废水	国控	龙川江	pH、COD$_{Cr}$、NH$_3$-N

序号	州（市）名称	县（市、区）名称	污染源代码	污染源（企业）名称	污染源类型	污染源性质	排放去向	监测项目
721	德宏傣族景颇族自治州	芒市	SW53310300002	云南德宏英茂糖业有限公司轩岗糖厂废水总排口	废水	国控	芒市大河	pH、COD$_{Cr}$、NH$_3$-N
722	德宏傣族景颇族自治州	芒市	SW53310300003	云南德宏力量制品有限公司芒市糖厂废水总排口	废水	国控	芒市大河	pH、COD$_{Cr}$、NH$_3$-N
723	德宏傣族景颇族自治州	芒市	SW53310300004	云南德宏力量制品有限公司遮放糖厂废水总排口	废水	国控	芒市大河	pH、COD$_{Cr}$、NH$_3$-N
724	德宏傣族景颇族自治州	芒市	SW53310300005	芒市康丰糖业有限责任公司废水总排口	废水	国控	晒干河	pH、COD$_{Cr}$、NH$_3$-N
725	德宏傣族景颇族自治州	芒市	SW53310300006	芒市城市污水处理厂废水总排口	废水	国控	芒市大河	流量、pH、COD$_{Cr}$、NH$_3$-N、TP、TN、阴离子表面活性剂、总汞、总镉、总砷、总铅、总铬
726	德宏傣族景颇族自治州	梁河县	SW53312200001	德宏州梁河县力量生物制品公司勐养糖厂废水总排口 WS-60003	废水	国控	瑞丽江	pH、COD$_{Cr}$、NH$_3$-N
727	德宏傣族景颇族自治州	梁河县	SW53312200002	德宏州梁河县力量生物制品公司芒东糖厂废水总排口 WS-60002	废水	国控	瑞丽江	pH、COD$_{Cr}$、NH$_3$-N
728	德宏傣族景颇族自治州	梁河县	SW53312200003	德宏州梁河县力量生物制品公司梁河糖厂废水总排口 WS-60001	废水	国控	大盈江	pH、COD$_{Cr}$、NH$_3$-N
729	德宏傣族景颇族自治州	梁河县	SW53312200004	梁河县污水处理厂废水总排口	废水	省控	大盈江	流量、pH、COD$_{Cr}$、NH$_3$-N、TP、TN、阴离子表面活性剂、总汞、总镉、总砷、总铅、总铬
730	德宏傣族景颇族自治州	盈江县	SA53312300001	盈江县允罕水泥有限责任公司窑尾	废气		大气	颗粒物、SO$_2$、NO$_x$
731	德宏傣族景颇族自治州	盈江县	SA53312300002	盈江昆钢榕全水泥有限公司窑尾	废气		大气	颗粒物、SO$_2$、NO$_x$
732	德宏傣族景颇族自治州	盈江县	SW53312300001	云南德宏英茂糖业有限公司弄璋糖厂污水排放口	废水	国控	大盈江	pH、COD$_{Cr}$、NH$_3$-N
733	德宏傣族景颇族自治州	盈江县	SW53312300002	盈江县盏西英茂糖业有限公司污水排放口	废水	国控	槟榔江	pH、COD$_{Cr}$、NH$_3$-N

序号	州（市）名称	县（市、区）名称	污染源代码	污染源（企业）名称	污染源类型	污染源性质	排放去向	监测项目
734	德宏傣族景颇族自治州	盈江县	SW53312300003	盈江水务产业投资有限公司（污水处理厂）总排口	废水		盏达河	流量、COD$_{Cr}$、NH$_3$-N
735	德宏傣族景颇族自治州	陇川县	SW53312400001	云南德宏英茂糖业有限公司景罕糖厂废水总排口 WS-70001	废水	国控	南宛河	pH、COD$_{Cr}$、NH$_3$-N
736	德宏傣族景颇族自治州	陇川县	SW53312400002	云南省陇川糖厂废水总排口 WS-70002	废水	国控	南宛河	pH、COD$_{Cr}$、NH$_3$-N
737	德宏傣族景颇族自治州	陇川县	SW53312400003	陇川水务产业有限公司废水总排口	废水	省控	南宛河	流量、pH、COD$_{Cr}$、NH$_3$-N、TP、TN、阴离子表面活性剂、总汞、总镉、总砷、总铅、总铬
738	德宏傣族景颇族自治州	陇川县	SW53312400004	安琪酵母（德宏）有限公司废水总排口 WS-70009	废水	国控	南宛河	按国家重点监控企业污染源监督性监测要求执行
739	怒江傈僳族自治州	泸水县	SW53332100001	怒江江钨浩源矿业有限公司	废水		老窝河	
740	怒江傈僳族自治州	兰坪白族普米族自治县	SA53332500001	云南金鼎锌业有限公司二冶炼厂锅炉系统烟囱（出口）	废气	国控	大气	
741	怒江傈僳族自治州	兰坪白族普米族自治县	SA53332500002	云南金鼎锌业有限公司二冶炼厂熔铸车间（出口）	废气	国控	大气	
742	怒江傈僳族自治州	兰坪白族普米族自治县	SA53332500003	云南金鼎锌业有限公司二冶炼厂净化车间	废气	国控	大气	
743	怒江傈僳族自治州	兰坪白族普米族自治县	SA53332500004	云南金鼎锌业有限公司二冶炼厂浸出车间出口	废气	国控	大气	
744	怒江傈僳族自治州	兰坪白族普米族自治县	SM53332500001	河西三元有色金属采选厂	重金属企业	国控		
745	怒江傈僳族自治州	兰坪白族普米族自治县	SM53332500002	兰坪吉龙选矿厂	重金属企业	国控		
746	怒江傈僳族自治州	兰坪白族普米族自治县	SM53332500003	兰坪江盛选厂	重金属企业	国控		
747	怒江傈僳族自治州	兰坪白族普米族自治县	SM53332500004	兰坪金利达矿业有限责任公司	重金属企业	国控		

序号	州（市）名称	县（市、区）名称	污染源代码	污染源（企业）名称	污染源类型	污染源性质	排放去向	监测项目
748	怒江傈僳族自治州	兰坪白族普米族自治县	SM53332500005	兰坪康德有色金属冶炼有限公司	重金属企业	国控		
749	怒江傈僳族自治州	兰坪白族普米族自治县	SM53332500006	兰坪民生矿业有限公司	重金属企业	国控		
750	怒江傈僳族自治州	兰坪白族普米族自治县	SM53332500007	云南金鼎锌业有限公司三选厂	重金属企业	国控		
751	怒江傈僳族自治州	兰坪白族普米族自治县	SM53332500008	兰坪县春佳有色金属浮选厂	重金属企业	国控		
752	怒江傈僳族自治州	兰坪白族普米族自治县	SM53332500009	兰坪县恒信矿山有限公司尾矿库排放口	重金属企业	国控		
753	怒江傈僳族自治州	兰坪白族普米族自治县	SM53332500010	兰坪县恒源矿业有限公司	重金属企业	国控		
754	怒江傈僳族自治州	兰坪白族普米族自治县	SM53332500011	云南金鼎锌业有限公司四选厂	重金属企业	国控		
755	怒江傈僳族自治州	兰坪白族普米族自治县	SM53332500012	兰坪县金湘有色金属选冶厂	重金属企业	国控		
756	怒江傈僳族自治州	兰坪白族普米族自治县	SM53332500013	兰坪县康华电解锌厂（电解车间）	重金属企业			
757	怒江傈僳族自治州	兰坪白族普米族自治县	SM53332500014	兰坪县矿产三废回收厂	重金属企业			
758	怒江傈僳族自治州	兰坪白族普米族自治县	SM53332500015	云南金鼎锌业有限公司硫酸厂尾气1#	重金属企业	国控		
759	怒江傈僳族自治州	兰坪白族普米族自治县	SM53332500016	云南金鼎锌业有限公司硫酸厂尾气	重金属企业	国控		
760	怒江傈僳族自治州	兰坪白族普米族自治县	SM53332500017	云南金鼎锌业有限公司硫酸厂锌精矿回转干燥机	重金属企业	国控		
761	怒江傈僳族自治州	兰坪白族普米族自治县	SM53332500018	兰坪县民通矿业有限责任公司民通尾矿库出口	重金属企业	国控		
762	怒江傈僳族自治州	兰坪白族普米族自治县	SM53332500019	兰坪县兔峨综合铜选厂	重金属企业			

序号	州（市）名称	县（市、区）名称	污染源代码	污染源（企业）名称	污染源类型	污染源性质	排放去向	监测项目
763	怒江傈僳族自治州	兰坪白族普米族自治县	SM53332500020	兰坪县兴兰选厂	重金属企业	国控		
764	怒江傈僳族自治州	兰坪白族普米族自治县	SM53332500021	兰坪县益云有色金属有限公司金甸选厂	重金属企业	国控		
765	怒江傈僳族自治州	兰坪白族普米族自治县	SM53332500022	兰坪县永泰冶炼有限责任公司	重金属企业			
766	怒江傈僳族自治州	兰坪白族普米族自治县	SM53332500023	兰坪县远鑫铅锌选矿厂	重金属企业	国控		
767	怒江傈僳族自治州	兰坪白族普米族自治县	SM53332500024	兰坪益云有色金属有限公司	重金属企业	国控		
768	怒江傈僳族自治州	兰坪白族普米族自治县	SM53332500025	兰坪勇胜矿业有限公司	重金属企业			
769	怒江傈僳族自治州	兰坪白族普米族自治县	SM53332500026	兰坪正盛有色金属选厂	重金属企业	国控		
770	怒江傈僳族自治州	兰坪白族普米族自治县	SM53332500027	云南金鼎锌业有限公司一选厂	重金属企业	国控		
771	怒江傈僳族自治州	兰坪白族普米族自治县	SM53332500028	云南金鼎锌业有限公司一冶炼厂热供车间锅炉烟囱2号（出口）	重金属企业	国控		
772	怒江傈僳族自治州	兰坪白族普米族自治县	SM53332500029	云南金鼎锌业有限公司一冶炼厂10t锅炉烟囱（出口）	重金属企业	国控		
773	怒江傈僳族自治州	兰坪白族普米族自治县	SM53332500030	云南金鼎锌业有限公司一冶炼厂动力车间锅炉烟囱3号（出口）	重金属企业	国控		
774	怒江傈僳族自治州	兰坪白族普米族自治县	SM53332500031	云南金鼎锌业有限公司一冶炼厂净化车间出口	重金属企业	国控		
775	怒江傈僳族自治州	兰坪白族普米族自治县	SM53332500032	云南金鼎锌业有限公司一冶炼厂浸出车间出口	重金属企业	国控		
776	怒江傈僳族自治州	兰坪白族普米族自治县	SM53332500033	云南金鼎锌业有限公司一冶炼厂熔铸烟囱出口	重金属企业	国控		
777	怒江傈僳族自治州	兰坪白族普米族自治县	SM53332500034	云南金鼎锌业有限公司二选厂	重金属企业	国控		

序号	州（市）名称	县（市、区）名称	污染源代码	污染源（企业）名称	污染源类型	污染源性质	排放去向	监测项目
778	怒江傈僳族自治州	兰坪白族普米族自治县	SM53332500035	云南金鼎锌业有限公司二冶炼厂	重金属企业	国控		
779	怒江傈僳族自治州	兰坪白族普米族自治县	SW53332500001	云南金鼎锌业有限公司哨上尾矿综合处理站出口	废水	国控	沘江	
780	迪庆藏族自治州	香格里拉县	FW53342100001	香格里拉县供排水公司污水处理厂出口	污水处理厂	国控	纳帕海	悬浮物、pH、总磷、化学需氧量、氨氮
781	迪庆藏族自治州	香格里拉县	SW53342100001	香格里拉县雪鸡坪铜矿总排污口	废水	国控	格咱河	铅、铜、化学需氧量、总铬、悬浮物、镉、汞、锌、六价铬
782	迪庆藏族自治州	香格里拉县	SW53342100002	香格里拉县洪鑫矿业有限责任公司	废水			
783	迪庆藏族自治州	香格里拉县	SW53342100003	香格里拉县神川矿业开发有限责任公司总排污口	废水	国控	格咱河	铅、铜、化学需氧量、总铬、悬浮物、镉、汞、锌、六价铬
784	迪庆藏族自治州	德钦县	SM53342200001	云南迪庆矿业开发有限责任公司	重金属企业	国控		
785	迪庆藏族自治州	德钦县	SW53342200001	德钦三明鑫疆矿业有限公司	废水			
786	迪庆藏族自治州	维西傈僳族自治县	FW53342300001	维西县污水处理厂	污水处理厂	国控	永春河	COD、氨氮

3　环境状况指标监测方案

3.1 监测项目

地表水监测项目：《地表水环境质量标准》（GB 3838—2002）表 1 中总氮除外的 23 项指标，以及流量、电导率。

集中式饮用水水源地监测项目：分为常规监测和全指标分析两类。其中，地表水饮用水水源地的常规监测项目为《地表水环境质量标准》（GB 3838—2002）表 1 的基本项目（23项，化学需氧量除外，河流总氮除外）、表 2 的补充项目（5 项）和表 3 的优选特定项目（33项，详见表 3-2-3-2），共 61 项，并统计当月各水源地的总取水量。湖库型饮用水水源地增测叶绿素 a 和透明度指标；全指标分析为《地表水环境质量标准》（GB 3838—2002）中的109 项。地下水饮用水水源地的常规监测项目为《地下水质量标准》（GB/T 14848—1993）中 23 项（详见表 3-2-3-1），并统计当月各水源地的总取水量；全指标分析为《地下水质量标准》（GB/T 14848—1993）中的 39 项。

表 3-2-3-1　地下水饮用水水源地常规监测项目

序号	监测项目	序号	监测项目	序号	监测项目
1	pH	9	挥发酚	17	汞
2	总硬度	10	阴离子表面活性剂	18	砷
3	硫酸盐	11	高锰酸盐指数	19	硒
4	氯化物	12	硝酸盐	20	镉
5	铁	13	亚硝酸盐	21	六价铬
6	锰	14	氨氮	22	铅
7	铜	15	氟化物	23	总大肠菌群
8	锌	16	氰化物		

环境空气质量监测项目：按照《环境空气质量标准》（GB 3095—2012），开展二氧化硫（SO_2）、二氧化氮（NO_2）、颗粒物（PM_{10}、$PM_{2.5}$）、一氧化碳（CO）、臭氧（O_3）监测。其中，手工监测开展二氧化硫（SO_2）、二氧化氮（NO_2）、颗粒物（PM_{10}）监测。对于尚未建立空气自动站的县域，原则上要求自 2017 年 1 月 1 日起按照全指标进行监测和评价。

重点污染源监测项目：根据污染源类型执行相关的行业标准、综合排放标准或监测技术规范，也可根据污染企业实际情况加测部分特征污染物。国控污染源监测项目按照国家重点监控污染源监督性监测要求执行。污水处理厂需监测《城镇污水处理厂污染物排放标准》（GB 18918-2002）表 1 及表 2 确定监测指标（烷基汞除外）。

3.2　监测频次

地表水断面监测频次：国控断面（点位）每月监测一次；省控断面（点位）单月一次，对于纳入考核的州（市）控、县控断面（点位）以及为考核工作而新设立的地表水水质断面（点位），每季度至少监测 1 次，全年至少保证监测 4 次。在监测月份的上旬（1—10 日）完成水质监测的采样。对于县域内只有季节性河流或无地表径流而无法正常采样的，须报经州（市）级环境保护主管部门审核并征得省环境保护厅同意后，可以不开展地表水水质监测。

集中式饮用水水源地常规监测频次：重点城市（16 个州市政府所在城市和安宁、宣威、个旧、开远、瑞丽 5 个县级市）集中式饮用水水源地每月监测一次，在监测月份的上旬（1—10 日）完成采样；县级城镇集中式饮用水水源地的地表水饮用水水源地每季度监测一次，在每季度第一个月的上旬（1—10 日）完成采样；地下水饮用水水源地每半年监测一次（前后两次采样至少间隔 4 个月）。集中式饮用水水源地全指标分析频次：16 个州市府所在城市集中式生活饮用水水源地每年开展一次；县级城镇集中式生活饮用水水源地每 2 年（第双数年）开展一次。

环境空气质量监测频次：采用自动监测的，每日自动连续监测，具体参照《环境空气气态污染物（SO_2、NO_2、O_3、CO）连续自动监测系统安装验收技术规范》（HJ 193—2013）和《环境空气颗粒物（PM_{10} 和 $PM_{2.5}$）连续自动监测系统安装和验收技术规范》（HJ 655—2013）要求。采用手工监测的，按照五日法开展监测，每季度至少监测 1 次，每年至少监测 4 次。

重点污染源监测频次：国控重点污染源按照有关要求开展监测（国控重点污染源名单根据每年环保部发布的名单适时更新），其余纳入考核的重点污染源每季度监测 1 次，每年监测 4 次。对于季节性生产企业，在生产季节监测 4 次。

3.3 饮用水常规监测特定项目参考分析方法

以下分析方法针对地表水饮用水水源地的常规监测项目《地表水环境质量标准》（GB 3838—2002）表 3 中 33 个优选特定项目的监测，仅供参考，具体分析方法可根据各站现有的仪器条件来优化。

表 3-2-3-2 饮用水常规监测 33 个特项及参考分析方法

序号	监测项目	拟用监测分析方法/仪器	方法来源
1	三氯甲烷	HS-GC-MS 法	HJ 620—2011
		P&T-GC-MS 法	GB/T 5750.8—2006（附录 A）
			《水和废水监测分析方法（第四版 增补版）》
2	四氯化碳	HS-GC-MS 法	HJ 620—2011
		P&T-GC-MS 法	GB/T 5750.8—2006（附录 A）
			《水和废水监测分析方法（第四版 增补版）》
3	三氯乙烯	HS-GC-MS 法	HJ 620—2011
		P&T-GC-MS 法	GB/T 5750.8—2006（附录 A）
			《水和废水监测分析方法（第四版 增补版）》
4	四氯乙烯	HS-GC-MS 法	HJ 620—2011
		P&T-GC-MS 法	GB/T 5750.8—2006（附录 A）
			《水和废水监测分析方法（第四版 增补版）》
5	甲醛	乙酰丙酮分光光度法	HJ 601—2011
6	苯	P&T-GC-MS 法	GB/T 5750.8—2006（附录 A）
			《水和废水监测分析方法（第四版 增补版）》
7	甲苯	P&T-GC-MS 法	GB/T 5750.8—2006（附录 A）
			《水和废水监测分析方法（第四版 增补版）》
8	乙苯	P&T-GC-MS 法	GB/T 5750.8—2006（附录 A）
			《水和废水监测分析方法（第四版 增补版）》
9	二甲苯	P&T-GC-MS 法	GB/T 5750.8—2006（附录 A）
			《水和废水监测分析方法（第四版 增补版）》
10	苯乙烯	P&T-GC-MS 法	GB/T 5750.8—2006（附录 A）
			《水和废水监测分析方法（第四版 增补版）》
11	异丙苯	P&T-GC-MS 法	GB/T 5750.8—2006（附录 A）
			《水和废水监测分析方法（第四版 增补版）》
12	氯苯	GC-ECD 法	HJ 621—2011
		P&T-GC-MS 法	GB/T 5750.8—2006（附录 A）
			《水和废水监测分析方法（第四版 增补版）》
13	1,2-二氯苯	GC-ECD 法	HJ 621—2011
		P&T-GC-MS 法	GB/T 5750.8—2006（附录 A）
			《水和废水监测分析方法（第四版 增补版）》

序号	监测项目	拟用监测分析方法/仪器	方法来源
14	1,4-二氯苯	GC-ECD 法	HJ 621—2011
		P&T-GC-MS 法	GB/T 5750.8—2006（附录 A）
			《水和废水监测分析方法（第四版 增补版)》
15	三氯苯	P&T-GC-MS 法	GB/T 5750.8—2006（附录 A）
		GC-ECD 法	HJ 621—2011
16	硝基苯	GC-ECD 法	GB 13194—91
		GC-MS 法	《水和废水监测分析方法（第四版 增补版)》
17	二硝基苯	GC-ECD 法	GB/T 5750.8—2006（31.1）
			《水和废水监测分析方法（第四版 增补版)》
18	硝基氯苯	GC-ECD 法	GB 13194-91
			GB/T 5750.8—2006（31.1）
		GC-MS 法	《水和废水监测分析方法（第四版 增补版)》
19	邻苯二甲酸二丁酯	GC-MS 法、HPLC 法	HJ/T 72—2001、《水和废水监测分析方法（第四版 增补版)》
		HPLC 法、GC-MS 法	HJ/T 72—2001、《水和废水监测分析方法（第四版 增补版)》
20	邻苯二甲酸二（2-乙基）己基酯	GC-MS 法	《水和废水监测分析方法（第四版 增补版)》
		HPLC 法	HJ/T 72—2001
		GC-FID 法	GB/T 5750.8—2006（12.1）
21	滴滴涕	GC-MS 法	GB/T 5750.8—2006（附录 B）
		GC-ECD 法	《水和废水监测分析方法（第四版 增补版)》
22	林丹	GC-MS 法	GB/T 5750.8—2006（附录 B）
		GC-ECD 法	《水和废水监测分析方法（第四版 增补版)》
23	阿特拉津	HPLC 法	HJ 587—2010
		GC-MS 法	GB/T 5750.8—2006（附录 B）
		GC-NPD 法	《水和废水监测分析方法（第四版 增补版)》
24	苯并[a]芘	HPLC 法	HJ 478—2009
25	钼	无火焰原子吸收分光光度法	GB/T 5750.6—2006（13.1）
		ICP-AES 法	GB/T 5750.6—2006（13.2）
		ICP-MS 法	GB/T 5750.6—2006（13.3）
26	钴	无火焰原子吸收分光光度法	GB/T 5750.6—2006（14.1）
		ICP-AES 法	GB/T 5750.6—2006（14.2）
		ICP-MS 法	GB/T 5750.6—2006（14.3）
27	铍	铬菁 R 分光光度法	HJ/T 58—2000
		石墨炉原子吸收分光光度法	HJ/T 59—2000
		桑色素荧光分光光度法	GB/T 5750.6—2006（20.1）
		ICP-AES 法	GB/T 5750.6—2006（20.4）
		ICP-MS 法	GB/T 5750.6—2006（20.5）
28	硼	姜黄素分光光度法	HJ/T 49—1999
		ICP-AES 法	GB/T 5750.5—2006（8.2）
		ICP-MS 法	GB/T 5750.5—2006（8.3）

序号	监测项目	拟用监测分析方法/仪器	方法来源
29	锑	氢化物原子荧光法	GB/T 5750.6—2006（19.1）或《水和废水监测分析方法（第四版 增补版）》
		氢化物原子吸收分光光度法	GB/T 5750.6—2006（19.2）
		ICP-MS 法	GB/T 5750.6—2006（19.4）
30	镍	无火焰原子吸收分光光度法	GB/T 5750.6—2006（15.1）
		ICP-MS 法	GB/T 5750.6—2006（15.3）
31	钡	石墨炉原子吸收分光光度法	HJ 602—2011 或 GB/T 5750.6—2006（16.1）
		ICP-AES 法	GB/T 5750.6—2006（16.2）或《水和废水监测分析方法（第四版 增补版）》
		ICP-MS 法	GB/T 5750.6—2006（16.3）
		铬酸盐间接分光光度法	《水和废水监测分析方法（第四版 增补版）》
		石墨炉原子吸收分光光度法	GB/T 14673—1993 或 GB/T 5750.6—2006（18.1）
		ICP-AES 法	GB/T 5750.6—2006（18.2）或《水和废水监测分析方法（第四版 增补版）》
		ICP-MS 法	GB/T 5750.6—2006（18.3）
32	钒	钽试剂（BPHA）萃取分光光度法	GB 15503—1995
		石墨炉原子吸收分光光度法	GB/T 14673—1993 或 GB/T 5750.6—2006（18.1）
		ICP-AES 法	GB/T 5750.6—2006（18.2）或《水和废水监测分析方法（第四版 增补版）》
		ICP-MS 法	GB/T 5750.6—2006（18.3）
33	铊	无火焰原子吸收分光光度法	GB/T 5750.6—2006（21.1）
		ICP-MS 法	GB/T 5750.6—2006（21.3）

4. 水质、空气质量及污染源评价方案

4.1 水质评价

（1）地表水评价标准执行《地表水环境质量标准》（GB 3838—2002）中Ⅲ类标准限值；地下水评价标准执行《地下水质量标准》（GB/T 14848—1993）中Ⅲ类标准限值。

（2）地表水断面评价项目为《地表水环境质量标准》（GB 3838—2002）表1中除水温、总氮和粪大肠菌群外的21项指标；饮用水水源地表水评价项目为《地表水环境质量标准》（GB 3838—2002）表1的23个项目（化学需氧量除外，河流总氮除外）、表2的5个补充项目和表3的33个优选特定项目（表3-2-3-2）；饮用水水源地下水评价项目为《地下水质量标准》（GB/T 14848—1993）中23项（表3-2-3-1）。

（3）评价方法：断面水质类别评价采用单因子评价法，即根据评价时段内该断面参评的指标中类别最高的一项来确定；湖泊、水库单个点位的水质评价，按照断面水质评价方法进行；当一个湖泊、水库有多个采样点位时，计算湖泊、水库多个点位各评价指标浓度算术平均值，然后按照断面水质评价方法评价。

（4）水质达标率计算：云南省县域生态环境质量监测评价与考核的水质达标率是指县域内所有认证断面（点位）全年监测的总频次中达到或优于Ⅲ类水质的频次所占的百分比，

计算公式为：

$$F_i（\%）=（G_i/H_i）\times 100$$

式中：F_i——县域的水质达标率；

G_i——该县域评价年度内所有水质监测断面达到或优于Ⅲ类水质的监测频次；

H_i——该县域评价年度内所有水质监测断面的总有效监测频次。

4.2 空气质量评价

（1）环境空气质量评价标准执行《环境空气质量标准》（GB 3095—2012）的二级浓度限值。

（2）环境空气质量评价项目为《环境空气质量标准》（GB 3095—2012）中的6项污染物：二氧化硫（SO_2）、二氧化氮（NO_2）、颗粒物（PM_{10}、$PM_{2.5}$）、一氧化碳（CO）、臭氧（O_3）监测。

（3）评价方法：具体计算及评价方法参考《环境空气质量标准》（GB 3095—2012）、《环境空气质量指数（AQI）技术规定（试行）》（HJ 633—2012）和《环境空气质量评价技术规范（试行）》（HJ 633—2013）。

（4）空气质量达标率计算：云南省县域生态环境质量监测评价与考核的空气质量达标率是指评价时段内空气质量的达标天数占总有效天数的百分比，计算公式为：

$$D_i（\%）=（A_i/B_i）\times 100$$

式中：D_i——县域的空气质量达标率；

A_i——该县域评价年度内的达标天数；

B_i——该县域评价年度内的总有效监测天数。

4.3 污染源排放达标评价

（1）污染源排放标准按照地方或者国家颁布的行业污染物排放（控制）标准执行，并优先采用地方或区域排放标准；暂时没有针对性排放标准的企业，按地方或国家颁布的污染物综合排放标准执行。

（2）污染源评价项目按地方或者国家颁布的行业污染物排放（控制）标准中的项目和国家颁布的污染物综合排放标准规定中的项目进行评价。

（3）评价方法：单因子评价法，在污染源监测中，某一监测频次污染源的所有排污口的所有污染物浓度均符合排放标准限值时，则该污染源本频次污染物排放浓度达标；如有一项污染物浓度超过排放标准限值，则该污染源此监测频次不达标。

（4）污染源排放达标率计算：云南省县域生态环境质量监测评价与考核的污染源排放达标率是指县域内认定的污染源全年监测总频次中达标频次所占的百分比，计算公式为：

$$E（\%）=（N_e/N_t）\times 100$$

式中：E——县域的污染源排放达标率；

N_e——该县域评价年度内的所有污染源监测总达标频次；

N_t——该县域评价年度内的所有污染源监测总有效频次。

第4章

云南省县域生态环境质量监测评价与考核数据审核指南

云南省县域生态环境质量监测评价与考核数据审核是遵循原始性、权威性和逻辑性原则，针对各县域的纸质上报材料和软件填报数据的完整性、规范性和有效性进行的审核。数据审核分为州市级审核和省级审核。州市级审核是指州市级环境保护部门对本行政区域内县级人民政府上报的自查报告和相关资料，以及软件填报数据进行的审核工作。省级审核是指考核技术组组织专家对所有县（市、区）人民政府及各州（市）环境保护主管部门报送的考核相关资料进行汇总、审核，并初步分析评价的过程。州市级审核和省级审核的形式都是采用人工审核与"县域生态环境质量数据审核软件"审核相结合的方式，并最终形成各级审核报告。

1. 数据审核原则

数据审核遵循原始性、权威性和逻辑性原则。

（1）数据的原始性：是指被考核县域上报的所有考核指标数据都要能有效溯源，必须是原始数据或具有原始数据作为支撑。例如被考核县域填报的III类或优于III类水质达标率是通过认证断面总达标频次与全年总有效监测频次两个数据计算得到的，而达标频次又是通过水质监测报告中各指标的监测值评价得到，因此III类或优于III类水质达标率就必须提供水质监测报告上的各指标测试原始数据作为支撑。

（2）数据的权威性：是指被考核县域上报的所有考核指标数据都要有国土、财政、环保、林业、住建等相关部门提供的权威性证明文件支撑。如上边提到的III类或优于III类水质达标率就必须提供有监测资质的检测机构出具的加盖 CMA 章的水质监测报告作为支撑材料。

（3）数据的逻辑性：是指被考核县域上报的所有考核指标数据在逻辑判断上都必须是合理的。监测报告中氨氮的测试值显著大于总氮测试值。

2. 数据审核内容

数据审核的内容是遵循数据的原始性、权威性和逻辑性原则，对被考核县域上报材料和填报数据的完整性、规范性和有效性进行审核。

2.1 完整性审核

2.1.1 材料完整性审核

考核县域上报的自查自报材料应包括以下几个方面证明材料：

（1）生态环境保护制度与生态创建：生态环境保护制度是指为贯彻落实《全国主体功能区规划》等有关规划和文件所制定的规划、政策、制度等。生态创建是指创建国家级、省级生态文明建设示范区、生态县（市、区）、环境保护模范城市、生态工业示范园区、生态乡镇、自然保护区。

（2）生态保护年度计划：指被考核县域年度环保目标任务（如：主要污染物减排，年度环保工作目标等）及完成情况。

（3）生态保护建设工程：指被考核县域根据国家、省、地市及区县等各级人民政府有关规划或年度计划所开展的生态保护与建设工程。

（4）生态环境监管：指被考核县域对森林火灾及林业有害生物发生情况的监管。

（5）环境监测能力：指被考核县域环境监测部门对水质、空气质量、污染源指标等的监测能力，主要体现在该监测部门实验室的资质认定和国家标准化验收情况。

（6）环境基础设施建设：指被考核县域生活污水处理厂生活垃圾集中处理设施和空气自动站的建设、验收及运行情况，以及集中式饮用水水源地保护区的划定及保护情况。

（7）考核工作组织情况：指被考核县域针对云南省县域生态环境质量监测评价与考核所建立的考核工作组织保障机制情况，包括成立工作领导小组、制定工作方案、经费保障等。

（8）监测报告：指被考核县域与Ⅲ类或优于Ⅲ类水质达标率、集中式饮用水水源地水质达标率、空气质量达标率和污染源排放达标率由具相关资质检测机构出具的该考核年度内的所有监测报告。

2.1.2　数据完整性审核

被考核县域在软件填报时应按要求录入真实并可溯源的所有数据，包括县域基本情况、自然生态指标、环境状况指标、环境治理指标和节能减排指标。原则上数据填报不能缺项，且所有填报数据必须可以溯源到相关部门出具的权威性的纸质证明材料。

2.2　规范性审核

规范性审核主要包括报告编制规范性、数据填报规范性及监测工作规范性审核。

（1）报告编制规范性：一方面，要求被考核县域编制的自查报告内容丰富而翔实，能体现出各级政府为保护生态环境所开展的工作和取得的成效。另一方面，要求自查报告中提供的原始监测报告能按实验室资质认证中对监测报告的相关要求来规范出具。

（2）数据填报规范性：要求被考核县域按权威证明支撑材料提供的数据如实填报，软件填报与纸质材料保持一致性。数据填报中注意数据单位、执行标准及逻辑判断，避免数据单位错误、逻辑错误、标准错误等情况，避免使用非考核工作或非考核年度的数据充数等情况。

（3）监测工作规范性：要求被考核县域的环境状况指标按该年度考核方案要求进行监测，做到监测点位（断面）规范、监测项目规范和监测频次规范。

2.3　数据的有效性审核

数据的有效性审核包括自然生态指标有效性审核、达标率有效性审核（包括Ⅲ类或优于Ⅲ类水质达标率、集中式饮用水水源地水质达标率、优良以上空气质量达标率、污染源排放达标率）和 SO_2/COD/NH_3-N/NO_x 排放数据有效性审核。

（1）自然生态指标有效性审核：被考核县域自然生态指标的填报值与权威部门出具的证明支撑材料一致，为该考核年度数据，且无逻辑错误的，该数据有效。

（2）达标率有效性审核：被考核县域按该年度考核方案要求点位（断面）监测，并提供了达标率计算所涉及的所有监测项目该考核年度内的规范性监测数据和监测报告，且核准后的达标率与填报达标率一致，则该数据有效。

（3）SO_2/COD/NH_3-N/NO_x 排放数据有效性审核：SO_2/COD/NH_3-N/NO_x 排放数据以国家每年认定的环境统计数据为审核依据，与国家认定的数据一致则为有效。

第5章
云南省县域生态环境质量监测评价与考核
现场核查技术指南

为做好云南省县域生态环境质量监测、评价与考核工作，依据《云南省县域生态环境质量监测评价与考核办法》（云环通[2015]134号）和《云南省生态功能区转移支付办法》（云财预[2015]398号）及其他相关技术规范，特制定《云南省县域生态环境质量监测评价与考核现场核查技术指南》，用于指导县域考核现场核查工作。

一、核查目的

云南省县域生态环境质量监测、评价与考核（以下简称县域考核）现场核查的主要目的是：了解云南省县域生态环境现状及存在的问题，核实各类生态环境数据和资料，为考核评估提供可靠依据；引导和督促云南省所属县级政府加强生态环境保护与治理力度，不断改善区域生态环境质量。

二、核查主体与对象

2.1 核查主体

县域考核现场核查工作由省或州（市）环境保护行政主管部门牵头，联合财政部门和其他部门共同开展。

2.2 核查对象

全省129个县（市、区）。

三、核查组织实施

县域考核现场核查工作的组织实施方式主要包括省级核查和州（市）级核查两种方式。

3.1 省级核查

省级核查也称省级抽查，由环保厅组织实施，作为县域考核工作的重要组成部分，纳入年度工作计划，全年开展。

省级核查以核查组形式开展，核查组由组长、联络员以及生态保护和环境监测领域的专家组成。

3.2 州（市）级核查

州（市）级核查由州（市）级环境保护行政主管部门牵头组织实施，核查形式和核查时间由各州（市）自行安排。州（市）级核查作为县域考核的一项常态性工作，纳入年度工作计划。

原则上每年各州（市）辖区内全部县域要核查一次。

四、核查内容

4.1 县域基本情况

1. 县域社会经济发展概况

县域人口、经济、产业结构、生态功能定位、生态环境状况等。

2. 生态环境保护制度建设情况

县域生态文明建设、自然生态保护与恢复、区域环境质量改善相关政策、制度、规划等。

3. 县域考核工作组织情况

县域考核工作长效机制建立、组织实施与任务分工、经费保障与能力建设情况，县级党政领导班子对生态环境保护工作的重视程度等。

4.2 生态保护状况

1. 区域生态保护情况

检查县级政府在自然生态保护与恢复方面所开展的工作，包括植树造林、退耕还林还草还湖、湿地恢复与治理、水土流失治理、矿山生态环境保护与治理、生态农业项目、农村环境整治等。

2. 生态保护创建情况

检查县级政府的生态保护成效，诸如饮用水水源地保护区、国家级（省级）自然保护区、风景名胜区、森林公园、湿地公园等受保护区域建设，生态保护红线划定情况；生态文明创建等。

4.3 环境保护及治理情况

1. 环境基础设施情况

核查环境空气自动监测站、城镇生活污水处理设施、生活垃圾处理设施建设与运行情况。

2. 环境监测点位及治理工程情况

核查地表水、饮用水水源地等监测点位/断面；水、气和土壤污染治理以及农村环境综合整治等环境治理工程。

3. 重点污染源环保设施情况

抽查一定数量重点污染源企业，检查环保设施、在线监测设备的安装及运行以及"三同时"验收等。

4.4 环境监测规范性

1. 环境监测能力

针对承担县域考核环境监测任务的环境监测机构，检查其计量认证、监测技术人员持证上岗、仪器设备使用维护、监测档案管理情况。

2．环境监测规范性

检查县域地表水水质（包括集中式饮用水水源地）、环境空气、污染源监测的规范性。

对于水质监测，重点核查监测断面是否为认定断面、监测频次和项目是否符合要求、样品采集、交接及实验室分析记录是否齐全、监测报告是否规范。

对于环境空气监测，重点核查监测点位是否为认定点位；对于手工监测，样品采集、交接及实验室分析记录是否齐全、监测频次和项目是否符合要求；对于自动监测，自动监测系统是否通过验收、仪器是否定期标定、校准，自动监测数据记录是否完整等。

对于污染源监测，重点核查是否按照认定的污染源名单开展监测，样品采集、交接及实验室分析记录是否齐全，监测频次是否符合要求，监测报告是否规范。

五、核查程序

县域考核现场核查程序包括座谈交流、部门沟通与资料查阅、实地查看三个环节。

5.1　座谈交流

核查组与县级政府就生态环境保护与治理工作及取得成效进行座谈。主要内容包括：县域社会经济、产业结构、生态环境现状与问题、生态环境保护措施和重点工程等。

5.2　部门沟通与资料查阅

核查组与提供数据的县级政府相关部门进行交流，查阅相关的档案资料，并就数据来源和质量情况进行沟通。

5.3　实地查看

实地查看内容主要包括两方面：一是县域自然生态保护与恢复情况，可结合县域不同时期遥感影像比对结果，对生态建设工程项目、自然保护区等受保护区域保护、农村环境综合整治、水源地保护、矿山生态环境整治等进行检查；二是县域环境保护、治理和监管能力等情况，查看环境基础设施运行及环境整治重点（如水、气、土污染防治）项目、环境监测机构监测能力（包括监测规范性、环境空气自动站运行维护）以及重点污染源污染治理设施运行状况。

六、核查报告编制

核查结束后，核查组根据实地查看、座谈交流和台账查阅等情况，分析整理相关数据资料，编制现场核查报告（附件1）。

附件1

现 场 核 查 报 告 提 纲

云南省县域生态环境质量

监测评价与考核现场核查报告

（＿＿＿＿＿省＿＿＿＿＿县）

编制单位：

　　　年　月　日

一、县域情况

1. 基本县情

2. 转移支付资金使用情况

3. 县域生态环境保护情况

4. 县域考核工作组织情况

二、核查过程

整个核查的过程安排，包括座谈交流与现场实地查看

三、自然生态保护状况核查情况

1. 县域生态保护与建设工程

2. 县域生态保护成效

四、环境保护与治理核查情况

1. 环境基础设施建设与运行

2. 重点污染源检查

3. 环境监测能力和规范性

五、结论与建议

1. 总结核查县域在生态环境保护与治理方面开展的工作、取得的成效

2. 现场核查专家打分情况及有关事项说明

3. 县域生态环境保护工作存在的问题及建议

第四篇
数据填报与审核软件
使用指南

第1章
数据填报规范

1. 适用范围

本规范与云南省县域生态环境质量监测评价与考核数据填报软件共同使用,适用于2017年云南省县域生态环境质量监测评价与考核数据的填报。

2. 填报内容及要求

2.1 生态环境考核指标

(1)自然生态指标数据

自然生态指标包括区县国土面积、林地指标、森林指标、活立木指标、草地指标、湿地指标六种,填写要求见表4-1-2-1至表4-1-2-6。

表4-1-2-1 区县国土面积填写要求

指标项	填写要求	是否必填
县域面积	单位:km²。填写阿拉伯数字,小数点后保留2位有效数字,如:82.70	是

注意:若指标数据由于客观原因没法填报的,填"-"(英文中划线),不允许填其他符号或空缺。

表4-1-2-2 林地指标填写要求

指标项	填写要求	是否必填
天然林地	单位:km²。填写阿拉伯数字,小数点后保留2位有效数字,如:82.70	是
人工林地	单位:km²。填写方法同上	是
灌木林地	单位:km²。填写方法同上	是
其他林地	单位:km²。填写方法同上	是
林地变化情况	填写林地变化情况,文字描述	是
林地变化原因分析	填写林地变化原因分析,文字描述	是

注意:若指标数据由于客观原因没法填报的,填"-"(英文中划线),不允许填其他符号或空缺。

表 4-1-2-3 草地指标填写要求

指标项	填写要求	是否必填
天然草地面积	单位：km²。填写阿拉伯数字，小数点后保留 2 位有效数字，如：82.70	是
人工草地面积	单位：km²。填写方法同上	是
草地变化情况	填写草地变化情况，文字描述	是
草地变化原因分析	填写草地变化原因分析，文字描述	是

注意：若指标数据由于客观原因没法填报的，填"-"（英文中划线），不允许填其他符号或空缺。

表 4-1-2-4 湿地指标填写要求

指标项	填写要求	是否必填
自然湿地面积	单位：km²。填写阿拉伯数字，小数点后保留 2 位有效数字，如：82.70	是
人工湿地面积	单位：km²。填写方法同上	是
湿地变化情况	填写湿地变化情况，文字描述	是
湿地变化原因分析	填写湿地变化原因分析，文字描述	是

注意：若指标数据由于客观原因没法填报的，填"-"（英文中划线），不允许填其他符号或空缺。

表 4-1-2-5 森林指标填写要求

指标项	填写要求	是否必填
有林地面积	单位：km²。填写阿拉伯数字，小数点后保留 2 位有效数字，如：82.70	是
国家特别规定灌木林面积	单位：km²。填写方法同上	是
森林变化情况	填写森林变化情况，文字描述	是
森林变化原因分析	填写森林变化原因分析，文字描述	是

注意：若指标数据由于客观原因没法填报的，填"-"（英文中划线），不允许填其他符号或空缺。

表 4-1-2-6 活立木指标填写要求

指标项	填写要求	是否必填
活立木蓄积量	单位：10km³。填写阿拉伯数字，小数点后保留 2 位有效数字，如：82.70	是
活立木变化情况	填写活立木变化情况，文字描述	是
活立木变化原因分析	填写活立木变化原因分析，文字描述	是

注意：若指标数据由于客观原因没法填报的，填"-"（英文中划线），不允许填其他符号或空缺。

（2）环境状况指标数据

环境状况指标数据包括环境状况指标、城镇生活污水集中处理率、建成区绿地率指标、生活垃圾指标，填写要求见表 4-1-2-7 至表 4-1-2-10。

表 4-1-2-7　环境状况指标填写要求

指标项	填写要求	是否必填
二氧化硫（SO_2）排放量	单位：kg。填写阿拉伯数字，小数点后保留 2 位有效数字，如：82.70	是
化学需氧量（COD）排放量	单位：kg。填写方法同上	是
氨氮排放量	单位：kg。填写方法同上	是
氨氮化物排放量	单位：kg。填写方法同上	是
主要污染物排放强度	单位：kg/km^2。填写方法同上	是
重金属排放量（铅、砷、汞、镉和铬）	单位：kg。填写方法同上	是
重金属排放强度（铅、砷、汞、镉和铬）	单位：kg/km^2。填写方法同上	是

注意：若指标数据由于客观原因没法填报的，填"-"（英文中划线），不允许填其他符号或空缺。

表 4-1-2-8　城镇生活污水集中处理率指标填写要求

指标项	填写要求	是否必填
城镇污水处理厂生活污水处理量	单位：万吨。填写阿拉伯数字，小数点后保留 2 位有效数字，如：1200.70	否
城镇生活污水排放总量	单位：万吨。填写方法同上	否
城镇生活污水集中处理率	单位：%。填写方法同上	是

注意：若指标数据由于客观原因没法填报的，填"-"（英文中划线），不允许填其他符号或空缺。

表 4-1-2-9　建成区绿地率指标填写要求

指标项	填写要求	是否必填
建成区各类城市绿地面积	单位：km^2。填写阿拉伯数字，小数点后保留 2 位有效数字，如：82.70	是
建成区面积	单位：km^2。填写方法同上	是
建成区绿地率	单位：%。填写方法同上	是

注意：若指标数据由于客观原因没法填报的，填"-"（英文中划线），不允许填其他符号或空缺。

表 4-1-2-10　生活垃圾无害化处理率指标填写要求

指标项	填写要求	是否必填
城镇地区经过无害化处理的生活垃圾量	单位：万吨。填写阿拉伯数字，小数点后保留 2 位有效数字，如：1200.70	是
城镇垃圾产生总量	单位：万吨。填写方法同上	是
生活垃圾无害化处理率	单位：%。填写方法同上	是

注意：若指标数据由于客观原因没法填报的，填"-"（英文中划线），不允许填其他符号或空缺。

2.2 环境状况监测数据

（1）地表水水质监测数据

地表水水质监测原始数据填写要求见表 4-1-2-11。

表 4-1-2-11　地表水水质监测原始数据填写要求

指标项	填写要求	是否必填
水质监测断面代码	填写水质监测断面代码，填报时可从填报软件获取	是
水质监测断面名称	填写水质监测断面名称，如"潜山自来水公司取水口"	是
监测时间（年月日）	填写数据监测时间，精确到日，格式为"某年/某月/某日"，如"2011/7/1"	是
水温	单位：℃。填阿拉伯数字，小数点后保留 2 位有效数字，如：69.70	是
pH	填写方法同水温	是
溶解氧	单位：mg/L。填写方法同水温	是
高锰酸盐指数	单位：mg/L。填写方法同水温	是
化学需氧量	单位：mg/L。填写方法同水温	是
五日生化需氧量	单位：mg/L。填写方法同水温	是
氨氮	单位：mg/L。填阿拉伯数字，小数点后保留 3 位有效数字，如：7.231	是
总磷	单位：mg/L。填写方法同氨氮	是
总氮	单位：mg/L。填写方法同氨氮	是
铜	单位：mg/L。填写方法同氨氮	是
锌	单位：mg/L。填写方法同氨氮	是
氟化物（以 F⁻计）	单位：mg/L。填写方法同氨氮	是
硒	单位：mg/L。填写方法同氨氮	是
砷	单位：mg/L。填写方法同氨氮	是
汞	单位：mg/L。小数点后保留 5 位有效数字，如：0.00025	是
镉	单位：mg/L。小数点后保留 4 位有效数字，如：0.0065	是
铬（六价）	单位：mg/L。填写方法同氨氮	是
铅	单位：mg/L。填写方法同氨氮	是
氰化物	单位：mg/L。填写方法同氨氮	是
挥发酚	单位：mg/L。小数点后保留 4 位有效数字，如：0.0065	是
石油类	单位：mg/L。填写方法同氨氮	是
阴离子表面活性剂	单位：mg/L。填写方法同氨氮	是
硫化物	单位：mg/L。填阿拉伯数字，小数点后保留 2 位有效数字，如：7.23	是
流量	单位：m³/s。填写方法同硫化物	否
电导率	单位：μS/cm。填阿拉伯数字，小数点后保留 1 位有效数字，如：7.3	否
备注	其他内容	否

注意：如果某指标项没有监测，则填"-9999"或不填；针对未检出项目，填报实验室检出下限值的二分之一，并在前面加一个负（"-"）号，以标示该值为未检出值，即格式为："-" + "实验值检出下限值的二分之一"，如某监测项目检出下限值为"0.8μg/kg"，则填报为"-0.4μg/kg"。若个别指标项因仪器精度较高，检测值超出要求中的小数位数时，可保留。

（2）空气质量监测数据

空气质量监测数据填写要求见表 4-1-2-12。

表 4-1-2-12 空气质量监测数据填写要求

指标项	填写要求	是否必填
空气监测点位代码	填写空气监测点代码，填报时可从填报软件获取	是
空气监测点位名称	填写空气监测点全名，如"三八门市部楼顶"	是
监测时间	填写数据监测时间，精确到日，格式为"某年/某月/某日"，如"2011/7/1"	是
可吸入颗粒物（PM_{10}）	单位：mg/m^3。填写日均浓度值	是
二氧化硫	单位：mg/m^3。填写日均浓度值	是
二氧化氮	单位：mg/m^3。填写日均浓度值	是
一氧化碳	单位：mg/m^3。填写日均浓度值	是
臭氧	单位：mg/m^3。填写日均浓度值	是
可吸入颗粒物（$PM_{2.5}$）	单位：mg/m^3。填写日均浓度值	是

注意：如果某项空气污染物没有监测，则填"-9999"或不填；针对未检出项目，填报实验室检出下限值的二分之一，并在前面加一个负（"-"）号，以标示该值为未检出值，即格式为："-" + "实验值检出下限的二分之一"，如某监测项目检出下限值为"0.8 mg/m^3"，则填报为"-0.4 mg/m^3"。

（3）污染源排放监测数据

污染源排放监测数据填写要求见表 4-1-2-13。

表 4-1-2-13 污染源排放监测数据填写要求

指标项	填写要求	是否必填
污染源（企业）名称	填写污染源（企业）名称	是
污染源代码	填写污染源代码，填报时可从填报软件查询获取	是
排口名称	填写污染源的排口名称，注意不能用1，2等阿拉伯数字表示排口，如果必须用数值表示排口，则用一、二表示，如"某某企业排口一"	是
监测时间	填写开展监测的具体时间，精确到日，格式为"某年/某月/某日"，如"2011/7/1"	是
季度	填写监测数据所属季度，如"第一季度"	是
评价标准	填写该污染源所采用的标准名称，如"《煤炭工业污染物排放标准》（GB 20426—2006）"，若有多个标准，则用分号";"隔开	是
监测项目	填写所监测的项目名称，包括单位，如"氨氮（mg/L）"	是
监测值	填写污染物监测结果，用阿拉伯数字表示，根据污染物类型不同，小数点后保留2位或3位有效数字，如7.89或7.898	是
标准值上限	若评价标准中污染物浓度有上限值就填写上限值，没有可不填。注意"标准值上限"与"标准值下限"两者至少填其一	是
标准值下限	若评价标准中污染物浓度有下限值就填写下限值，没有可不填。注意"标准值上限"与"标准值下限"两者至少填其一	是
备注	其他内容	否

注意：针对未检出项目，填报实验室检出下限值的二分之一，并在前面加一个负（"-"）号，以标示该值为未检出值，即格式为："-" + "实验值检出下限的二分之一"，如某监测项目检出下限值为"0.8μg/kg"，则填报为"-0.4μg/kg"。

（4）集中式饮用水水源地监测点信息

集中式饮用水水源地监测点填写要求见表 4-1-2-14。

表 4-1-2-14　集中式饮用水水源地监测点数据填写要求

指标项	填写要求	是否必填
水质监测断面代码	填写水质监测断面代码，填报时可从填报软件获取	是
水质监测断面名称	填写水质监测断面名称，如"潜山自来水公司取水口"	是
监测时间	填写数据监测时间，精确到日，格式为"某年/某月/某日"，如"2011/7/1"	是
水温	单位：℃。填阿拉伯数字，小数点后保留 2 位有效数字，如：69.70	是
pH	填写方法同水温	是
溶解氧	单位：mg/L。填写方法同水温	是
高锰酸盐指数	单位：mg/L。填写方法同水温	是
化学需氧量	单位：mg/L。填写方法同水温	是
五日生化需氧量	单位：mg/L。填写方法同水温	是
氨氮	单位：mg/L。填阿拉伯数字，小数点后保留 3 位有效数字，如：7.231	是
总磷	单位：mg/L。填写方法同氨氮	是
总氮	单位：mg/L。填写方法同氨氮	是
铜	单位：mg/L。填写方法同氨氮	是
锌	单位：mg/L。填写方法同氨氮	是
氟化物（以 F^- 计）	单位：mg/L。填写方法同氨氮	是
硒	单位：mg/L。填写方法同氨氮	是
砷	单位：mg/L。填写方法同氨氮	是
汞	单位：mg/L。小数点后保留 5 位有效数字，如：0.00025	是
镉	单位：mg/L。小数点后保留 4 位有效数字，如：0.0065	是
铬（六价）	单位：mg/L。填写方法同氨氮	是
铅	单位：mg/L。填写方法同氨氮	是
氰化物	单位：mg/L。填写方法同氨氮	是
挥发酚	单位：mg/L。小数点后保留 4 位有效数字，如：0.0065	是
石油类	单位：mg/L。填写方法同氨氮	是
阴离子表面活性剂	单位：mg/L。填写方法同氨氮	是
硫化物	单位：mg/L。填阿拉伯数字，小数点后保留 2 位有效数字，如：7.23	是
粪大肠菌群	单位：个/L。填阿拉伯数字，整数，如"2003"	是
硫酸盐（以 SO_4^{2-} 计）	单位：mg/L。填写方法同氨氮	是
氯化物（以 Cl^- 计）	单位：mg/L。填写方法同氨氮	是
硝酸盐（以 N 计）	单位：mg/L。填写方法同氨氮	是
铁	单位：mg/L。填阿拉伯数字，小数点后保留 1 位有效数字，如：7.2	是
锰	单位：mg/L。填阿拉伯数字，小数点后保留 1 位有效数字，如：7.2	是
三氯甲烷	单位：mg/L。填阿拉伯数字，小数点后保留 2 位有效数字，如：7.23	是
四氯化碳	单位：mg/L。填阿拉伯数字，小数点后保留 3 位有效数字，如：7.231	是
三氯乙烯	单位：mg/L。填阿拉伯数字，小数点后保留 2 位有效数字，如：7.23	是
四氯乙烯	单位：mg/L。填阿拉伯数字，小数点后保留 2 位有效数字，如：7.23	是
苯乙烯	单位：mg/L。填阿拉伯数字，小数点后保留 2 位有效数字，如：7.23	是
甲醛	单位：mg/L。填阿拉伯数字，小数点后保留 1 位有效数字，如：7.2	是

指标项	填写要求	是否必填
苯	单位：mg/L。填阿拉伯数字，小数点后保留 2 位有效数字，如：7.23	是
甲苯	单位：mg/L。填阿拉伯数字，小数点后保留 1 位有效数字，如：7.2	是
乙苯	单位：mg/L。填阿拉伯数字，小数点后保留 1 位有效数字，如：7.2	是
二甲苯	单位：mg/L。填阿拉伯数字，小数点后保留 1 位有效数字，如：7.2	是
异丙苯	单位：mg/L。填阿拉伯数字，小数点后保留 2 位有效数字，如：7.23	是
氯苯	单位：mg/L。填阿拉伯数字，小数点后保留 1 位有效数字，如：7.2	是
1,2-二氯苯	单位：mg/L。填阿拉伯数字，小数点后保留 1 位有效数字，如：7.2	是
1,4-二氯苯	单位：mg/L。填阿拉伯数字，小数点后保留 1 位有效数字，如：7.2	是
三氯苯	单位：mg/L。填阿拉伯数字，小数点后保留 2 位有效数字，如：7.23	是
硝基苯	单位：mg/L。填阿拉伯数字，小数点后保留 3 位有效数字，如：7.231	是
二硝基苯	单位：mg/L。填阿拉伯数字，小数点后保留 1 位有效数字，如：7.2	是
硝基氯苯	单位：mg/L。填阿拉伯数字，小数点后保留 2 位有效数字，如：7.23	是
邻苯二甲酸二丁酯	单位：mg/L。填阿拉伯数字，小数点后保留 3 位有效数字，如：7.231	是
邻苯二甲酸二（2-乙基己基）酯	单位：mg/L。填阿拉伯数字，小数点后保留 3 位有效数字，如：7.231	是
滴滴涕	单位：mg/L。填阿拉伯数字，小数点后保留 3 位有效数字，如：7.231	是
林丹	单位：mg/L。填阿拉伯数字，小数点后保留 3 位有效数字，如：7.231	是
阿特拉津	单位：mg/L。填阿拉伯数字，小数点后保留 3 位有效数字，如：7.231	是
苯并[a]芘	单位：mg/L。填阿拉伯数字，小数点后保留 6 位有效数字，如：0.000028	是
钼	单位：mg/L。填阿拉伯数字，小数点后保留 2 位有效数字，如：7.23	是
钴	单位：mg/L。填阿拉伯数字，小数点后保留 1 位有效数字，如：7.2	是
铍	单位：mg/L。填阿拉伯数字，小数点后保留 3 位有效数字，如：7.231	是
硼	单位：mg/L。填阿拉伯数字，小数点后保留 1 位有效数字，如：7.2	是
锑	单位：mg/L。填阿拉伯数字，小数点后保留 3 位有效数字，如：7.231	是
镍	单位：mg/L。填阿拉伯数字，小数点后保留 2 位有效数字，如：7.23	是
钡	单位：mg/L。填阿拉伯数字，小数点后保留 1 位有效数字，如：7.2	是
钒	单位：mg/L。填阿拉伯数字，小数点后保留 2 位有效数字，如：7.23	是
铊	单位：mg/L。填阿拉伯数字，小数点后保留 4 位有效数字，如：0.0001	是
总硬度	单位：mg/L。填阿拉伯数字，小数点后保留 1 位有效数字，如：0.1	是
亚硝酸盐（以 N 计）	单位：mg/L。填阿拉伯数字，小数点后保留 4 位有效数字，如：0.0001	是
阴离子合成洗涤剂	单位：mg/L。填阿拉伯数字，小数点后保留 3 位有效数字，如：0.001	是
总大肠菌群	单位：个/L。填阿拉伯数字，整数，如"2003"	是
备注	其他内容	否

2.3 环境监测信息

（1）水质监测断面信息

水质监测断面信息填写要求见表 4-1-2-15，填报经过认定后的点位信息。

表 4-1-2-15 水质监测断面信息填写要求

指标项	填写要求	是否必填
水质监测断面代码	自动生成	否
水质监测断面名称	填写水质监测断面名称，如"潜山自来水公司取水口"	是
断面性质	填"国控"、"省控"或"市控"	是
是否湖库	填"是"或"否"	是
河流/湖泊名称	填河流或湖泊名，如"白莲崖水库"	是
建立时间	填写建立时间，格式为"某年/某月/某日"，如"2011/7/1"	是
监测报告	水质监测报告为断面编码＋"_"＋断面名称＋"_"＋监测日期＋"."＋扩展名，断面编码为软件系统中以 WA 开头的站点编号；断面名称需为全称，但不含县名称；监测日期根据监测报告内容填写，若为季监测报告，则为"××年×季度"，如：2013 年 1 季度，若为月监测报告，则为"×××年××月"，如：2013 年 01 月。报告须由报告编制单位审核盖章，同时提交电子稿（pdf）	是
经度（度）	填大小范围在 0～180 之间的阿拉伯数字，整数，如：69	是
经度（分）	填大小范围在 0～60 之间的阿拉伯数字，整数，如：39	是
经度（秒）	填大小范围在 0～60 之间的阿拉伯数字，小数点后保留 2 位，如：29.70	是
纬度（度）	填大小范围在 0～90 之间的阿拉伯数字，整数，如：69	是
纬度（分）	填大小范围在 0～60 之间的阿拉伯数字，整数，如：39	是
纬度（秒）	填大小范围在 0～60 之间的阿拉伯数字，小数点后保留 2 位，如：29.70	是
水质监测断面照片	以监测断面为对象，拍摄近景、远景照片。数码照片通过上报软件提交（照片无需事先命名，软件自动生成编码），照片格式为 jpg，尺寸不得小于 2500×1500 像素	是
备注	其他内容	否

注意："水质监测断面代码"、"水质监测断面名称"、"河流/湖泊名称"、"断面性质"和"建立时间"等信息随同软件下发，不可更改。

（2）集中式饮用水水源地监测信息

集中式饮用水水源地监测信息填写要求见表 4-1-2-16。

表 4-1-2-16 集中式饮用水水源地监测信息填写要求

指标项	填写要求	是否必填
点位代码	自动生成	否
点位名称	填写水源地名	是
水源地类型	填"地表水"或"地下水"	是
服务区县或乡镇名称	填写水源地所服务的区县或乡镇名称，地区之间的名字用"、"隔开	是
服务人口数量	单位：万人。填阿拉伯数字，小数点后保留 1 位，如：22.7	是
是否划定水源地保护区	填"是"或"否"	是
政府批准实施时间	填写批准实施时间，格式为"某年/某月"，如"2011/7"	是
水源地保护区面积	单位：km^2。填阿拉伯数字，小数点后保留 2 位，如：82.70	是
是否开展水质监测	填"是"或"否"	是

指标项	填写要求	是否必填
水源地水质监测开始时间	单位：年。填写开始监测年份，如"2011"	是
监测频次	单位：次/年。填写整数，如：36	是
监测项目数量	单位：项。填写方法同上	是
监测报告	监测报告	是
经度（度）	填大小范围在0～180之间的阿拉伯数字，整数，如：69	是
经度（分）	填大小范围在0～60之间的阿拉伯数字，整数，如：39	是
经度（秒）	填大小范围在0～60之间的阿拉伯数字，小数点后保留2位，如：29.70	是
纬度（度）	填大小范围在0～90之间的阿拉伯数字，整数，如：69	是
纬度（分）	填大小范围在0～60之间的阿拉伯数字，整数，如：39	是
纬度（秒）	填大小范围在0～60之间的阿拉伯数字，小数点后保留2位，，如：29.70	是
水源地照片	水源地照片	是
备注	其他内容	否

其中，集中式饮用水水源地监测报告为点位编码＋"_"＋点位名称＋"_"＋监测日期＋"."＋扩展名，其中点位编码为软件系统中以HW开头的站点编号；点位名称需为全称，但不含县名称；监测日期根据监测报告内容填写同上。报告须由报告编制单位审核盖章，同时提交电子稿（pdf）。

集中式饮用水水源地照片：选取集中式饮用水水源地中典型地物为对象，拍摄近景、远景照片；以集中式饮用水水源地整体为对象，拍摄远景、全景照片。数码照片通过上报软件提交（照片无需事先命名，软件自动生成编码），照片格式为jpg，尺寸不得小于2500×1500像素。

（3）空气监测点位信息

空气监测点位信息填写要求见表4-1-2-17，填报经认定后的空气监测点位信息。

表4-1-2-17　空气监测点位信息填写要求

指标项	填写要求	是否必填
空气监测点位代码	自动生成	否
空气监测点位名称	填写空气监测点名，如"龙山县三八门市部楼顶"	是
监测方式	填"自动"或"手工"，自动表示已建立空气自动监测站，否则为手工	是
建立时间	填写建立时间，格式为"某年/某月/某日"，如"2011/7/1"	是
监测报告	监测报告	是
经度（度）	填大小范围在0～180之间的阿拉伯数字，整数，如：69	是
经度（分）	填大小范围在0～60之间的阿拉伯数字，整数，如：39	是
经度（秒）	填大小范围在0～60之间的阿拉伯数字，小数点后保留2位，如：29.70	是
纬度（度）	填大小范围在0～90之间的阿拉伯数字，整数，如：69	是
纬度（分）	填大小范围在0～60之间的阿拉伯数字，整数，如：39	是
纬度（秒）	填大小范围在0～60之间的阿拉伯数字，小数点后保留2位，如：29.70	是
空气监测点位照片	空气监测点位照片	是
备注	其他内容	否

其中，空气质量监测报告为站点编码＋"_"＋站点名称＋"_"＋监测日期＋"."＋扩展名，其中站点编码为软件系统中以 AI 开头的站点编号；站点名称需为全称，但不含县名称；监测日期根据监测报告内容填写，若为月监测报告，则为"××××年××月"，如：2013 年 01 月。报告须由报告编制单位审核盖章，同时提交电子稿（pdf）。

空气监测点位照片：以监测点位为对象，拍摄近景、远景照片。数码照片通过上报软件提交（照片无需事先命名，软件自动生成编码），照片格式为 jpg，尺寸不得小于 2500×1500 像素。

注意："空气监测点位代码"、"空气监测点位名称"、"监测方式"和"建站时间"等信息随同软件下发，不可更改。

（4）污染源基本信息

污染源基本信息填写要求见表 4-1-2-18，填报经认定后的污染源信息。

表 4-1-2-18　污染源基本信息填写要求

指标项	填写要求	是否必填
污染源代码	自动生成	否
污染源（企业）名称	填写污染源企业名，如"承德双九淀粉有限公司废水"	是
污染源类型	填"废水"、"废气"、"污染处理厂"或"重金属"	是
污染源性质	填"国控"、"省控"、"市控"或"县控"	是
排放去向	填污染物排放去向，如"滦河"	是
监测项目	填写监测项目名称，如"pH 值、悬浮物、化学需氧量、铁、石油类、砷、镉、六价铬、铅"	是
污染源排放标准文件	污染源执行的排放标准文件	是
经度（度）	填大小范围在 0～180 之间的阿拉伯数字，整数，如：69	是
经度（分）	填大小范围在 0～60 之间的阿拉伯数字，整数，如：39	是
经度（秒）	填大小范围在 0～60 之间的阿拉伯数字，小数点后保留 2 位，如：29.70	是
纬度（度）	填大小范围在 0～90 之间的阿拉伯数字，整数，如：69	是
纬度（分）	填大小范围在 0～60 之间的阿拉伯数字，整数，如：39	是
纬度（秒）	填大小范围在 0～60 之间的阿拉伯数字，小数点后保留 2 位，如：29.70	是
污染源照片	污染源照片	是
备注	其他内容	否

其中污染源排放标准文件格式为 pdf（若只有纸质版的，扫描成 pdf，一个标准文档合并成一个文件），命名方式为："标准全称"＋"（＋标准代码＋）"，如"煤炭工业污染物排放标准（GB 20426—2006）"。若一个污染源对应多个排放标准，则提供多个相关标准文件。

污染源排放监测报告为污染源编码＋"_"＋污染源名称＋"_"＋监测日期＋"."＋扩展名，其中污染源编码为软件系统统一编制的编号；污染源名称需为全称；监测日期根据监测报告内容填写同上。报告须由报告编制单位审核盖章，同时提交电子稿（pdf）。

污染源照片：以各污染源排口为对象，拍摄近景、远景照片；以污染源（如污染企业）为对象，拍摄近景、远景、全景照片。数码照片通过上报软件提交（照片无需事先命名，软件自动生成编码），照片格式为 jpg，尺寸不得小于 2500×1500 像素。

注意："污染源代码"、"污染源（企业）名称"、"污染源类型"、"污染源性质"等信息随同软件下发，不可更改。

2.4 基础信息

（1）县域自然、社会、经济基本情况表

根据考核县域的统计年报，填写自然、社会、经济等方面的基本信息，详见表 4-1-2-19。

表 4-1-2-19　县域自然、社会、经济基本情况表填写要求

指标项	填写要求	是否必填
统计年份	填写统计年份，用阿拉伯数字填写，如"2013"	是
土地总面积	单位：km²。填写区县面积，阿拉伯数字，小数点后保留 2 位，如：82.70	是
乡镇数量	单位：个。阿拉伯数字，整数，如 37	是
行政村数量	单位：个。填写方法同上	是
自然村数量	单位：个。填写方法同上	是
县域总人口数	单位：万人。阿拉伯数字，小数点后保留 2 位有效数字，如：182.71	是
城镇人口数	单位：万人。填写方法同上	是
地区生产总值	单位：万元。阿拉伯数字，整数，如 14791	是
第一产业增加值	单位：万元。填写方法同上	是
第二产业增加值	单位：万元。填写方法同上	是
第三产业增加值	单位：万元。填写方法同上	是
单位 GDP 能耗	单位：吨标煤/万元。阿拉伯数字，小数点后保留 2 位，如：1.22	是
万元 GDP 耗水量	单位：吨/万元。填写方法同上	是
化肥施用量	单位：吨。阿拉伯数字，小数点后保留 1 位有效数字，如：16.4	是
农药施用量	单位：吨。填写方法同上	是
全年平均气温	单位：℃。阿拉伯数字，小数点后保留 1 位有效数字，如：16.4	是
降水量	单位：mm。填写方法同上	是
耕地面积	单位：亩。填写方法同上	是
播种面积	单位：亩。填写方法同上	是
水土流失面积	单位：km²。阿拉伯数字，小数点后保留 2 位，如：82.70	是
水土流失治理面积	单位：km²。填写方法同上	是
石漠化面积	单位：km²。填写方法同上	是
石漠化治理面积	单位：km²。填写方法同上	是
备注	其他内容	否

注意：本次填报时需填报 2016 年数据。

（2）自然保护区等受保护区域信息

自然保护区等受保护区域信息填写要求见表 4-1-2-20。

表 4-1-2-20　自然保护区等受保护区域信息填写要求

指标项	填写要求	是否必填
自然保护区代码	自动生成	否
自然保护区等受保护区域名称	填写自然保护区名称	是
类型	填"自然保护区"、"风景名胜区"、"地质公园"等	是
级别	填"国家级"、"省级"、"市级"或"县级"	是
面积	单位：km^2。填阿拉伯数字，小数点后保留 2 位有效数字，如：82.70	是
设立时间	填写设立时间，格式为"某年/某月/某日"，如"2011/7/1"	是
证明材料	相关证明材料，格式为 pdf	是
自然保护区照片	自然保护区照片	是
备注	其他内容	否

其中自然保护区等受保护区照片：选取自然保护区等受保护区中典型地物为对象，拍摄近景、远景照片；以自然保护区等受保护区整体为对象，拍摄远景、全景照片。数码照片通过上报软件提交（照片无需事先命名，软件自动生成编码），照片格式为 jpg，尺寸不得小于 2500×1500 像素。

（3）农村环境连片整治情况

农村环境连片整治情况填写要求见表 4-1-2-21。

表 4-1-2-21　农村环境连片整治情况填写要求

指标项	填写要求	是否必填
项目编号	自动生成	否
项目名称	填写农村环境连片整治项目名	是
项目起始时间	填写项目起始时间，格式为"某年/某月"，如"2011/7"	是
项目周期	单位：月。填写项目建设周期，阿拉伯数字，整数，如：24	是
经费投入	单位：万元。填投入总金额，阿拉伯数字，整数，如：1282	是
国家投资	单位：万元。填写方法同上	是
地方配套	单位：万元。填写方法同上	是
实施地点	填写项目实施地区，明确到具体乡镇村屯	是
建设内容	填写项目主要内容，文字描述	是
成效	填写项目建设所取得的成效，文字描述	是
照片	项目相关数码照片	是
备注	其他内容	否

其中农村环境连片整治情况照片：选取农村环境连片整治中典型情况为对象，拍摄近景、远景照片；以农村环境连片整治情况整体为对象，拍摄远景、全景照片。数码照片通过上报软件提交（照片无需事先命名，软件自动生成编码），照片格式为 jpg，尺寸不得小于 2500×1500 像素。

2.5 生态环境保护与管理

（1）生态环境保护制度与生态创建

①生态环境保护制度

生态环境保护制度信息填写要求见表 4-1-2-22。

表 4-1-2-22 生态环境保护制度填写要求

指标项	填写要求	是否必填
规划（制度）编号	自动生成	否
规划（制度）名称	填写生态环境保护制度名称	是
颁布实施年份	填写颁布实施年份，用阿拉伯数字填写，如"2013"	是
概述	规划制度描述	是
证明材料	相关证明材料，格式为 pdf	是
备注	其他内容	否

②生态环境保护创建

生态环境保护创建填写要求见表 4-1-2-23。

表 4-1-2-23 生态环境保护创建填写要求

指标项	填写要求	是否必填
生态环境保护创建编号	自动生成	否
生态环境保护创建名称	填写生态环境保护创建名称	是
开始创建年份	填写开始创建年份，用阿拉伯数字填写，如"2013"	是
是否完成	填写"是"或"否"	是
批准部门	生态环境保护创建批准部门	是
概况	生态环境保护创建描述	是
证明材料	相关证明材料，格式为 pdf	是
备注	其他内容	否

（2）生态保护与建设工程

①年度工作计划

年度工作计划填写要求见表 4-1-2-24。

表 4-1-2-24 年度工作计划填写要求

指标项	填写要求	是否必填
工作计划（实施方案）编号	自动生成	否
工作计划（实施方案）名称	填写工作计划（实施方案）名称	是
制定年份	填写制定年份，用阿拉伯数字填写，如"2013"	是
概述	年度工作计划描述	是
证明材料	相关证明材料，格式为 pdf	是
备注	其他内容	否

②生态建设工程（项目）情况

生态建设工程（项目）填写要求见表4-1-2-25。

表4-1-2-25　生态建设工程（项目）填写要求

指标项	填写要求	是否必填
重点生态建设工程（项目）代码	自动生成	否
重点生态建设工程（项目）名称	填写重点生态建设工程（项目）名称	是
项目类别	填写"国家或省有关规划开展的生态环境保护工程"或"县政府年度工作计划设立的工程"等	是
建设起始时间	填写建设起始时间，格式为"某年/某月"，如"2011/7"	是
项目建设周期	单位：月。填写项目建设周期，阿拉伯数字，整数，如：24	是
建设内容	填写建设内容	是
建设地点	填写建设地点	是
总投入	单位：万元。填阿拉伯数字，小数点后保留2位有效数字，如：7.23	是
其中：转移支付资金投入	单位：万元。填阿拉伯数字，小数点后保留2位有效数字，如：7.23	是
其他渠道资金投入	单位：万元。填阿拉伯数字，小数点后保留2位有效数字，如：7.23	是
工程生态效益	填写工程生态效益	是
目前进展情况	填写目前进展情况	是
证明材料	相关证明材料，含工程内容、建设进程、验收文件、生态环境效益分析等材料，格式为pdf	是
经度（度）	填大小范围在0～180之间的阿拉伯数字，整数，如：69	是
经度（分）	填大小范围在0～60之间的阿拉伯数字，整数，如：39	是
经度（秒）	填大小范围在0～60之间的阿拉伯数字，小数点后保留2位，如：29.70	是
纬度（度）	填大小范围在0～90之间的阿拉伯数字，整数，如：69	是
纬度（分）	填大小范围在0～60之间的阿拉伯数字，整数，如：39	是
纬度（秒）	填大小范围在0～60之间的阿拉伯数字，小数点后保留2位，如：29.70	是
照片	生态建设工程（项目）的照片	是
备注	其他内容	否

生态建设项目或工程照片：选取生态建设项目或工程中典型目标为对象，拍摄近景、远景照片；以生态建设项目或工程整体为对象，拍摄远景、全景照片。数码照片通过上报软件提交（照片无需事先命名，软件自动生成编码），照片格式为jpg，尺寸不得小于2500×1500像素。

（3）生态环境监管能力与环境基础设施建设

①生态环境监管

生态环境监管情况包括森林火灾受害情况和林业有害生物发生情况，填写要求见表

4-1-2-26 和表 4-1-2-27。

表 4-1-2-26　森林火灾受害情况填写要求

指标项	填写要求	是否必填
火灾灾害编号	自动生成	否
火灾名称	填写火灾名称	是
县（市、区）名称	自动生成	否
县（市、区）代码	自动生成	否
年份	自动生成	否
火灾起始时间	填写火灾起始时间，格式为"某年/某月/某日"，如"2011/7/1"	是
火灾结束时间	填写火灾结束时间，格式为"某年/某月/某日"，如"2011/7/1"	是
火灾发生原因	填写火灾发生原因	是
火灾发生过程	填写火灾发生过程	是
火灾发生地点	填写火灾发生地点	是
主要承担责任单位及个人	填写主要承担责任单位及个人	是
火灾造成的生态破坏	填写火灾造成的生态破坏	是
火灾影响程度	填写火灾影响程度	是
火灾性质及等级	填写火灾性质及等级	是
火灾损失	单位：万元。填阿拉伯数字，小数点后保留 2 位有效数字，如：7.23	是
备注	其他内容	否

表 4-1-2-27　林业有害生物发生情况填写要求

指标项	填写要求	是否必填
有害生物发生编号	自动生成	否
有害生物名称	填写有害生物名称	是
县（市、区）名称	自动生成	否
县（市、区）代码	自动生成	否
年份	自动生成	否
有害生物发生过程	填写有害生物发生过程	是
有害生物发生原因	填写有害生物发生原因	是
有害生物起始时间	填写有害生物起始时间，格式为"某年/某月/某日"，如"2011/7/1"	是
有害生物结束时间	填写有害生物结束时间，格式为"某年/某月/某日"，如"2011/7/1"	是
有害生物发生地点	填写有害生物发生地点	是
有害生物损失	单位：万元。填阿拉伯数字，小数点后保留 2 位有效数字，如：7.23	是
有害生物性质及等级	填写有害生物性质及等级	是
有害生物影响程度	填写有害生物影响程度	是
有害生物造成的生态破坏	填写有害生物造成的生态破坏	是
应对措施	填写应对措施	是
主要承担责任单位及个人	填写主要承担责任单位及个人	是
备注	其他内容	否

②县域环境监测能力

县域环境监测能力填写要求见表 4-1-2-28。

表 4-1-2-28 县域环境监测能力填写要求

指标项	填写要求	是否必填
年份	自动生成	否
机构名称	填写机构名称	是
组织机构代码	组织机构代码证明文件，格式为 pdf	是
人员总数	单位：人。填阿拉伯数字，如"2013"	是
其中：专业技术人员数	单位：人。填写同上	是
持证上岗人员	单位：人。填写同上	是
办公面积	单位：km^2。填写阿拉伯数字，小数点后保留 2 位有效数字，如：7.23	是
是否通过计量认证	填写"是"或"否"	是
计量认证文件	通过计量认证的环境监测机构（单位）需要提供对应的认证文件。认证文件通过软件上报，文件格式为 pdf（若只有纸质版的，扫描成 pdf，合并成一个文件）	是
是否通过标准化验收	填写"是"或"否"	是
标准化验收文件	通过标准化验收的环境监测机构（单位）需要提供对应的验收文件。验收文件通过软件上报，文件格式为 pdf（若只有纸质版的，扫描成 pdf，合并成一个文件）	是
是否独立开展监测	填写"是"或"否"	是
总投入	单位：万元。填阿拉伯数字，小数点后保留 2 位有效数字，如：7.23	是
中央及省级财政转移支付投入	单位：万元。填阿拉伯数字，小数点后保留 2 位有效数字，如：7.23	是
县级自筹资金	单位：万元。填阿拉伯数字，小数点后保留 2 位有效数字，如：7.23	是
空气自动站验收文件	相关文件，为 pdf 格式	是
其他监测能力证明文件 1	相关文件，为 pdf 格式	否
其他监测能力证明文件 2	相关文件，为 pdf 格式	否
其他监测能力证明文件 3	相关文件，为 pdf 格式	否
备注	其他内容	否

③环境基础设施建设

环境基础设施包括污水集中处理设施和垃圾填埋场，填写要求见表 4-1-2-29 和表 4-1-2-30。

表 4-1-2-29　污水集中处理设施填写要求

指标项	填写要求	是否必填
污水处理设施代码	自动生成	否
污水处理设施设施名称	填写污水处理设施设施名称	是
日处理能力	单位：吨/天。填阿拉伯数字，小数点后保留2位，如：29.70	是
运行状态	填写"已运行"、"试运行"或"建设中"	是
建立时间	填写建立时间，格式为"某年/某月/某日"，如"2011/7/1"	是
证明材料	提供设施建设、验收、运行等相关证明材料，格式为pdf	是
经度（度）	填大小范围在0～180之间的阿拉伯数字，整数，如：69	是
经度（分）	填大小范围在0～60之间的阿拉伯数字，整数，如：39	是
经度（秒）	填大小范围在0～60之间的阿拉伯数字，小数点后保留2位，如:29.70	是
纬度（度）	填大小范围在0～90之间的阿拉伯数字，整数，如：69	是
纬度（分）	填大小范围在0～60之间的阿拉伯数字，整数，如：39	是
纬度（秒）	填大小范围在0～60之间的阿拉伯数字，小数点后保留2位，如:29.70	是
照片	以污水集中处理设施为对象，拍摄近景、远景照片。数码照片通过上报软件提交（照片无需事先命名，软件自动生成编码），照片格式为jpg，尺寸不得小于2500×1500像素	是
备注	其他内容	否

表 4-1-2-30　垃圾填埋场填写要求

指标项	填写要求	是否必填
垃圾填埋场代码	自动生成	否
垃圾填埋场名称	填写垃圾填埋场名称	是
运行状态	填写"已运行"、"试运行"或"建设中"	是
处理方式	填写"填埋"、"焚烧"或"发电"	是
垃圾填埋场面积	单位：km^2。填写阿拉伯数字，小数点后保留2位有效数字，如：7.23	是
日处理能力	单位：吨/天。填写阿拉伯数字，小数点后保留2位，如：29.70	是
建立时间	填写建立时间，格式为"某年/某月/某日"，如"2011/7/1"	是
证明材料	相关证明材料，提供设施建设、验收、运行等相关证明材料。格式为pdf	是
经度（度）	填大小范围在0～180之间的阿拉伯数字，整数，如：69	是
经度（分）	填大小范围在0～60之间的阿拉伯数字，整数，如：39	是
经度（秒）	填大小范围在0～60之间的阿拉伯数字，小数点后保留2位，如:29.70	是
纬度（度）	填大小范围在0～90之间的阿拉伯数字，整数，如：69	是
纬度（分）	填大小范围在0～60之间的阿拉伯数字，整数，如：39	是
纬度（秒）	填大小范围在0～60之间的阿拉伯数字，小数点后保留2位，如:29.70	是
照片	以垃圾填埋场填埋坑为对象，拍摄近景、远景照片；以垃圾填埋场为对象，拍摄远景、全景照片。数码照片通过上报软件提交（照片无需事先命名，软件自动生成编码），照片格式为jpg，尺寸不得小于2500×1500像素	是
备注	其他内容	是

（4）转移支付资金使用

①转移支付资金使用

转移支付资金使用填写要求见表 4-1-2-31。

表 4-1-2-31　转移支付资金使用填写要求

指标项	填写要求	是否必填
年份	自动生成	否
省级财政拨付的生态功能区转移支付经费	单位：万元。填阿拉伯数字，小数点后保留 2 位有效数字，如：7.23	是
民生保障与政府基本公共服务支出	单位：万元。填阿拉伯数字，小数点后保留 2 位有效数字，如：7.23	是
生态建设支出	单位：万元。填阿拉伯数字，小数点后保留 2 位有效数字，如：7.23	是
环境保护支出	单位：万元。填阿拉伯数字，小数点后保留 2 位有效数字，如：7.23	是
其中环境监测支出	单位：万元。填阿拉伯数字，小数点后保留 2 位有效数字，如：7.23	是
其他支出	单位：万元。填阿拉伯数字，小数点后保留 2 位有效数字，如：7.23	是
资金使用相关材料	转移支付资金总额及资金使用相关材料，格式为 pdf	是
备注	其他内容	否

②考核监测工作经费

考核监测工作经费填写要求见表 4-1-2-32。

表 4-1-2-32　考核监测工作经费填写要求

指标项	填写要求	是否必填
年份	自动生成	否
工作经费	单位：万元。填阿拉伯数字，小数点后保留 2 位有效数字，如：7.23	是
资金拨付凭证	县级财政关于监测工作经费的资金拨付凭证。格式为 pdf。	是
备注	其他内容	否

（5）考核工作组织

自查工作组织填写要求见表 4-1-2-33。

表 4-1-2-33　自查工作组织情况填写要求

指标项	填写要求	是否必填
年份	自动生成	否
自查组织情况	填写自查组织情况的主要内容，文字描述	是
证明材料	相关证明材料，含组织机构、工作方案、人员培训、经费保障等	是

2.6 上报指标与上一年度比较情况信息

（1）环境状况指标变化情况说明

环境状况指标变化情况填写要求见表 4-1-2-34。

表 4-1-2-34　自查工作组织情况填写要求

指标项	填写要求	是否必填
指标名称	"污染源排放量"、"城市生活污水集中处理"、"生活垃圾无害化处理"、"建成区绿地率"	否
指标变化情况	自动生成	否
指标变化原因	填写指标变化的原因，文字描述	是

（2）县域生态建设与保护成效情况说明

县域生态建设与保护成效情况填写要求见表 4-1-2-35。

表 4-1-2-35　县域生态建设与保护成效情况填写要求

指标项	填写要求	是否必填
年份	自动生成	否
生态建设情况	填写生态建设主要内容，文字描述	是
生态保护成效	填写生态项目建设所取得的成效，文字描述	是

（3）其他情况说明

其他情况填写要求见表 4-1-2-36。

表 4-1-2-36　其他情况填写要求

指标项	填写要求	是否必填
年份	自动生成	否
其他情况	填写其他情况，文字描述	是
整改情况	填写整改情况（若去年为变差县，需加入整改措施），文字描述	否
整改措施落实情况说明	整改措施落实情况，文字描述	否

2.7 其他图档材料

除上述材料外，其他与生态环境质量监测评价与考核相关的照片、图片、电子文档、表格等也可同时提交，材料格式为 pdf、doc、xls 或 jpg。

2.8 纸质文档

（1）自查报告及附表

考核县域自查报告主要内容包括年度生态环境指标汇总情况、数据副填报表、生态环境保护与管理情况及与上一年度比较情况说明。自查报告由数据填报软件自动生成，打印装订后经考核县政府盖章后报送。

（2）工作组织情况相关材料

工作组织情况相关材料包括工作组织情况相关证明文件等内容。

（3）生态环境指标等证明文件

证明文件包括：

➢ 区县国土面积证明材料

➢ 林地指标证明材料

➢ 草地指标证明材料

➢ 湿地指标证明材料

➢ 活立木指标证明材料

➢ 森林指标证明材料

➢ 环境状况指标证明材料

➢ 城镇污水集中处理率指标证明材料

➢ 生活垃圾指标证明材料

➢ 建成区绿地率指标证明材料

证明材料须由有关主管部门审核盖章。

（4）环境监测报告

监测报告包括：

➢ 空气质量监测报告

➢ 地表水水质监测报告

➢ 污染源排放监测报告

➢ 集中式饮用水水源地水质监测报告

环境监测报告须由报告编制单位审核盖章。

第2章

县级数据填报软件系统使用手册

本部分描述了系统的基本功能、系统界面以及各功能模块的具体操作，辅助使用人员从整体和具体功能上掌握系统的使用方法。

"填报系统"主要通过县域生态环境质量监测评价与考核数据的填报模板下发，数据编辑导入、数据质量检查、自查报告生成、数据打包等功能模块，以功能菜单和右键快捷菜单的方式实现县域填报数据的编辑导入、质量检查，以辅助县级主管部门用户生成符合省级要求的县域生态环境质量监测评价与考核上报数据。

1.系统运行环境

本系统运行的软硬件环境不得低于表 4-2-1-1 所示配置，软件环境的支撑控件和辅助软件为必选项，否则系统无法正常运行。

表 4-2-1-1　系统运行环境表

	设备	指标详细信息
硬件环境	CPU	2.0 GHz 以上
	内存	1G 以上
	可用硬盘空间	5GB 以上
软件环境	操作系统	Windows XP/2003/7，支持 64 位操作系统
	支撑控件	MicroSoft .NET Framework 4.0（自动安装）
	辅助软件	Microsoft Office 2007（需含 Excel，Word）Adobe Reader 7.0 以上

2. 系统安装说明

本操作说明将不对 MicroSoft Office 2007 和 Adobe Reader 的安装进行详细说明，其安装方法请参见其相关说明文档。以下为"填报系统"的详细安装说明：

（1）双击运行安装包光盘中"县域生态环境质量监测评价与考核数据填报系统\setup.exe"，如图 4-2-2-1 所示，系统开始安装。

图 4-2-2-1　县域生态环境质量监测评价与考核数据填报系统安装文件

（2）若你机器上以前没有安装 Microsoft .NET Framework 4.0，安装程序会自动弹出提示安装 Microsoft .NET Framework 4.0 界面，如图 4-2-2-2 所示。

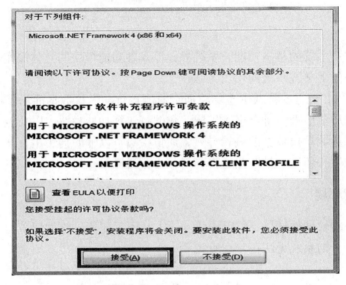

图 4-2-2-2　Microsoft .NET Framework 4.0 安装界面

（3）点击"接受"按钮，将进入 Microsoft .NET Framework 4.0 的安装文件复制步骤，复制安装文件所需时间根据不同机器环境需要 1～5 分钟，请耐心等候，在等候期间尽量不要进行其他操作。若点击"不接受"按钮，则退出安装，系统将提示安装未完成。文件复制完成后，进入 Microsoft .NET Framework 4.0 的正式安装界面，如图 4-2-2-3 所示。

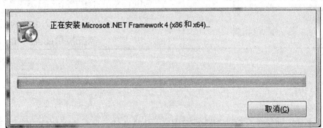

图 4-2-2-3　Microsoft .NET Framework 4.0 安装进度

在安装过程中，需安装 Microsoft .NET Framework 4.0 的汉化包，在安装此插件前有可能（根据不同操作系统及系统安全级别设置）出现如图 4-2-2-4 所示的安全警告。

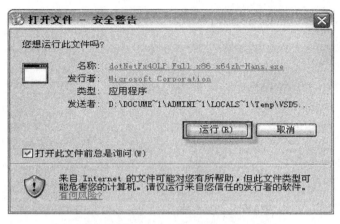

图 4-2-2-4　安全警告

（4）若出现此警告，点击"运行"按钮则继续进入如图 4-2-2-5 所示的 Microsoft .NET Framework 4.0 的安装进度界面。

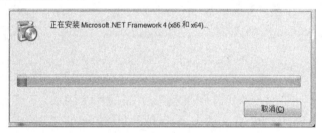

图 4-2-2-5　Microsoft .NET Framework 4.0 安装进度

（5）Microsoft .NET Framework 4.0 安装完成后，将自动进入"县域生态环境质量监测评价与考核数据填报系统"（简称"填报系统"）软件的安装欢迎界面，如图 4-2-2-6 所示。在该界面中会有"填报系统"的简介、安装要求以及版本申明等信息。

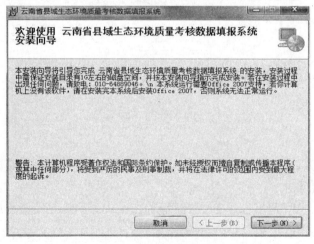

图 4-2-2-6　欢迎界面

（6）点击"下一步"按钮，则进入选择安装文件夹界面，如图 4-2-2-7 所示。该界面中已对安装文件夹及使用人进行了初始化，若不需要修改，可直接点击"下一步"进行确认安装界面。

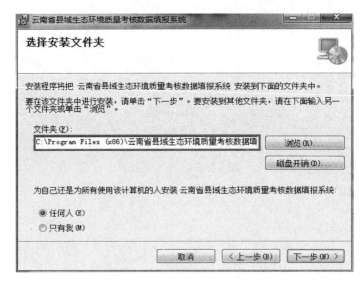

图 4-2-2-7　选择安装文件夹界面

您可根据磁盘空间情况来决定程序将安装的文件夹（图 4-2-2-7 红框内文本框），可采用默认的文件夹（Program Files 文件夹下），或是直接在文件夹框中输入程序将安装到的文件夹，或是点击"浏览"按钮来修改安装目标文件夹。

通过图 4-2-2-8 红框内的选择按钮选择"填报系统"是为自己还是所有使用本计算机的人使用。若只有安装用户能使用本系统，则选择"只有我"，若任何使用本计算机的人都可使用本系统，则选择"任何人"。

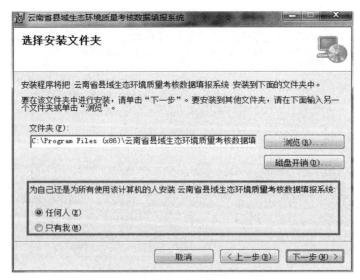

图 4-2-2-8　设置"填报系统"使用人

（7）设置好安装文件夹和使用人后，点击"下一步"按钮，则进入系统确认安装界面，如图 4-2-2-9 所示。

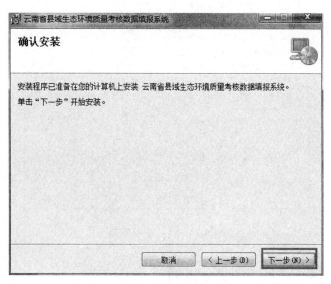

图 4-2-2-9　系统确认安装界面

（8）若确认安装，则点击"下一步"进入系统安装进度界面（如图 4-2-2-10 所示）；若需要修改安装设置，则点击"上一步"按钮，则返回上一步进行安装文件夹等的修改；若想取消本次安装，则点击"取消"按钮，则将退出安装，并提示安装未完成。

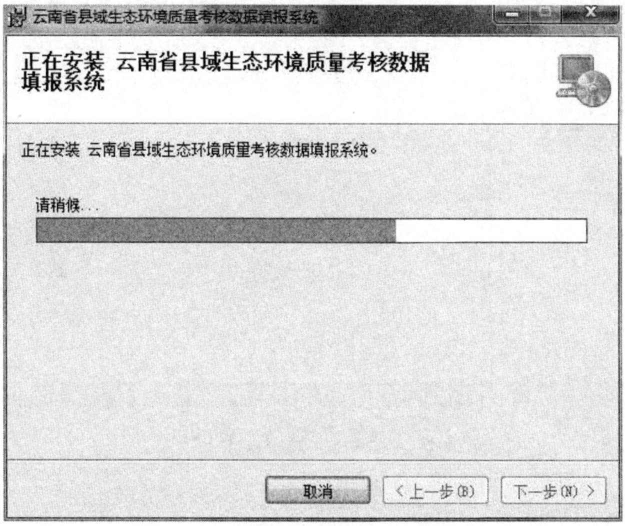

图 4-2-2-10　系统安装进度界面

（9）耐心等待系统安装，该过程根据不同性能的机器约需要 1～3 分钟。

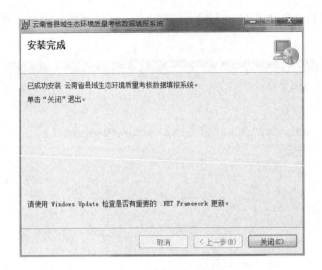

图 4-2-2-11　安装完成

（10）点击图 4-2-2-11 出现的"关闭"按钮，结束系统安装。

3. 系统主界面说明

3.1 监测数据考核系统主界面说明

"填报系统"主界面采用经典的 Office2010 界面风格，整个界面分为三个区，分别为：菜单区、考核上报数据列表区、数据显示编辑区，如图 4-2-3-1 所示。

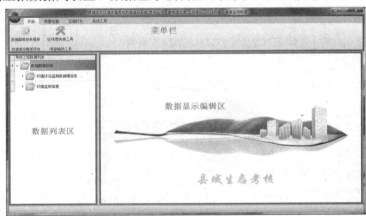

图 4-2-3-1　系统主界面

（1）功能菜单区

系统功能菜单区位于系统主界面的上方，系统主要通过该功能菜单区的功能按钮来完成县域生态环境质量监测评价与考核数据模板的获取、县域生态环境质量监测评价与考核填报数据的质量检查及数据加密打包等功能。本系统的功能按钮根据功能分类分布于四个菜单面板中，这四个面板为：开始、质量检查、压缩打包及系统工具。系统功能与各菜单面板间的对应关系如表 4-2-3-1 所示。

表 4-2-3-1　菜单说明表

序号	菜单名称	系统功能
1	开始	县域生态环境填报数据模板获取
2	质量检查	县域生态环境质量监测评价与考核填报数据质量检查
3	压缩打包	县域上报数据预检、加密打包
4	系统工具	系统界面风格切换、数据备份、恢复

菜单面板之间通过菜单面板上方的菜单项（图 4-2-3-2）的点击来进行切换：

图 4-2-3-2　系统功能菜单切换区

菜单面板在系统运行过程中一般都一直显示，但有时为了扩大数据显示区，可通过双击菜单面板上方的菜单项实现菜单面板的隐现，菜单面板隐藏后的界面（图 4-2-3-3），用户可通过双击菜单面板上方的菜单项恢复菜单面板的显示。

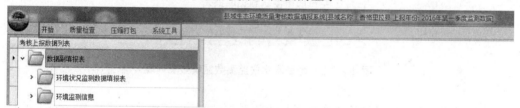

图 4-2-3-3　菜单隐藏后的功能菜单区

系统菜单位于功能菜单区的左上角的系统图标处，通过点击图标来弹出菜单（图 4-2-3-4）。该菜单中提供县域基本情况查看、帮助文档、系统的版本信息和退出系统功能。

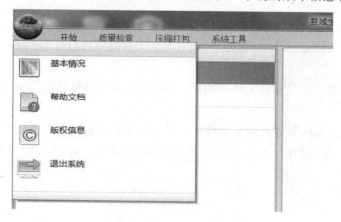

图 4-2-3-4　系统菜单

（2）填报数据列表区

县域填报数据列表区位于系统主界面的左侧，通过目录树的方式，对各类型的上报数据进行组织。初始状态下，目录树中一级节点有数据副填报表，根据各部分包含的内容分为二级节点和三级节点，如图 4-2-3-5 所示。

图 4-2-3-5　地表水水质监测数据填报表列表

系统将通过点击该目录树来实现考核上报数据的浏览，其操作方式与 Windows 的目录操作完全相同，只需逐级打开目录至末级节点，即为具体数据对应的文件或表格，点击即可在数据显示区以表格的方式显示相应数据。数据列表区中数据若不存在，其数据文件名称前面的图标与数据文件存在状况下的图标有所不同，如图 4-2-3-5 所示，图中地表水水质监测数据填报表未导入。

（3）数据显示编辑区

数据显示区主要是显示填报数据列表区所选中数据节点对应的表格内容，另外还显示环境监测信息。

不同数据内容，其显示样式各不相同，图 4-2-3-6 为环境状况监测数据填报表的显示样式。

图 4-2-3-7 为表格类数据的显示样式，在表格类显示窗口，可实现数据表的翻页、数据记录的修改等功能操作（通过表格左下方的功能区实现，如图 4-2-3-7 红框内所示）。

断面情况		监测时间							
水质监测断面代码	水质监测断面名称	监测时间（年月日）	水温（℃）	pH	溶解氧（mg/L）	高锰酸盐指数（mg/L）	化学需氧量（mg/L）	五日生化需氧量（mg/L）	
▶ 1	WA53342100001	上桥头水文站	2016/4/1	7	7.5	2	15	3	
2	WA53342100002	碧塔海中心点	2016/4/1	7	7.5	2	15	3	
3	WA53342100002	碧塔海中心点	2016/4/2	7	6	4	15	3	
4	WA53342100001	上桥头水文站	2016/4/2	7	6	4	15	3	
5	WA53342100002	碧塔海中心点	2016/4/3	7	5	6	20	4	
6	WA53342100001	上桥头水文站	2016/4/3	7	5	6	20	4	
7	WA53342100001	上桥头水文站	2016/4/4	7	3	10	30	6	
8	WA53342100002	碧塔海中心点	2016/4/4	7	3	10	30	6	
9	WA53342100001	上桥头水文站	2016/4/5	7	2	15	40	10	
10	WA53342100002	碧塔海中心点	2016/4/5	7	2	15	40	10	
11	WA53342100002	碧塔海中心点	2016/4/6	10	7.5	2	15	3	
12	WA53342100001	上桥头水文站	2016/4/6	10	7.5	2	15	3	
13	WA53342100002	碧塔海中心点	2016/4/7	7	7.5	2	15	3	
14	WA53342100001	上桥头水文站	2016/4/7	7	7.5	2	15	3	
15	WA53342100002	碧塔海中心点	2016/4/8	7	6	4	15	3	
16	WA53342100001	上桥头水文站	2016/4/8	7	6	4	15	3	
17	WA53342100002	碧塔海中心点	2016/4/9	7	5	6	20	4	
18	WA53342100002	碧塔海中心点	2016/4/9	7	5	6	20	4	
19	WA53342100002	碧塔海中心点	2016/4/10	7	3	10	30	6	
20	WA53342100002	上桥头水文站	2016/4/10	7	3	10	30	6	
21	WA53342100001	上桥头水文站	2016/4/11	7	2	15	40	10	
22	WA53342100002	碧塔海中心点	2016/4/11	7	2	15	40	10	
23	WA53342100001	上桥头水文站	2016/4/12	10	7.5	2	15	3	
24	WA53342100002	碧塔海中心点	2016/4/12	10	7.5	2	15	3	

当前记录：1 of 36

图 4-2-3-6　环境状况监测数据填报表显示样式

水质监测断面代码	水质监测断面名称	断面性质	河流/湖泊名称	是否湖库	经度	纬度	建立时间	照片	监测报告	备注
▶ 1	WA53342100001	上桥头水文站	国控	岗曲河	是	99°24′3″	28°9′55″	2014/8/12		地表水环境质量标准.pdf	快圣诞节和数据库还是楚
2	WA53342100002	碧塔海中心点	国控	碧塔海	否	99°59′28″	27°49′17″	2015/6/16		地表水环境质量标准.pdf	就哈哈哈是的罚款还烦得

当前记录：1 of 2

图 4-2-3-7　表格类显示样式

3.2 其他数据系统主界面说明

"填报系统"主界面采用经典的 Office2010 界面风格，整个界面分为三个区，分别为：

菜单区、考核上报数据列表区、数据显示编辑区，如图4-2-3-8所示。

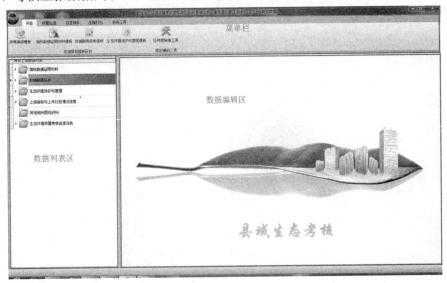

图 4-2-3-8　系统主界面

（1）功能菜单区

系统功能菜单区位于系统主界面的上方，系统主要通过该功能菜单区的功能按钮来完成县域生态环境质量监测评价与考核数据模板的获取、县域生态环境质量监测评价与考核填报数据的质量检查、自查报告生成及数据加密打包等功能。本系统的功能按钮根据功能分类分布于五个菜单面板中，这五个面板为：开始、质量检查、自查报告、压缩打包及系统工具。系统功能与各菜单面板间的对应关系如表4-2-3-2所示。

表 4-2-3-2　菜单说明表

序号	菜单名称	系统功能
1	开始	县域生态环境填报数据模板获取
2	质量检查	县域生态环境质量监测评价与考核填报数据质量检查
3	自查报告	县域生态环境质量监测评价与考核数据自查报告生成、查看及导出
4	压缩打包	县域上报数据预检、加密打包
5	系统工具	系统界面风格切换、数据备份、恢复

菜单面板之间通过菜单面板上方的菜单项（图4-2-3-9）的点击来进行切换：

图 4-2-3-9　系统功能菜单切换区

　　菜单面板在系统运行过程中一般都一直显示，但有时为了扩大数据显示区，可通过双击菜单面板上方的菜单项实现菜单面板的隐现，菜单面板隐藏后的界面（图 4-2-3-10），用户可通过双击菜单面板上方的菜单项恢复菜单面板的显示。

图 4-2-3-10　菜单隐藏后的功能菜单区

　　系统菜单位于功能菜单区的左上角的系统图标处，通过点击图标来弹出菜单（图 4-2-3-11）。该菜单中提供县域基本情况查看、系统帮助、系统的版本信息和退出系统功能。

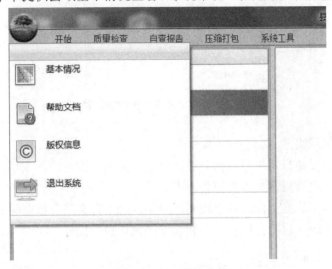

图 4-2-3-11　系统菜单

（2）填报数据列表区

　　县域填报数据列表区位于系统主界面的左侧，通过目录树的方式，对各类型的上报数据进行组织。初始状态下，目录树中一级节点包括指标数据证明材料、数据副填报表、生态环境保护与管理填报表、上报指标与上年比较情况信息、其他相关图档资料和生态环境质量监测评价与考核自查报告六部分，根据各部分包含的内容分为二级节点和三级节点，如图 4-2-3-12 所示。

　　系统将通过点击该目录树来实现考核上报数据的浏览，其操作方式与 Windows 的目录操作完全相同，只需逐级打开目录至末级节点，即为具体数据对应的文件或表格，点击即可在数据显示区以文档或表格的方式显示相应数据。数据列表区中数据若不存在，其数据文件名称前面的图标与数据文件存在状况下的图标有所不同，如图 4-2-3-12 所示，图中林地指标证明材料未导入。

图 4-2-3-12　考核上报数据列表

（3）数据显示编辑区

数据显示区主要是显示填报数据列表区所选中数据节点对应的文档或表格内容，另外还显示系统生成的自查报告文本及报告附表。

不同数据内容，其显示样式各不相同，图 4-2-3-13 为文档类数据的显示样式，在文档类显示窗口，可实现文档的打印、换页和显示比例切换等操作。

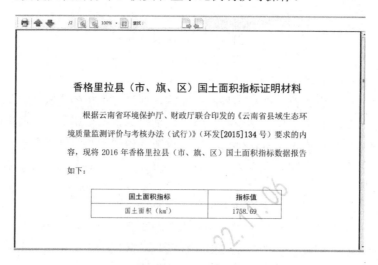

图 4-2-3-13　文档类显示样式

图 4-2-3-14 为表格类数据的显示样式，在表格类显示窗口，可实现数据表的翻页、数据记录的增加、删除、修改等功能操作（通过表格左下方的功能区实现，如图 4-2-3-14 红框内所示）。

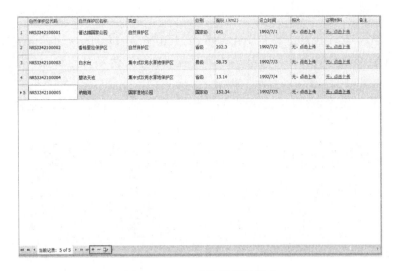

	自然保护区代码	自然保护区名称	类型	级别	面积（km2）	设立时间	照片	证明材料	备注
1	NR53342100001	普达措国家公园	自然保护区	国家级	641	1992/7/1	无，点击上传	无，点击上传	
2	NR53342100002	香格里拉保护区	自然保护区	省级	202.3	1992/7/2	无，点击上传	无，点击上传	
3	NR53342100003	白水台	集中式饮用水源地保护区	县级	58.75	1992/7/3	无，点击上传	无，点击上传	
4	NR53342100004	碧沽天池	集中式饮用水源地保护区	省级	13.14	1992/7/4	无，点击上传	无，点击上传	
▶ 5	NR53342100005	纳帕海	国家湿地公园	国家级	152.34	1992/7/5	无，点击上传	无，点击上传	

图 4-2-3-14 表格类显示样式

4. 系统功能操作说明

4.1 监测数据考核系统功能操作说明

功能菜单区的功能菜单和县域生态环境质量监测评价与考核填报数据列表区的右键菜单是本系统的主要功能入口，本章将详细说明菜单功能区功能菜单、填报数据列表区右键菜单及数据显示编辑区的功能操作。

（1）系统登录及初始化

若用户在计算机上对"填报系统"进行了安装，则用户计算机系统桌面上、计算机系统开始菜单中将产生"云南省数据填报系统"的快捷方式，如图 4-2-4-1 所示。若用户未安装，则参照《云南省重点生态功能区县域生态环境质量监测评价与考核数据填报系统安装手册》来完成系统软件的安装，并进入系统初始化及登录界面工作。系统运行及登录的具体步骤包括导入县信息、系统初始化验证、修改登入密码及登录系统四部分。

图 4-2-4-1 "数据填报系统"桌面及开始菜单快捷方式

1）导入县信息

若为国家考核县，且点位没有变化（截止到 2016 年 11 月 1 日），请跳过此步骤。导入县信息实现县域信息（县名称、县编码等）及水、气、污染源监测点位信息的导入。步骤如下：

①点击计算机操作系统开始菜单中的"导入县信息"（图 4-2-4-2）。则弹出导入县信息界面。

图 4-2-4-2　导入县信息

②点击"选择"，选取省下发的文件（如：香格里拉县_533421_2016_基本信息.data），点击"打开"。如图 4-2-4-3 所示。

图 4-2-4-3　选择区县信息文件

③点击"确定"，开始导入，弹出导入进度窗体，如图 4-2-4-4 所示。

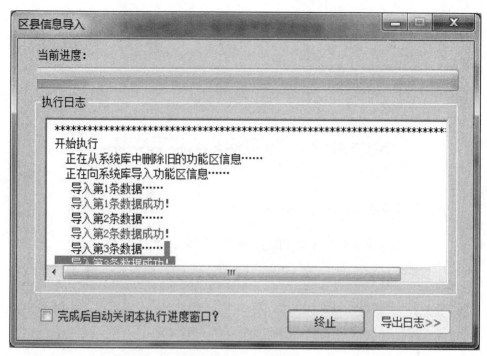

图 4-2-4-4　导入进度

2）系统初始化验证

双击桌面上的"云南省数据填报系统"快捷方式，或者点击计算机操作系统开始菜单中的"云南省数据填报系统"，则开始运行系统。若在系统安装完成后没有进行系统验证或是验证未成功，则需先进行系统验证，验证步骤如下：

①运行系统时，系统弹出如图 4-2-4-5 所示的界面，提示是否进行验证。

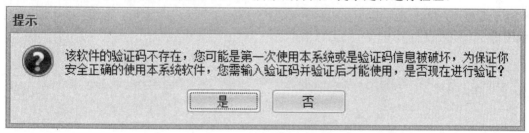

图 4-2-4-5　系统未验证提示

②在提示框中，点击"是"按钮，则进入如图 4-2-4-6 所示的系统验证界面；点击"否"按钮，则提示系统未验证，并退出系统登录。

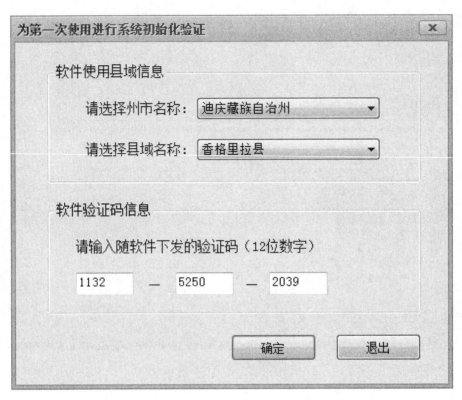

图 4-2-4-6　系统验证界面

③在系统验证界面中（图 4-2-4-6），选择您所在的省、县名称（若所在县不存在，请关闭此界面，并执行导入县信息后，再进行该操作），并输入随软件下发的 12 位验证码（3组 4 位数字），若点击"确定"按钮，如果验证码正确，则显示如图 4-2-4-7 所示的验证正确提示信息，方框内内容提示您系统登录的初始密码。若点击"退出"按钮，则退出验证，系统将提示软件没有验证，并提示退出系统。

图 4-2-4-7　初始化成功提示框

点击初始化成功提示框的"确定"按钮，则进入系统登录界面。

【注】软件验证码随安装光盘一起下发，一般贴于光盘封面上，若没有或是丢失，请联系统开发商获取新的验证码。

3）修改登录密码

系统初始化时，将系统的登录密码设为县域的六位行政编码，如：云南省香格里拉县的密码为 533421。为保证数据及系统安全，建议在第一次使用系统时修改登录密码。步骤如下：

① 系统初始化验证成功后，会弹出登录框（以云南省香格里拉县为例），如图 4-2-4-8 所示。

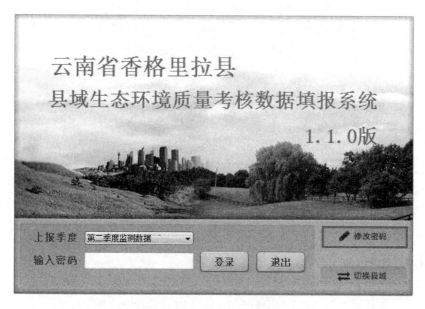

图 4-2-4-8　系统登录界面

② 点击上图中系统登录界面中的"修改密码"按钮，则弹出密码修改对话框（如图 4-2-4-9 所示），可以修改登录密码。

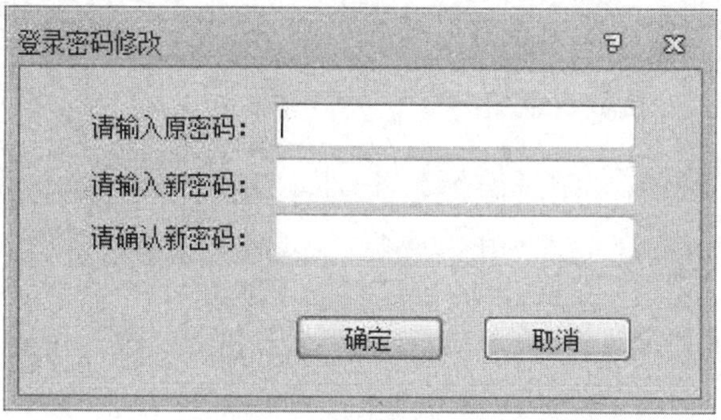

图 4-2-4-9　登录密码修改窗

在图 4-2-4-9 登录密码修改窗体的第一个框中输入原密码，第一次登录时的密码为县域代码，以后再修改时则为用户修改过的密码。在第二个框中输入新密码（密码建议由数字和字母组合而成），然后在第三个框中重新输入新密码，以确认新密码没有输错。

③密码输入完成后，点击"确定"按钮，若原密码没有输错，且新密码与确认密码相同，则弹出修改密码成功提示框（如图 4-2-4-10 所示）；否则提示原密码错误或新密码与确认密码不匹配错误，这时用户需要重新进行密码的修改。

图 4-2-4-10　密码修改成功提示框

【注】修改密码为可选步骤，若所用计算机只能本人使用，可不用修改密码。

4）切换县域

"切换县域"功能主要针对省级用户，目的是方便省级用户对各县进行技术支持工作，可以快速实现不同县域系统的切换。步骤如下：

①单击登录窗体上的"切换县域"按钮，如图 4-2-4-11 所示。

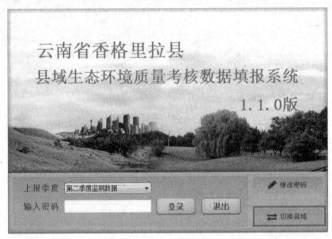

图 4-2-4-11　县域切换

② 弹出县域注册码输入窗口，输入注册码后点击"确定"按钮，可以切换到其他县域。如图 4-2-4-12 所示。

图 4-2-4-12　注册码输入

5）登录系统

系统登录的具体操作步骤为：

① 系统登录框（如图 4-2-4-13 所示）中，点击"登录"按钮，则开始进入登录系统。

图 4-2-4-13 系统登录界面

② 系统第一次登录或是初始化后，会在登录过程中提示用户数据库不存在，提示信息如图 4-2-4-14 所示。点击"确定"按钮，则生成上报目录，并进入系统主界面（图 4-2-4-15），系统登录完成。

图 4-2-4-14 考核年份设置提示框

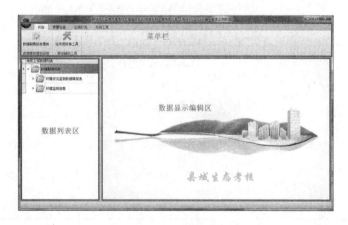

图 4-2-4-15 系统主界面

【注意】若系统安装时已进行了系统初始化验证工作，则在运行时不会弹出验证相关界面。

（2）数据填报模板获取

系统成功登录后，可进行数据填报模板的获取操作。数据填报模板获取是将需要整理导入的县域生态环境质量监测评价与考核上报数据的填报模板保存至指定的目录下。数据填报模板在系统中有两种获取方式：一种是通过系统上方的功能菜单获取，为数据副填报表模板获取，这些功能菜单位于系统上方的开始菜单面板中，如图 4-2-4-16 所示；另一种是通过系统左侧数据列表的右键菜单获取（如图 4-2-4-17 所示），此种获取方式比较有针对性，是针对单一上报数据进行的模板获取，用户可以根据自己的需要获取所需数据的模板。

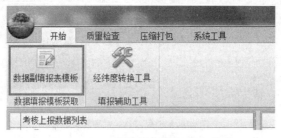

图 4-2-4-16　数据填报模板获取菜单

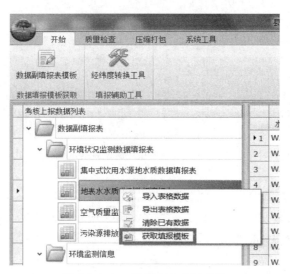

图 4-2-4-17　数据列表右键菜单

表 4-2-4-1 为上报数据的模板清单，用户可以根据自己的需要选取获取方式获取所需的数据模板。

表 4-2-4-1　模板清单

文件夹	模板名称	备注
数据副填报表	地表水水质监测数据填报表.xls	
	集中式引用水源地水质监测数据填报表.xls	
	空气质量监测数据填报表.xls	
	污染源排放监测数据填报表.doc	

1）功能菜单获取填报模板

系统上方功能菜单中填报模板的获取为数据副填报表模板菜单，具体操作步骤为：

①单击"开始"菜单下"数据填报模板获取"栏中"数据副填报表模板"按钮，系统将弹出如图 4-2-4-18 所示的模板保存目录选择对话框。

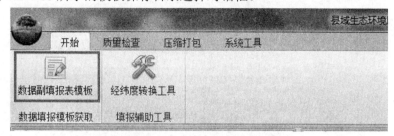

图 4-2-4-18　数据填报模板获取菜单

图 4-2-4-19　模板保存路径选择对话框

②在模板保存目录选择对话框中，选取填报模板文件的保存目录，如图 4-2-4-19 所示，选择了"模板"文件夹来存放导出的填报数据模板文件（若需要新建目录，可通过左下角的"新建文件夹"新建目录来保存。

③选择好目录后，点击确定按钮，弹出模板导出执行进度框，如图 4-2-4-20 所示。在模板获取过程中，可点击"终止"按钮随时终止获取过程，也可勾选"完成后自动关闭本执行进度窗口？"，在完成模板获取过程后自动关闭该执行进度框。在模板导出执行进度框中，执行日志显示了执行的进度。导出过程执行完成后，点击模板导出执行进度框中的"导出日志"按钮，可将执行日志以文本文档的形式导出到本地。

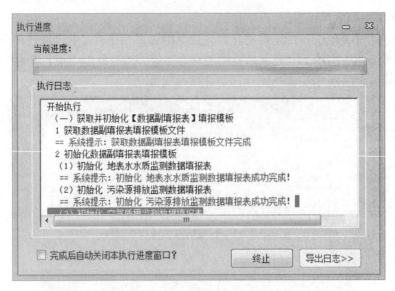

图 4-2-4-20　模板导出执行进度框

④ 模板导出执行完成后，填报模板导出至指定的目录中，如图 4-2-4-21 所示。

图 4-2-4-21　导出的数据填报模板文件

2）右键菜单获取填报模板

①在填报数据列表区展开"数据副填报表"目录下的"环境状况监测数据填报表"目录，并在需要导出数据的节点上右键点击，弹出右键功能菜单，如图 4-2-4-22 所示。

图 4-2-4-22 模板获取右键功能菜单

②在弹出的功能菜单中，点击"获取填报模板"菜单项，弹出如图 4-2-4-23 所示的文件存放目录选择对话框。

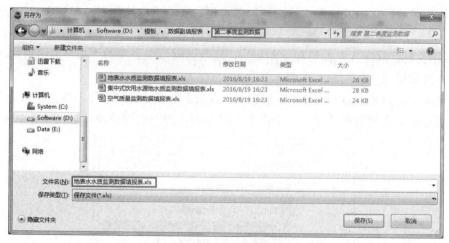

图 4-2-4-23 模板文件存放路径选择对话框

③在文件存放目录选择对话框中，选择导出文件存放目录，如图 4-2-4-23 所示，导出文件的存放目录为"第二季度监测数据"文件夹；对话框中的默认保存文件名为获取的数据名称，用户可以自行修改。点击"保存"按钮，模板文件将保存到用户选择的目录下。

【注】模板获取完成后用户可根据填写规范的要求，通过 Excel 或 Word 软件在模板中输入相关数据。

（3）数据导入与修改

数据导入与编辑主要完成数据文件的导入和数据的录入工作。在数据填报模板获取并填写完成后，即可进行此操作。目前，系统导入的文件类型有数据副填报表，各数据类别入库方式见表 4-2-4-2，表中所有的数据类别及名称与系统上报数据列表区的目录树相对应。

表 4-2-4-2　数据录入方式表

数据类别	数据名称	右键菜单导入	界面录入	推荐入库方式
数据副填报表\环境状况监测数据填报表	地表水水质监测数据填报表	支持	不支持	导入
	空气质量监测数据填报表	支持	不支持	导入
	污染源排放监测数据填报表	支持	不支持	导入.
	集中式饮用水水源地水质数据填报表	支持	不支持	导入
数据副填报表/环境监测信息	水质监测断面信息表	不支持	支持（部分信息修改）	界面录入
	集中式饮用水水源地监测点信息表	不支持	支持（部分信息修改）	界面录入
	空气监测点位信息表	不支持	支持（部分信息修改）	界面录入
	污染源基本信息表	不支持	支持（部分信息修改）	界面录入

其中"水质监测断面信息表"、"空气监测点位信息表"、"污染源基本信息表"、"集中式饮用水水源地监测点信息表"中的数据为系统自带数据，无需导入。

1）数据副填报表文本信息导入

数据副填报表中可以导入的信息为环境状况监测数据填报表，环境监测信息包括水质监测断面信息表、集中式饮用水水源地监测点信息表、空气监测点位信息表、污染源基本信息表四种。环境状况监测数据填报表中的污染源排放监测数据填报表导入的文件为Excel 表格文件。其导入操作过程基本相同，以数据副填报表中的"水质监测数据填报表"的导入为例来说明文件的导入步骤。

①填报数据列表区展开"数据副填报表"目录下的"环境状况监测数据填报表"目录，在"地表水水质监测数据填报表"节点上右键点击，弹出右键菜单，如图 4-2-4-24 所示。

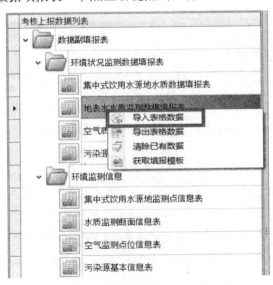

图 4-2-4-24　数据导入右键菜单

②在弹出的功能菜单中，点击"导入表格数据"菜单项，弹出如图 4-2-4-25 所示的文件选择对话框。

图 4-2-4-25 文件选择对话框

③在文件选择对话框中选择水质监测数据填报表文件（如图 4-2-4-25 所示），并点击"打开"按钮，弹出导入字段对应关系检查对话框，如图 4-2-4-26 所示。

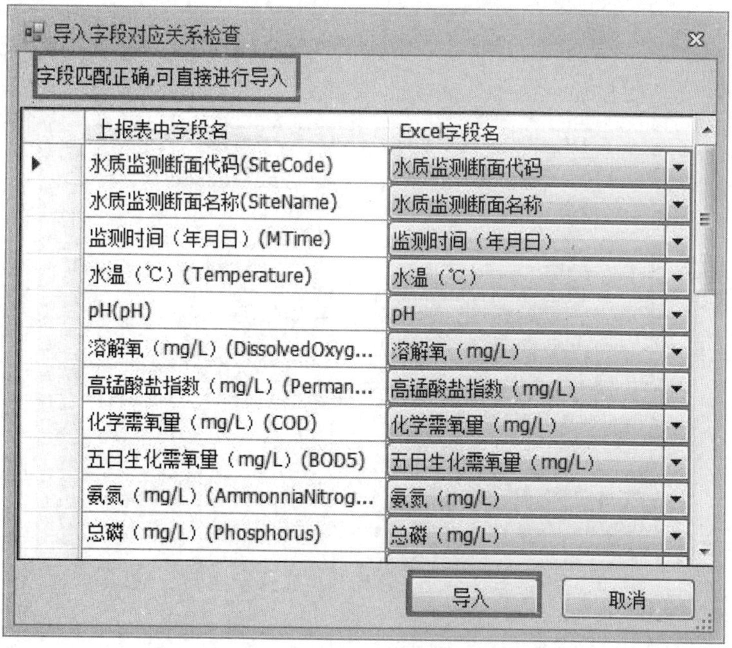

图 4-2-4-26 字段对应关系检查对话框

④在图 4-2-4-26 的导入字段对应关系检查对话框中，若显示字段匹配正确、可直接进行导入，则可点击"导入"按钮，导入数据；若 Excel 中的字段名与上报表中的字段名不能对应，则会出现如图 4-2-4-27 所示的错误提示，图中红框内上报表中字段名中的化学需氧量字段在 Excel 表格中找不到对应的字段名，此时需要用户选择 Excel 中匹配的字段项。点击图中蓝框内 Excel 字段名下的下拉按钮，选择与化学需氧量匹配的字段，如图 4-2-4-28

所示，选择化学需氧量1字段名，然后点击"导入"按钮，继续数据的导入过程。

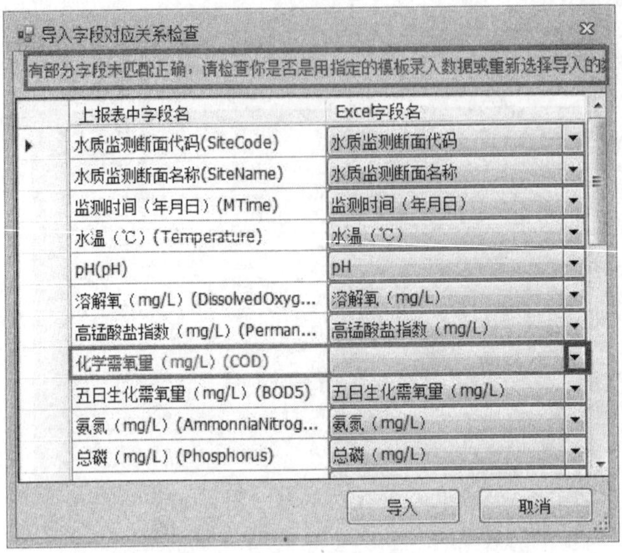

图 4-2-4-27　字段对应关系检查对话框

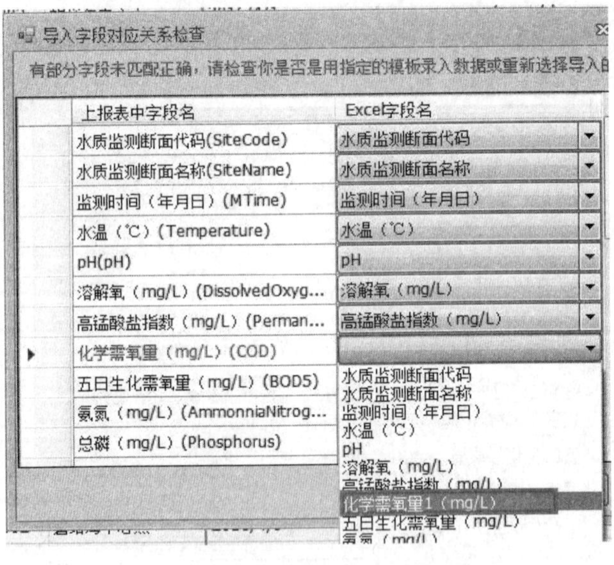

图 4-2-4-28　字段对应选择示例窗

　　⑤在导入字段对应关系检查对话框中点击"导入"按钮后，弹出如图4-2-4-29所示文件导入执行进度框。若该数据以前已经导入，则弹出如图4-2-4-30所示的提示框，提示用户是否删除并重新导入数据文件，点击提示框中的"是"按钮，则删除数据文件并重新导入；若点击"否"按钮，则在原有数据文件基础上导入新的数据文件，只导入与原有文件不重复的数据内容；若点击"取消"按钮，将取消导入过程。点击文件导入执行进度提示框中的"终止"按钮，系统将终止文件的导入；勾选"完成后自动关闭本执行进度窗口？"在完成导入过程后自动关闭该执行进度框。

图 4-2-4-29 文件导入执行进度提示框

图 4-2-4-30 文件替换确认框

⑥点击文件导入执行进度提示框中的"终止"按钮，系统将终止文件的导入，文件导入完成后，文件导入执行进度提示框变为如图 4-2-4-31 所示提示框，点击"导出日志"按钮可以将导入的执行过程日志以文本文档的形式导出到本地；点击"关闭"按钮，关闭导入框。同时，在系统数据显示编辑区显示导入的表格数据，如图 4-2-4-32 所示。

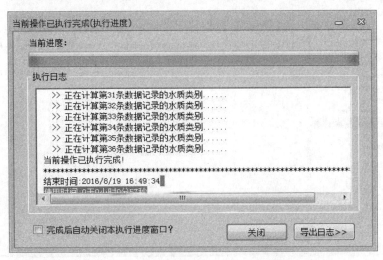

图 4-2-4-31 文件导入执行完成提示框

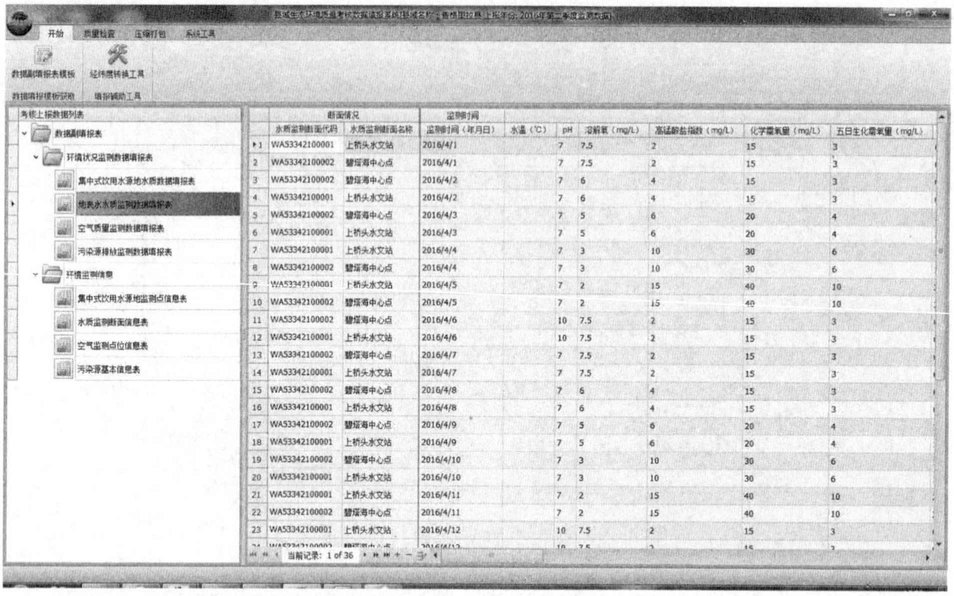

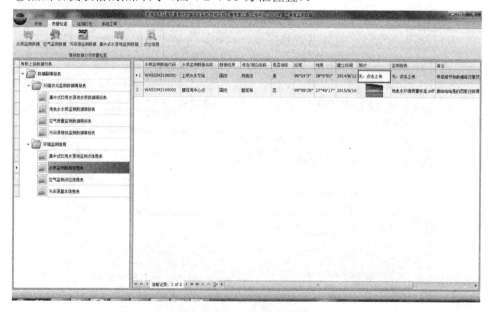

图 4-2-4-32 数据表格显示窗

2）数据副填报表相关照片导入

需要导入照片的表有水质监测断面信息表、空气监测点位信息表、污染源基本信息表、集中式饮用水水源地监测点信息表，照片在导入系统时将自动命名。

以水质监测断面信息表照片信息的导入为例，步骤如下：

①在"填报数据列表区"中展开"数据副填报表数据"目录下的"环境状况监测数据填报表"目录，点击"水质监测数据填报表"节点。

②点击右侧表格的照片列（图 4-2-4-33 方框位置）。

图 4-2-4-33 表格中照片列

③弹出照片导入界面，如图 4-2-4-34 所示。

图 4-2-4-34　照片管理界面

④点击图 4-2-4-34 红框中"新增"按钮，弹出选择照片界面（图 4-2-4-35），选择一张或多张图片，点击打开，导入照片。

图 4-2-4-35　照片选择

⑤照片导入时，系统将自动为照片命名，照片导入后可以通过"前一张"、"后一张"按钮进行浏览，也可以通过"删除"按钮删除，如图 4-2-4-36 所示。

图 4-2-4-36　照片浏览、删除

⑥关闭照片管理窗口，可以在数据列表中显示照片的缩略图（第一张图片）。如图 4-2-4-37 所示。

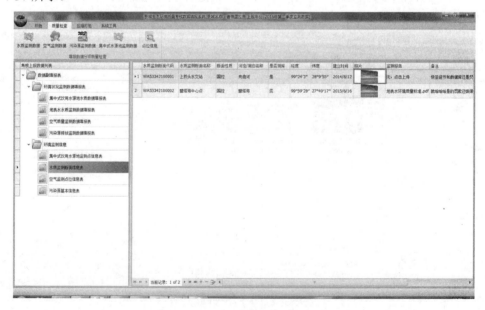

图 4-2-4-37　数据列表照片显示

3）数据副填报表相关附件导入

数据副填报表相关附件导入是指污染源标准文件、监测报告等文件的导入，操作步骤如下：

①在填报数据列表区展开"数据副填报表"目录下的"环境监测信息"目录，点击"污染源基本信息表"节点，在界面右侧显示污染源数据列表（如图 4-2-4-38 所示），点击红框位置，弹出标准添加界面，如图 4-2-4-39 所示。

图 4-2-4-38　污染源排放标准导入

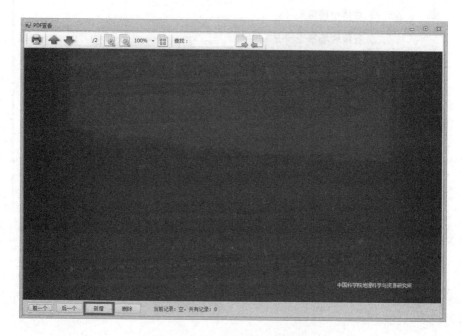

图 4-2-4-39　排放标准管理界面

②点击图 4-2-4-39 方框位置的新增按钮，弹出如图 4-2-4-40 所示界面，选择相应文件（一个或多个），并点击打开按钮，提示保存成功，并在图 4-2-4-41 所示界面中显示导入的标准。另外，也可以在这个界面中对多个标准进行浏览及删除。

图 4-2-4-40　标准选择

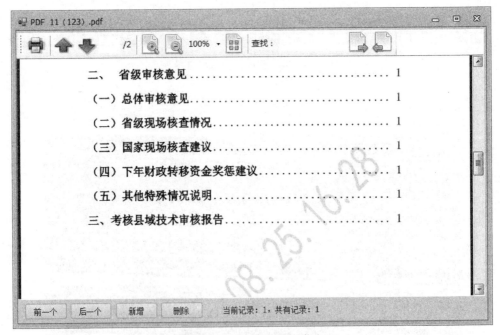

图 4-2-4-41　标准导入成功

③关闭图 4-2-4-41 所示界面，将在图 4-2-4-42 所示方框中显示标准名称，点击方框也可以查看已导入的标准。

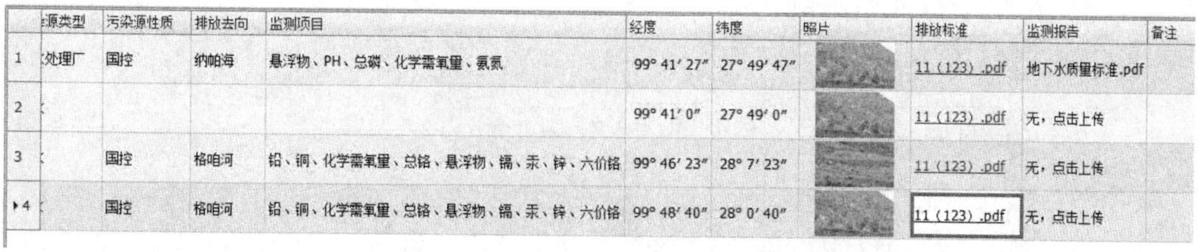

	源类型	污染源性质	排放去向	监测项目	经度	纬度	照片	排放标准	监测报告	备注
1	处理厂	国控	纳帕海	悬浮物、PH、总磷、化学需氧量、氨氮	99°41′27″	27°49′47″		11 (123) .pdf	地下水质量标准.pdf	
2					99°41′0″	27°49′0″		11 (123) .pdf	无，点击上传	
3		国控	格咱河	铅、铜、化学需氧量、总铬、悬浮物、镉、汞、锌、六价铬	99°46′23″	28°7′23″		11 (123) .pdf	无，点击上传	
▶ 4		国控	格咱河	铅、铜、化学需氧量、总铬、悬浮物、镉、汞、锌、六价铬	99°48′40″	28°0′40″		11 (123) .pdf	无，点击上传	

图 4-2-4-42　标准在列表的显示样式

4）数据修改

数据导入或录入到系统中之后，工作人员可能会发现数据存在填写错误或缺少部分数据，则需要对数据进行修改。对于只支持导入的数据可以通过修改模板后导入来修改数据，如监测数据。对于表格数据用户可以通过编辑功能对数据进行修改操作。数据编辑的操作是横向表格的编辑，类似于 Excel 中的表格样式，介绍如下：

以"水质监测断面信息表"的编辑为例来说明，操作步骤如下：

在"填报数据列表区"展开"数据副填报表数据"目录下的"环境监测断面信息表"目录，点击"环境监测断面信息表"节点，在右侧的数据显示及编辑区将显示自然保护区等受保护区域信息（如图 4-2-4-43 所示），通过表格左下方的按钮，用户可以实现数据的编辑操作，介绍如下：

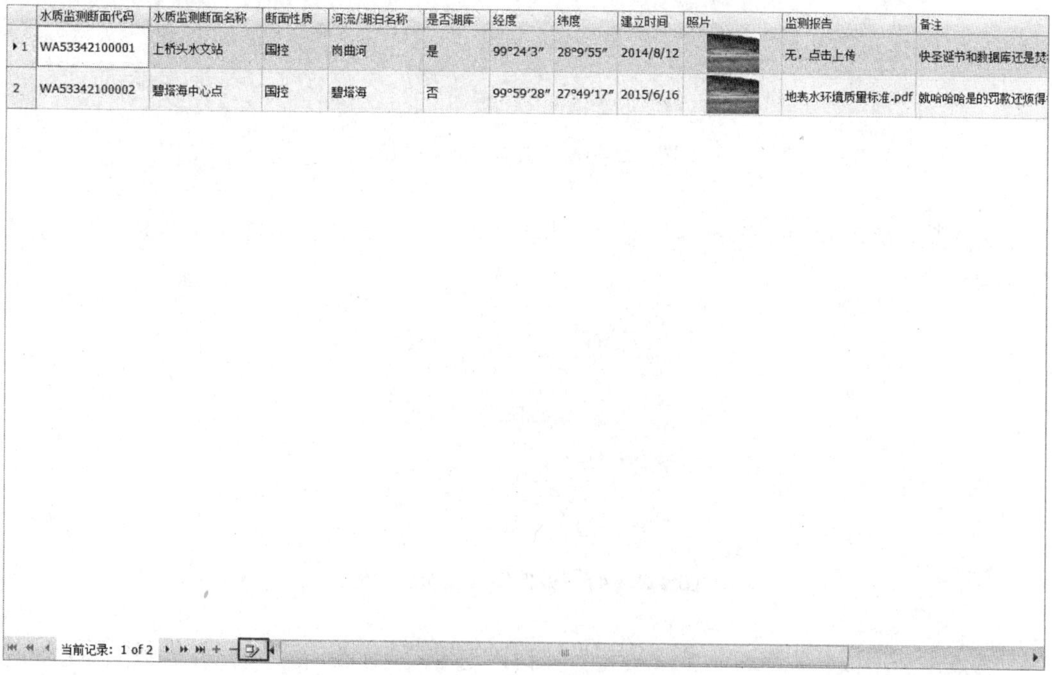

	水质监测断面代码	水质监测断面名称	断面性质	河流/湖泊名称	是否湖库	经度	纬度	建立时间	照片	监测报告	备注
▶ 1	WA53342100001	上桥头水文站	国控	岗曲河	是	99°24′3″	28°9′55″	2014/8/12		无，点击上传	快圣诞节和数据库还是梵
2	WA53342100002	碧塔海中心点	国控	碧塔海	否	99°59′28″	27°49′17″	2015/6/16		地表水环境质量标准.pdf	就哈哈是的罚款还烦得

当前记录: 1 of 2

图 4-2-4-43　横向表格

①在数据显示区中点击选中表格中的一行数据，点击表格左下方的按钮，弹出数据修改窗口，如图 4-2-4-44 所示。

数据修改	
水质监测断面代码	WA53342100001
水质监测断面名称	上桥头水文站
断面性质	国控
河流/湖白名称	岗曲河
是否湖库	是
建立时间	2014/8/12
监测报告	无，点击上传
经度（度）	99
经度（分）	24
经度（秒）	3
纬度（度）	28
纬度（分）	9
纬度（秒）	55
照片	
备注	快圣诞节和数据库还是焚枯食淡开设科室的纠

保存　　取消

图 4-2-4-44　数据修改对话框

②在数据修改窗口中修改各数据项，点击"保存"按钮，弹出修改成功提示框，如图 4-2-4-45 所示。

图 4-2-4-45　数据修改成功提示框

③点击新增成功提示框中的"确定"按钮，则修改后的记录将显示在数据显示区的表中。

5）数据清除

数据清除是将用户导入或录入到系统中的数据删除掉，所有通过数据列表目录树右键菜单导入的材料都可通过右键菜单进行数据清除操作。以水质监测数据的清除为例来说明其操作方法。

①点击上报数据列表中的"数据副填报表"下的"环境状况监测数据填报表"，展开其目录，右键点击"水质监测数据"，弹出右键菜单，如图 4-2-4-46 所示。

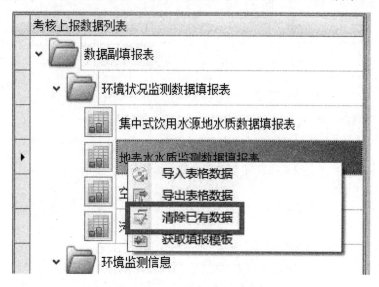

图 4-2-4-46　清除已有数据右键菜单

②点击右键弹出菜单中的"清除已有数据"，弹出清除提示对话框，如图 4-2-4-47 所示。

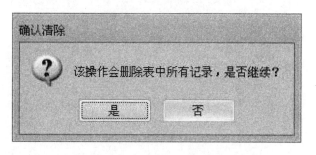

图 4-2-4-47　记录是否删除确认框

③在清除提示对话框中，点击"是"按钮，系统将删除该数据；点击"否"按钮，将取消删除操作。

6）经纬度转换

在数据录入或编辑过程中，需要输入经纬度数据。由于系统中要求录入的经纬度数据以度分秒的形式表现（如图 4-2-4-48 中水质监测断面信息表中的经纬度信息，经度为109°45′18″），而实际获取的数据有可能是以度的形式表示的（例如 123.3175 度），需要将其转换为度分秒的形式再录入到系统中。为方便用户操作，系统提供了经纬度转换工具。

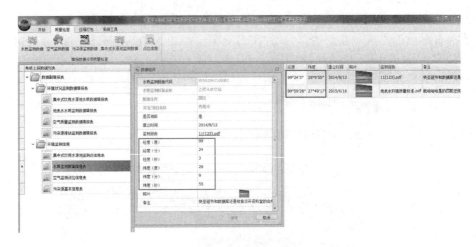

图 4-2-4-48　污水集中处理设施信息表编辑窗

经纬度转换的具体操作步骤为：

①点击"开始"菜单下的"经纬度转换工具"按钮，弹出经纬度转换对话框，如图 4-2-4-49 所示。

图 4-2-4-49　经纬度转换对话框

②在经纬度转换对话框中输入转换前度数，如图 4-2-4-49 方框中所示；然后点击"转换"按钮，显示如图 4-2-4-50 所示转换结果。

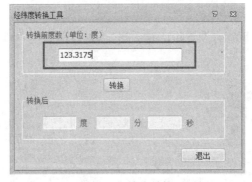

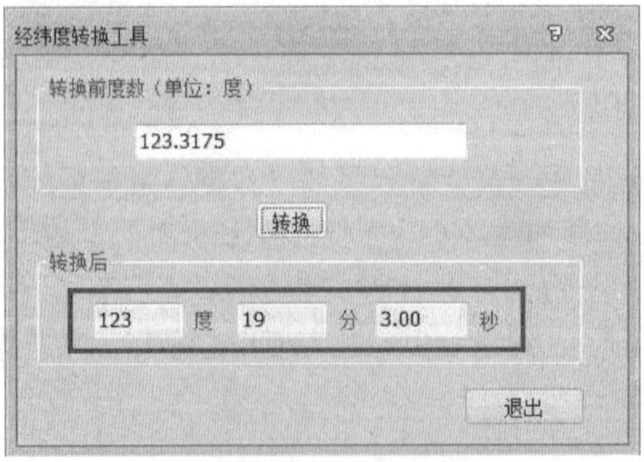

图 4-2-4-50　经纬度转换对话框

（4）质量检查

在部分县域或所有县域填报数据上报并导入到系统后，即可进行数据质量检查。数据质量检查主要是完成入库数据的质量检查，包括各类数据是否入库、数据项是否填写完整等。数据质量检查操作主要是通过主界面的质量检查菜单展开，其布局如图 4-2-4-51 所示，检查完成后将给出检查记录，用户可根据检查记录修改数据。

图 4-2-4-51　质量检查菜单面板

质量检查功能为填报数据分项质量检查。

【注】数据检查发现的问题并非一定是错误，可根据实际情况判断是否修改。

为了使质量检查更有针对性，系统提供了分项检查功能，检查填报某一类数据的质量，主要包括水质监测数据、空气监测数据、污染源监测数据、集中式水源地监测数据、点位信息五项检查内容，如图 4-2-4-52 所示。

图 4-2-4-52　填报数据分项质量检查功能菜单

各项数据质量检查的操作步骤相同，具体的操作步骤以水质监测数据的检查为例。

①点击"质量检查"菜单下"填报数据分项质量检查"栏中的"水质监测数据"按钮，弹出执行进度对话框，如图 4-2-4-53 所示。

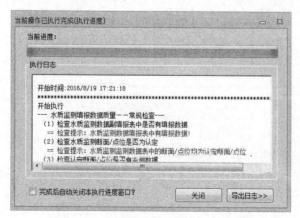

图 4-2-4-53　质量检查进度及日志提示框

②系统将依次检查水质监测数据副填报表中是否有填报数据、水质监测断面/点位是否为省级认定、省级认定断面/点位是否有监测数据三部分内容，在检查过程中，将通过日志的方式动态显示检查提示和结果，如图 4-2-4-53 所示。

③数据质量检查操作执行完成后，点击执行进度对话框的"关闭"按钮，关闭当前对话框；点击"导出日志"按钮，以文本文档的形式导出质量检查执行日志。

用户可根据执行日志提示的错误，修改相关数据，并导入或界面录入，完成后再进行数据检查，循环该过程直到数据检查通过。

（5）压缩打包

填报系统的加密打包功能主要是将县域上报数据缺失检查，并生成压缩上报文件，主要包括上报数据打包前预查与填报数据加密打包两个子功能（如图 4-2-4-54 所示）。

图 4-2-4-54　压缩打包菜单项

1）上报数据打包前预查

上报数据打包前预查是在数据打包上报前对各填报数据进行检查，主要检查上报数据文件目录、数据库文件、数据副填报表环境质量监测报告填报是否完整以及数据是否齐全。具体操作步骤为：

①点击"压缩打包"菜单下"上报打包工具"栏中的"上报数据打包前预查"按钮，弹出数据打包前检查执行进度对话框，如图 4-2-4-55 所示。在检查过程中，可点击"终止"按钮随时终止检查过程，也可勾选"完成后自动关闭本执行进度窗口？"，在完成检查过程后自动关闭该执行进度框。

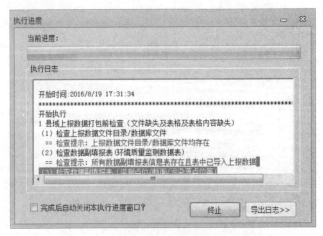

图 4-2-4-55　上报数据打包前预查进度提示框

②县域上报数据打包前检查完成之后，可以在执行进度对话框中查看执行日志，如图4-2-4-56 所示。

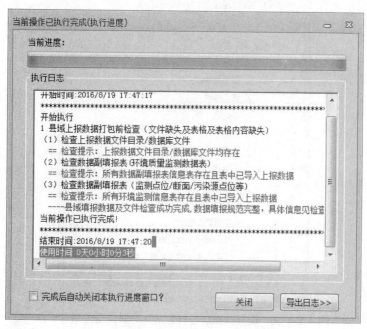

图 4-2-4-56　上报数据打包前预查结果框

③点击执行进度对话框中的"关闭"按钮，关闭当前执行进行对话框；点击"导出日志"按钮，将执行日志以文本文件的形式导出到本地。

【注】数据预查发现的问题并非一定是错误，可根据实际情况判断是否修改。若数据预查发现错误，则需要重新进行数据的导入、修改操作直到数据预查无误为止。

2）填报数据加密打包

数据加密打包是将县域上报数据及生成的相关报告文档加密打包，生成加密压缩包文件（*.crf）以上报至上级主管部门。具体操作步骤如下：

①点击"加密打包"菜单下"上报打包工具"栏中的"填报数据加密打包"按钮，弹出上报数据打包前预查确认对话框（见图 4-2-4-57）。若未进行数据预查操作，则选择"是"按钮，进行数据预查；若以前进行过数据预查操作且预检成功，则选择"否"按钮，在打包前不重新进行数据预检，直接进行填报数据加密打包操作，弹出填报数据加密打包文件存储目录选择对话框，如图 4-2-4-58 所示。

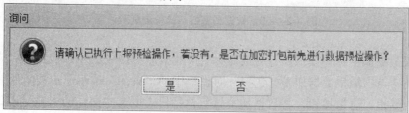

图 4-2-4-57　上报预检操作执行确认框

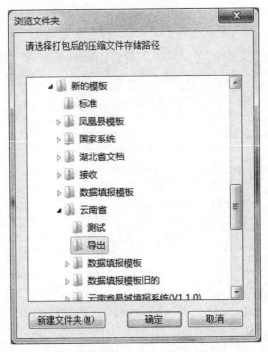

图 4-2-4-58　填报数据加密打包文件存储目录选择对话框

②在文件存储目录选择对话框中选择打包文件的存储目录，并点击"确定"按钮，则进入数据加密打包执行进度对话框，如图 4-2-4-59 所示。

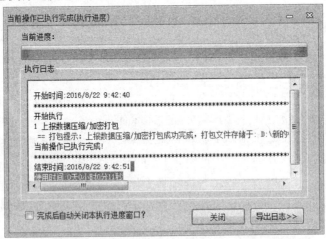

图 4-2-4-59　数据加密打包执行进度对话框

③填报数据加密打包操作执行完成后，上报数据加密打包文件存储到用户选择的文件存储目录下。点击填报数据加密打包执行对话框中的"关闭"按钮，则关闭当前执行对话框；选择"导出日志"按钮，将数据加密打包执行日志以文本文件的形式导出到本地。

（6）系统工具

系统工具菜单项上提供了两类功能：一是切换系统界面风格；二是数据管理工具，如

图 4-2-4-60 所示。切换系统界面风格是改变系统主界面的运行风格，包括颜色、界面样式等。数据管理工具是实现对当前系统中填报数据的备份和恢复。

图 4-2-4-60　系统工具菜单项

1）系统常用界面风格

系统默认的界面风格为 Office 2010 蓝色风格，用户可以根据自己的喜好来切换不同的界面风格。系统提供了常用的两种界面风格（Office 2010 蓝色和 Office 2010 银色），若需要切换至该界面风格，直接点击"系统工具"菜单下"常用界面风格"栏内的相应的界面风格按钮即可。另外，系统还提供了一些不常用的界面风格，其切换操作步骤如下：

①点击"系统工具"菜单下"常用界面风格"栏右下角的下拉按钮（如图 4-2-4-61 框内所示）：

图 4-2-4-61　展开更多界面风格按钮

②系统将弹出所有可供使用的界面风格列表，如图 4-2-4-62 所示。

图 4-2-4-62　更多界面风格列表

③在弹出的界面风格选择下拉框内，双击将要切换至的列表项，则将系统主界面风格切换至该风格。图 4-2-4-63 为切换为"VS2010"风格后的系统主界面。

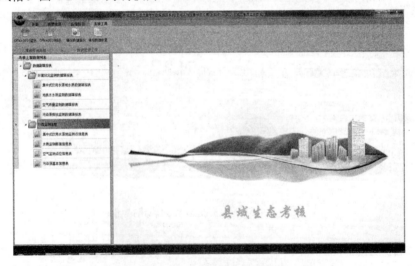

图 4-2-4-63　VS2010 风格样式

2）数据管理工具

数据管理工具主要是实现系统内已有县域上报数据的备份和恢复，以防操作系统崩溃时导致数据丢失。

①填报数据备份

建议用户每天做完数据导入或审核操作后，将数据进行一次备份。数据备份操作步骤为：

a.点击"系统工具"菜单下"数据管理工具"栏内的"填报数据备份"按钮，系统将弹出如图 4-2-4-64 所示的文件保存路径选择对话框。

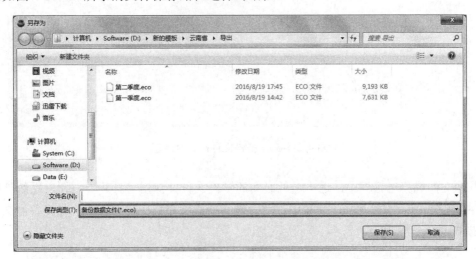

图 4-2-4-64　数据备份文件保存路径选择对话框

b.在文件保存路径选择对话框中，选中备份文件将存储的目录，在文件名框内输入备份文件名（建议以当前日期为文件名，如：2016082202 为 2016 年 8 月 22 日第二季度的备份文件），并点击"保存"按钮，系统将对当前系统中的数据进行备份，备份文件的扩展名为 eco。

c.备份完成后，系统将弹出如图 4-2-4-65 所示的提示框，提示用户备份已成功完成，以及备份文件保存的路径。

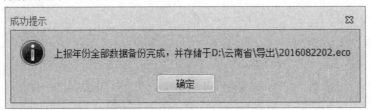

图 4-2-4-65　备份完成提示框

②填报数据恢复

当操作系统或是本系统发生崩溃或是无法进入时，可重新安装或是对系统进行初始化操作后，将备份数据恢复至系统数据库中，数据恢复操作的步骤如下：

a.点击"系统工具"菜单下"数据管理工具"栏内的"填报数据恢复"按钮，系统将弹出如图 4-2-4-66 所示的文件选择对话框。

图 4-2-4-66　备份文件选择对话框

b.在文件选择对话框中，选中最近时间的备份文件并点击"打开"按钮，系统将弹出如图 4-2-4-67 所示的提示框，提示用户是否确实要清除系统中已有数据，并将备份文件中的数据恢复至系统中。

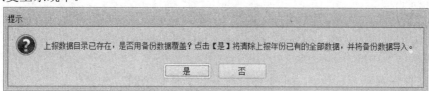

图 4-2-4-67　数据覆盖提示框

c.在提示框中，点击"是"按钮，则将清除已有数据，并将备份数据导入系统中；点击"否"按钮，则退出恢复操作，系统将保留原有数据，并返回系统主界面。

d.数据恢复完成后，系统将弹出如图 4-2-4-68 所示的提示框，提示数据恢复完成，并可通过"数据上报列表"进行查看。

图 4-2-4-68　数据恢复完成提示框

（7）系统菜单

系统菜单位于功能菜单区的左上角的系统图标处，通过点击图标来弹出菜单（如图 4-2-4-69 所示）。该菜单中提供基本情况、帮助文档、版权信息和退出系统功能。

图 4-2-4-69 系统菜单

1）基本情况

显示填报系统中当前县域的基本信息，主要操作步骤为：

①在系统主界面中，左键点击左上角的系统图标，则弹出如图 4-2-4-70 所示的系统菜单。

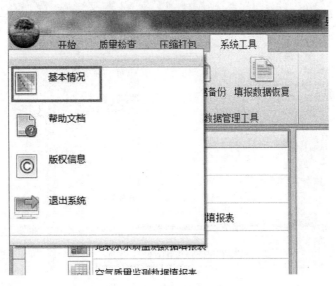

图 4-2-4-70 基本情况系统菜单

②在弹出的菜单中，点击"基本情况"菜单项，系统弹出如图 4-2-4-71 所示的当前县域基本信息框。

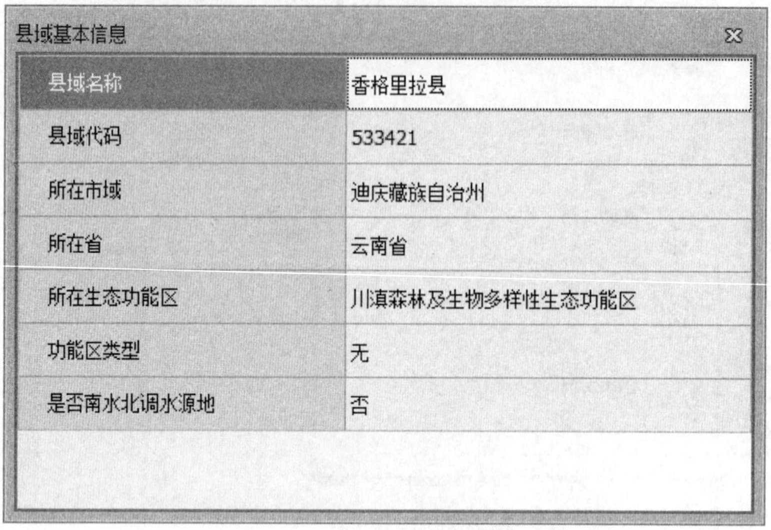

县域基本信息
县域名称
香格里拉县
县域代码
533421
所在市域
迪庆藏族自治州
所在省
云南省
所在生态功能区
川滇森林及生物多样性生态功能区
功能区类型
无
是否南水北调水源地
否

图 4-2-4-71　县域基本情况查看窗体

2）帮助文档

该功能是打开并以主题的方式显示系统帮助文档，具体的操作步骤为：

①在系统主界面中，左键点击左上角的系统图标，则弹出如图 4-2-4-72 所示的系统菜单。

开始
质量检查
压缩打包
系统工具
基本情况
帮助文档
版权信息
退出系统
填报数据恢复
数据管理工具
空气质量监测数据填报表

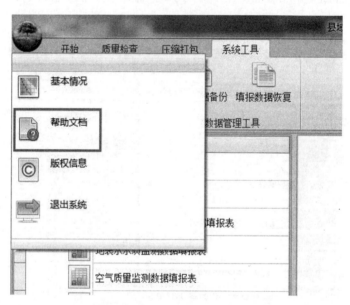

图 4-2-4-72　帮助文档菜单项

②在弹出的菜单中，点击“帮助文档”菜单项，系统弹出如图 4-2-4-73 所示的系统帮助文档。

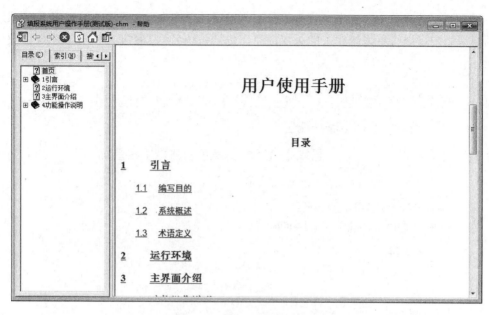

图 4-2-4-73　系统帮助界面

③在帮助文档界面，用户可浏览系统帮助文档，并可通过主题查找以及关键字查找的方式快速定位至所关心的文档部分。

3）版权信息

该功能是显示系统版权及版本信息，操作步骤为：

①在系统主界面中，左键点击左上角的系统图标，则弹出如图 4-2-4-74 所示的系统菜单。

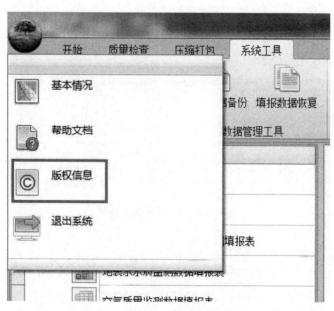

图 4-2-4-74　版权信息菜单项

②在弹出的菜单中，点击"版权信息"菜单项，系统弹出如图 4-2-4-75 所示的系统版权信息，用户可以查看系统相关的版权信息，包括系统名称、版本号、开发单位以及使用单位等。

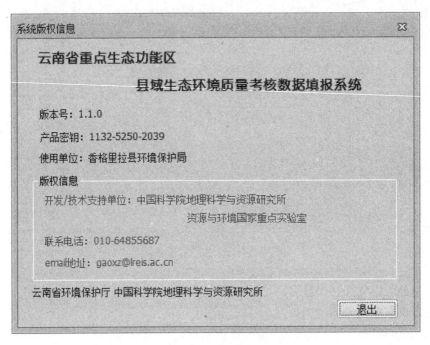

图 4-2-4-75 系统版权信息查看窗体

4）退出系统

通过该菜单项退出系统，也可通过系统主界面右上角的关闭按钮（图 4-2-4-76）来退出系统。当系统中有正在运行的操作，如：质量检查，则系统的关闭按钮不可用，只能通过退出系统按钮来退出系统。

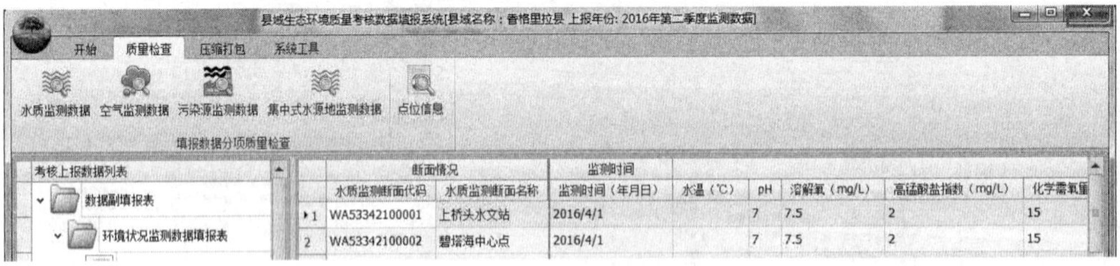

图 4-2-4-76 系统关闭按钮

退出系统功能操作步骤如下：

①在系统主界面中，左键点击左上角的系统图标，则弹出如图 4-2-4-77 所示的系统菜单。

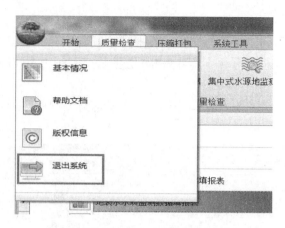

图 4-2-4-77 退出系统菜单项

②在弹出的菜单中，点击"退出系统"菜单项，则系统直接退出。

4.2 其他数据系统功能操作说明

功能菜单区的功能菜单和县域生态环境质量监测评价与考核填报数据列表区的右键菜单是本系统的主要功能入口，本部分将详细说明菜单功能区功能菜单、填报数据列表区右键菜单及数据显示编辑区的功能操作。

（1）系统登录及初始化

若用户在计算机上对"填报系统"进行了安装，则用户计算机系统桌面上、计算机系统开始菜单中将产生"云南省数据填报系统"的快捷方式，如图 4-2-4-78 所示。若用户未安装，则参照《云南省重点生态功能区县域生态环境质量监测评价与考核数据填报系统安装手册》来完成系统软件的安装，并进入系统初始化及登录界面工作。系统运行及登录的具体步骤包括导入县信息、系统初始化验证、修改登入密码及登录系统四部分。

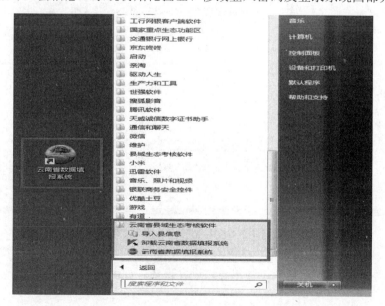

图 4-2-4-78 "数据填报系统"桌面及开始菜单快捷方式

1) 导入县信息

若为国家考核县，且点位没有变化（截止到 2015 年 11 月 1 日），请跳过此步骤。导入县信息实现县域信息（县名称、县编码等）及水、气、污染源监测点位信息的导入。步骤如下：

①点击计算机操作系统开始菜单中的"导入县信息"，则弹出导入县信息界面，如图 4-2-4-79 所示。

图 4-2-4-79　导入县信息

②点击"选择"，选取省下发的文件（如：香格里拉县_533421_2016_基本信息.data），点击"打开"，如图 4-2-4-80 所示。

图 4-2-4-80　选择区县信息文件

③点击"确定"，开始导入，弹出导入进度窗体，如图 4-2-4-81 所示。

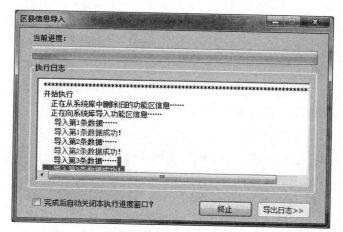

图 4-2-4-81　导入进度

2）初始化验证

双击桌面上的"云南省数据填报系统"快捷方式，或者点击计算机操作系统开始菜单中的"云南省数据填报系统"，则开始运行系统。若在系统安装完成后没有进行系统验证或是验证未成功，则需先进行系统验证，验证步骤如下：

①运行系统时，系统弹出如图 4-2-4-82 所示的界面，提示是否进行验证。

图 4-2-4-82　系统未验证提示

②在提示框中，点击"是"按钮，则进入如图 4-2-4-83 所示的系统验证界面；点击"否"按钮，则提示系统未验证，并退出系统登录。

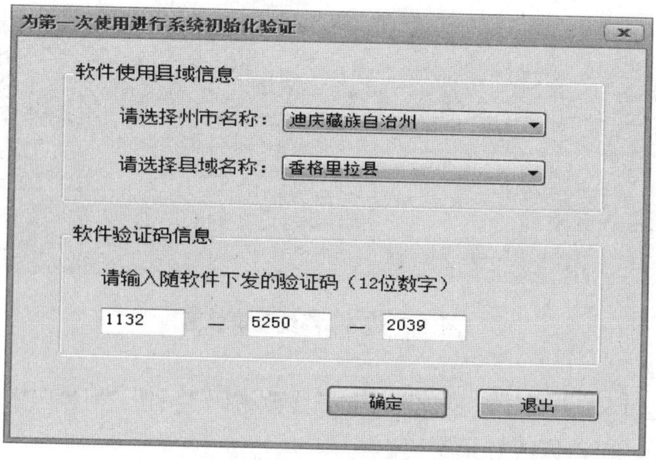

图 4-2-4-83　系统验证界面

③在系统验证界面中（图 4-2-4-83），选择您所在的省、县名称（若所在县不存在，请关闭此界面，并执行 6.1.1 后，再进行该操作），并输入随软件下发的 12 位验证码（3 组 4 位数字），若点击"确定"按钮，如果验证码正确，则显示如图 4-2-4-84 所示的验证正确提示信息，框内内容提示您系统登录的初始密码。若点击"退出"按钮，则退出验证，系统将提示软件没有验证，并提示退出系统。

图 4-2-4-84　初始化成功提示框

点击初始化成功提示框的"确定"按钮，则进入系统登录界面。

【注】软件验证码随安装光盘一起下发，一般贴于光盘封面上，若没有或是丢失，请联系系统开发商获取新的验证码。

3）修改登录密码

系统初始化时，将系统的登录密码设为县域的六位行政编码，如：云南省香格里拉县的密码为 533421。为保证数据及系统安全，建议在第一次使用系统时修改登录密码。步骤如下：

①在系统初始化验证成功后，会弹出登录框（以云南省香格里拉县为例），如图 4-2-4-85 所示。

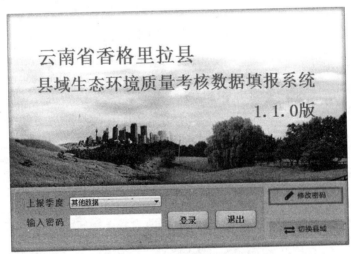

图 4-2-4-85　系统登录界面

②点击图 4-2-4-85 中系统登录界面中的"修改密码"按钮，则弹出密码修改对话框（如图 4-2-4-86 所示），可以修改登录密码。

在图 4-2-4-86 登录密码修改窗体的第一个框中输入原密码，第一次登录时的密码为县域代码，以后再修改时则为用户修改过的密码。在第二个框中输入新密码（密码建议由数字和字母组合而成），然后在第三个框中重新输入新密码，以确认新密码没有输错。

图 4-2-4-86　登录密码修改窗

③密码输入完成后，点击"确定"按钮，若原密码没有输错，且新密码与确认密码相同，则弹出修改密码成功提示框（如图 4-2-4-87 所示）；否则提示原密码错误或新密码与确认密码不匹配错误，这时用户需要重新进行密码的修改。

图 4-2-4-87　密码修改成功提示框

【注】修改密码为可选步骤，若所用计算机只能本人使用，可不用修改密码。

4）切换县域

"切换县域"功能主要针对省级用户，目的是方便省级用户对各县进行技术支持工作，可以快速实现不同县域系统的切换。步骤如下：

①点击登录窗体上的"切换县域"按钮，如图 4-2-4-88 所示。

图 4-2-4-88　县域切换

②弹出县域注册码输入窗口，输入注册码后点击"确定"按钮，可以切换到其他县域。如图 4-2-4-89 所示。

图 4-2-4-89　注册码输入

5）登录系统

系统登录的具体操作步骤为：

①在系统登录框（如图 4-2-4-90 所示）中，点击"登录"按钮，则开始登录系统。

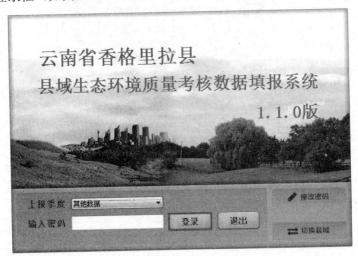

图 4-2-4-90　系统登录界面

②系统第一次登录或是初始化后，会在登录过程中提示用户数据库不存在，提示信息如图 4-2-4-91 所示。点击"确定"按钮，则生成上报目录，并进入系统主界面（图 4-2-4-92），系统登录完成。

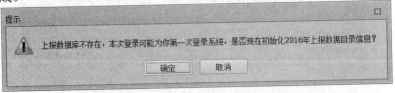

图 4-2-4-91　考核年份设置提示框

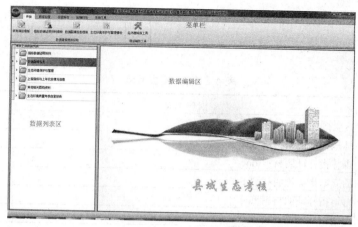

图 4-2-4-92 系统主界面

【注意】若系统安装时已进行了系统初始化验证工作，则在运行时不会弹出验证相关界面。

（2）数据填报模板获取

系统成功登录后，可进行数据填报模板的获取操作。数据填报模板获取是将需要整理导入的县域生态环境质量监测评价与考核上报数据的填报模板保存至指定的目录下。数据填报模板在系统中有两种获取方式：一种是通过系统上方的功能菜单获取，包括所有填报模板获取、指标数据证明材料模板获取、数据副填报表模板获取及生态环境保护与管理模板获取三种类型，这些功能菜单位于系统上方的开始菜单面板中，如图 4-2-4-93 所示；另一种是通过系统左侧数据列表的右键菜单获取（如图 4-2-4-94 所示），此种获取方式比较有针对性，是针对单一上报数据进行的模板获取，用户可以根据自己的需要获取所需数据的模板。

图 4-2-4-93 数据填报模板获取菜单

图 4-2-4-94 数据列表右键菜单

表 4-2-4-3 为上报数据的模板清单，用户可以根据自己的需要选取获取方式获取所需的数据模板。

表 4-2-4-3　模板清单

文件夹	模板名称	备注
指标数据证明材料	区县国土面积证明材料.doc	
	林地指标证明材料.doc	
	森林指标证明材料.doc	
	活立木指标证明材料.doc	
	草地指标证明材料.doc	
	湿地指标证明材料.doc	
	环境状况指标证明材料.doc	
	城镇生活污水集中处理率指标证明材料.doc	
	建成区绿地率指标证明材料.doc	
	生活垃圾指标证明材料.doc	
数据副填报表	县域自然、社会、经济基本情况表.xls	
	自然保护区等受保护区域信息表.xls	
	农村环境连片整治情况表.xls	
生态环境保护与管理	垃填埋场信息表.xls	
	林业有害生物发生情况.xls	
	年度工作计划信息表.xls	
	森林火灾受害情况.xls	
	生态环境保护创建信息表.xls	
	生态环境保护制度信息表.xls	
	生态建设工程（项目）情况.xls	

1）功能菜单获取填报模板

系统上方功能菜单中填报模板的获取主要包括所有填报模板、指标数据证明材料模板、数据副填报表模板、生态环境保护与管理模板的获取四个子菜单项，各菜单项功能的操作步骤一致，这里以所有填报模板获取功能为例，具体操作步骤为：

①点击"开始"菜单下"数据填报模板获取"栏中"所有填报模板"按钮，系统将弹出如图 4-2-4-95 所示的模板保存目录选择对话框。

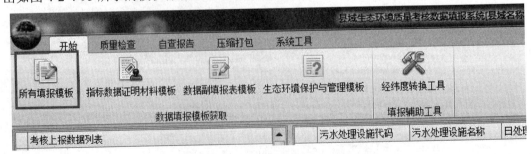

图 4-2-4-95　数据填报模板获取菜单

图 4-2-4-96 模板保存路径选择对话框

②在模板保存目录选择对话框中，选取填报模板文件的保存目录，如图 4-2-4-96 所示，选择了"模板"文件夹来存放导出的填报数据模板文件（若需要新建目录，可通过左下角的"新建文件夹"新建目录来保存）。

③选择好目录后，点击确定按钮，弹出模板导出执行进度框，如图 4-2-4-97 所示。在模板获取过程中，可点击"终止"按钮随时终止获取过程，也可勾选"完成后自动关闭本执行进度窗口？"，在完成模板获取过程后自动关闭该执行进度框。在模板导出执行进度框中，执行日志显示了执行的进度。导出过程执行完成后，点击模板导出执行进度框中的"导出日志"按钮，可将执行日志以文本文档的形式导出到本地。

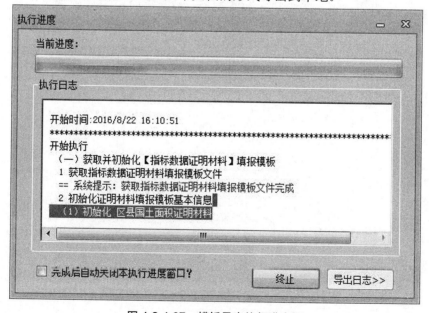

图 4-2-4-97 模板导出执行进度框

④模板导出执行完成后，填报模板导出至指定的目录中，如图 4-2-4-98 所示。

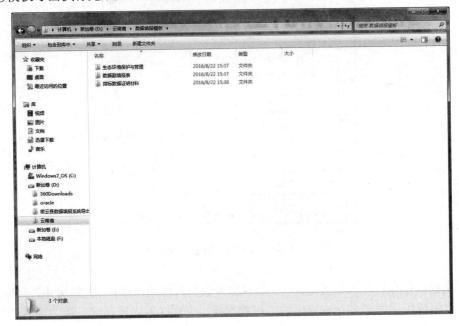

图 4-2-4-98　导出的所有填报模板文件

2）右键菜单获取填报模板

①在填报数据列表区展开"指标数据证明材料"目录下的"自然生态指标证明材料"目录，并在需要导出数据的节点上右键点击，弹出右键功能菜单，如图 4-2-4-99 所示。

图 4-2-4-99　模板获取右键功能菜单

②在弹出的功能菜单中，点击"获取填报模板"菜单项，弹出如图 4-2-4-100 所示的文件存放目录选择对话框。

图 4-2-4-100　模板文件存放路径选择对话框

③在文件存放目录选择对话框中，选择导出文件存放目录，如图 4-2-4-100 所示，导出文件的存放目录为"指标数据证明材料"文件夹；对话框中的默认保存文件名为获取的数据名称，用户可以自行修改。点击"保存"按钮，模板文件将保存到用户选择的目录下。

【注】模板获取完成后用户可根据填写规范的要求，通过 Excel 或 Word 软件在模板中输入相关数据。

（3）数据导入与修改

数据导入与编辑主要完成数据文件的导入和数据的录入工作。在所有数据模板获取并填写完成后，即可进行此操作。目前，系统导入的文件类型主要有：指标数据证明材料、数据副填报表、生态环境保护与管理表、上报指标与上年比较情况信息、生态环境质量监测评价与考核自查报告与其他相关图档资料六种，各数据类别入库方式见表 4-2-4-4，表中所有的数据类别及名称与系统上报数据列表区的目录树相对应。

表 4-2-4-4　数据录入方式表

数据类别	数据名称	右键菜单导入	界面录入	推荐入库方式
指标数据证明材料\自然生态指标证明材料	区县国土面积证明材料	支持	不支持	导入
	林地指标证明材料	支持	不支持	导入
	森林指标证明材料	支持	不支持	导入
	活立木指标证明材料	支持	不支持	导入
	草地指标证明材料	支持	不支持	导入
	湿地指标证明材料	支持	不支持	导入

数据类别	数据名称		右键菜单导入	界面录入	推荐入库方式
指标数据证明材料\环境状况指标证明材料	环境状况指标证明材料		支持	不支持	导入
	城镇生活污水集中处理率指标证明材料		支持	不支持	导入
	建成区绿地率指标证明材料		支持	不支持	导入
	生活垃圾指标证明材料		支持	不支持	导入
数据副填报表\基础信息	县域自然、社会、经济基本情况表		支持	支持	导入
	自然保护区等受保护区域信息表		支持	支持	导入
	农村环境连片整治情况表		支持	支持	导入
生态环境保护与管理/生态环境保护制度与生态创建	生态环境保护制度信息表		支持	支持	导入
	生态环境保护创建信息表		支持	支持	导入
生态环境保护与管理/生态保护与建设工程	年度工作计划信息表		支持	支持	导入
	生态建设工程（项目）情况		支持	支持	导入
生态环境保护与管理/生态环境监管能力与环境基础设施建设	县域环境监测能力投入情况		不支持	支持	界面录入
	生态环境监管	森林火灾受害情况	支持	支持	导入
		林业有害生物发生情况	支持	支持	导入
	环境基础设施建设	污水集中处理设施信息表	不支持	支持	界面录入
		垃圾填埋场信息表	支持	支持	导入
生态环境保护与管理/转移支付资金使用	转移支付资金使用		不支持	支持	界面录入
	考核监测工作经费		不支持	支持	界面录入
生态环境保护与管理/考核工作组织	自查工作组织情况		不支持	支持	界面录入
上报指标与上年比较情况信息	环境状况指标变化情况及原因		不支持	支持	界面录入
	县域生态建设与保护成效情况说明		不支持	支持	界面录入
	其他情况说明		不支持	支持	界面录入
其他相关图档资料			支持	不支持	导入
生态环境质量监测评价与考核自查报告	生态环境质量监测评价与考核数据指标汇总表		不支持	不支持	软件生成
	生态环境质量监测评价与考核数据副填报表		不支持	不支持	软件生成
	生态环境保护与管理填报表		不支持	不支持	软件生成
	上报指标与上年比较情况说明		不支持	不支持	软件生成

其中"环境状况指标变化情况及原因"中的变化情况通过"环境统计数据证明材料"及监测数据自动生成，变化原因需用户填写。

1）指标数据证明材料导入

指标数据证明材料主要包括自然生态指标证明材料、环境状况指标证明材料两类。其中，自然指标证明材料包括：区县国土面积证明材料、林地指标证明材料、森林指标证明材料、活立木指标证明材料、草地指标证明材料、湿地指标证明材料 6 种；环境状况指标证明材料包括：环境状况指标证明材料、城镇生活污水集中处理率指标证明材料、建成区绿地率指标证明材料、生活垃圾指标证明材料 4 种。

　　两类证明材料的导入操作过程相同，这里以自然生态指标证明材料中的"区县国土面积证明材料"的导入为例来说明文件的导入过程。

　　①在填报数据列表区展开"指标数据证明材料"目录下的"自然生态指标证明材料"目录，并在"区县国土面积证明材料"节点上右键点击，弹出右键菜单，如图 4-2-4-101 所示。

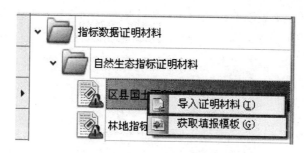

图 4-2-4-101　数据导入右键菜单

　　②在弹出的功能菜单中，点击"导入证明材料"菜单项，弹出如图 4-2-4-102 所示的文件选择对话框。若此时操作系统中同时打开了 Word 文件，则会弹出 Word 文件正在运行提示框，如图 4-2-4-103 所示，此时需要关闭系统中的 Word 文件，然后点击提示框中的"重试"按钮继续文件的导入，点击"取消"按钮，取消文件导入操作。

图 4-2-4-102　文件选择对话框

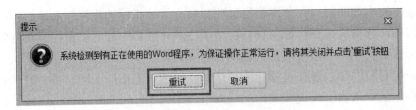

图 4-2-4-103　Word 文件运行提示框

③在文件选择对话框中选择区县国土面积证明材料文件（如图 4-2-4-104 所示），并点击"打开"按钮。若该数据以前已经导入，则弹出如图 4-2-4-104 所示的提示框，提示用户是否重新导入并替换已有文档。

图 4-2-4-104　文件替换确认框

④点击图 4-2-4-104 提示框中的"是"按钮，系统则自动导入文件，并弹出导入执行进度提示框，如图 4-2-4-105 所示。在导入过程中，可点击"终止"按钮随时终止导入过程，也可勾选"完成后自动关闭本执行进度窗口？"，在完成导入过程后自动关闭该执行进度框。

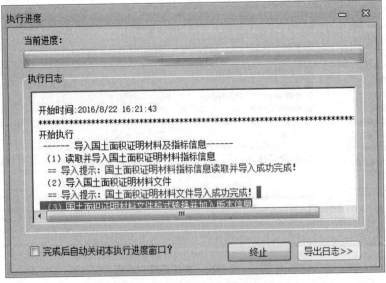

图 4-2-4-105　文件导入执行进度提示框

⑤导入完成后，导入执行进度框变成如图 4-2-4-106 所示的形式，导入执行进度窗体中的"导出日志"按钮，可将执行日志以文本文档的形式导出到本地。同时，在数据显示编辑区显示该文件，如图 4-2-4-107 所示。

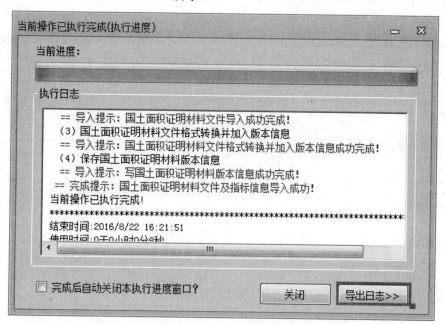

图 4-2-4-106　文件导入执行进度提示框

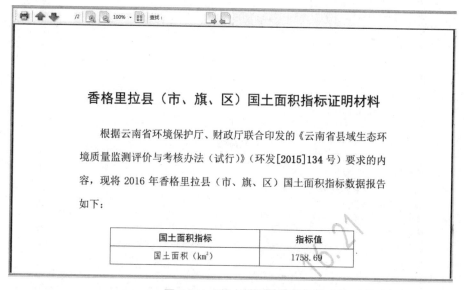

图 4-2-4-107　文件显示窗

2）数据副填报表相关照片导入

需要导入照片的表有自然保护区等受保护区域信息表、农村环境连片整治情况表，照片在导入系统时将自动命名。

以自然保护区等受保护区域信息表照片信息的导入为例，步骤如下：

①在"填报数据列表区"中展开"数据副填报表数据"目录下的"基础信息"目录，点击"自然保护区等受保护区域信息表"节点。

②点击右侧表格的照片列（图 4-2-4-108 框位置）。

图 4-2-4-108 表格中照片列

③弹出照片导入界面，如图 4-2-4-109 所示。

图 4-2-4-109 照片管理界面

④点击图 4-2-4-109 框中"新增"按钮，弹出选择照片界面（图 4-2-4-110），选择一张

或多张图片，点击打开，导入照片。

图 4-2-4-110　照片选择

　　⑤照片导入时，系统将自动为照片命名，照片导入后可以通过"前一张"、"后一张"按钮进行浏览，也可以通过"删除"按钮删除，如图 4-2-4-111 所示。

图 4-2-4-111　照片浏览、删除

⑥关闭照片管理窗口，可以在数据列表中显示照片的缩略图（第一张图片）。如图
4-2-4-112 所示。

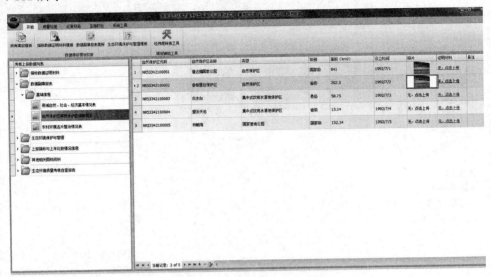

图 4-2-4-112　数据列表照片显示

3）数据副填报表相关附件导入

数据副填报表相关附件导入是指自然保护区相关证明材料等文件的导入，操作步骤如
下：

①在填报数据列表区展开"数据副填报表"目录下的"基础信息"目录，点击"自然
保护区等受保护区域信息表"节点，在界面右侧显示自然保护区数据列表，点击方框位置，
弹出证明材料添加界面，如图 4-2-4-113 所示。

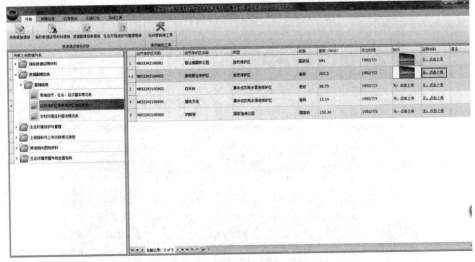

图 4-2-4-113　证明材料导入

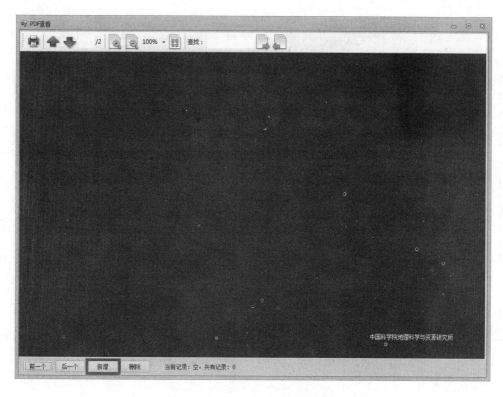

图 4-2-4-114 证明材料管理界面

②点击图 4-2-4-114 方框位置的新增按钮，弹出如图 4-2-4-115 所示界面，选择相应文件（一个或多个），并点击打开按钮，提示保存成功，并在图 4-2-4-116 所示界面中显示导入的证明材料。另外，也可以在这个界面中对多个证明材料进行浏览及删除。

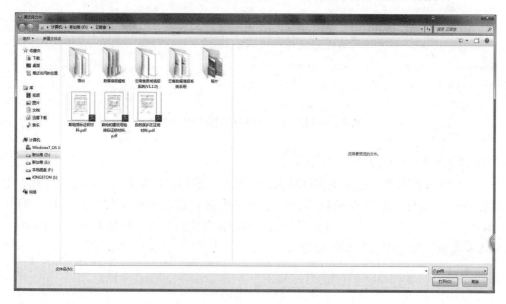

图 4-2-4-115 证明材料选择

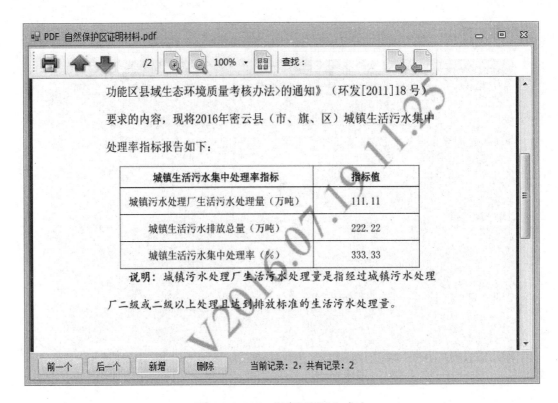

图 4-2-4-116　证明材料导入成功

③关闭图 4-2-4-116 所示界面，将在图 4-2-4-117 所示框中显示证明材料名称，点击该框也可以查看已导入的证明材料。

	自然保护区代码	自然保护区名称	类型	级别	面积（km2）	设立时间	照片	证明材料	备注
1	NR53342100001	普达措国家公园	自然保护区	国家级	641	1992/7/1		无，点击上传	
2	NR53342100002	香格里拉保护区	自然保护区	省级	202.3	1992/7/2		自然保护区证...	
3	NR53342100003	白水台	集中式饮用水源地保护区	县级	58.75	1992/7/3	无，点击上传	无，点击上传	
4	NR53342100004	碧沽天池	集中式饮用水源地保护区	省级	13.14	1992/7/4	无，点击上传	无，点击上传	
5	NR53342100005	纳帕海	国家湿地公园	国家级	152.34	1992/7/5	无，点击上传	无，点击上传	

图 4-2-4-117　证明材料在列表的显示样式

4）生态环境保护与管理信息导入

生态环境保护与管理包括生态环境保护制度与生态创建、生态保护与建设工程、生态环境监管能力与环境基础设施建设、转移支付资金使用及考核工作组织五项内容（图 4-2-4-118）。生态环境保护与管理信息的大多数数据都支持导入（具体参见表 4-2-4-4），导入步骤参考数据副填报表文本信息导入。

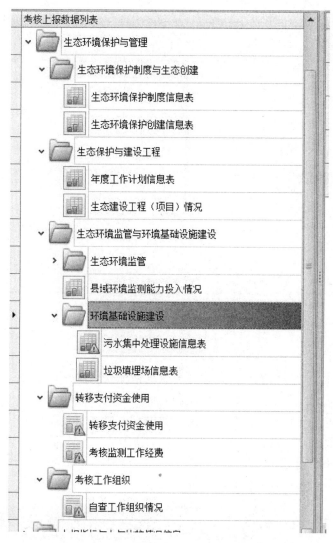

图 4-2-4-118 生态环境保护与管理数据列表

5）生态环境保护与管理信息录入

生态环境保护与管理中少部分数据只支持录入方式添加数据，各数据在生态环境保护与管理数据列表中的位置如图 4-2-4-118 所示。生态环境保护制度与生态创建节点下"生态环境监管能力"下的"县域环境监测能力投入情况"为例，具体操作步骤如下：

在填报数据列表区展开"生态环境保护与管理"目录，然后展开"生态环境监管能力与环境基础设施建设"目录，点击"县域环境监测能力投入情况"节点，在右侧的数据显示及编辑区将显示县域环境监测能力投入情况信息表，如图 4-2-4-119 所示。

可以根据实际情况添加或修改县域环境监测能力投入情况表的各字段值，其中组织机构代码、计量认证文件、标准化验收文件、空气自动站验收文件以及其他监测能力证明文件 1、2、3 均需导入相关文件，具体操作步骤见数据填报表相关附件的导入。待所有数据填写完成后，点击右下角的"保存"按钮将相关数据保存起来。

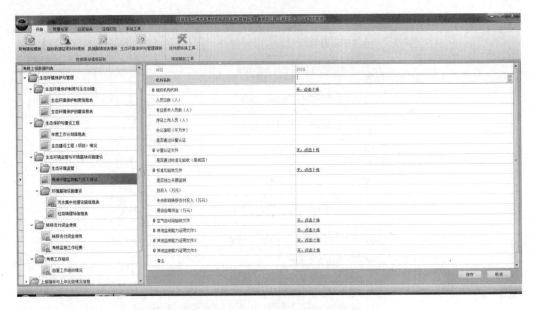

图 4-2-4-119   县域环境监测能力投入情况表

6）上报指标与上年比较情况信息录入

上报指标与上年比较情况信息包括环境状况指标变化情况及原因、城镇生活污水处理情况、县域生态建设与保护成效情况说明和其他情况说明。

在上报指标与上年比较情况信息的所有数据都是通过界面录入的形式添加数据，各数据在系统上报数据列表中的位置如图 4-2-4-120 所示。这里主要以"环境状况指标变化情况及原因"为例来说明录入步骤。

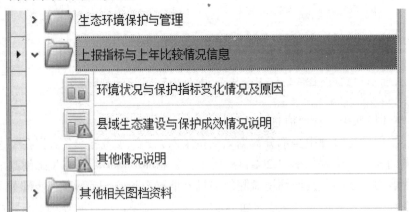

图 4-2-4-120   上报指标与上年比较情况信息数据列表

在填报数据列表区展开"上报指标与上年比较情况信息"目录，点击"环境状况变化情况及原因"节点，在右侧的数据显示及编辑区将显示环境状况变化情况及原因表，如图 4-2-4-121 所示。

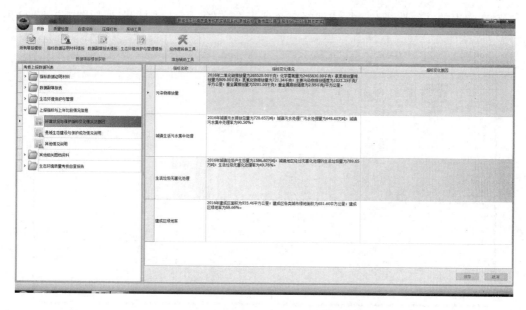

图 4-2-4-121 自查工作组织情况表

在数据显示编辑区中，指标变化情况列表里的数据是根据导入的数据副填报表中环境状况监测数据填报表的相关数据由系统自动生成的；指标变化原因则是用户根据实际情况分析并直接录入到环境状况指标变化情况及原因表中。依次添加或修改环境状况指标变化情况及原因表中指标变化原因的各字段值，然后点击表右下方的"保存"按钮，完成数据的添加或修改，若想取消数据的添加，则点击表右下方的"取消"按钮。

7）其他相关图档资料导入

其他相关图档资料的导入主要实现补充材料的导入。操作步骤为：

①右键点击目录树 "其他相关图档资料"（如图 4-2-4-122 所示），弹出"批量导入文件"菜单，点击。

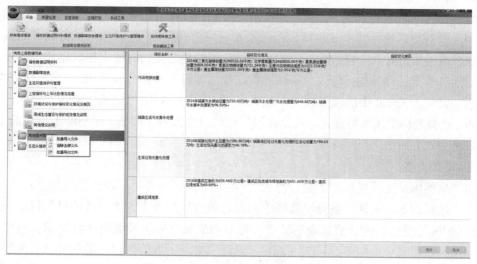

图 4-2-4-122 其他相关图档资料导入

②在弹出的文件选择对话框中选择一个或多个文件，点击"打开"（如图 4-2-4-123 所示）。

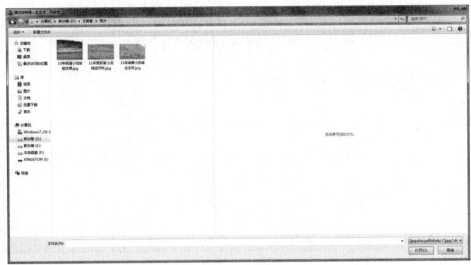

图 4-2-4-123　文件选择对话框

③在弹出的对话框中点击"是"，完成文件导入（如图 4-2-4-124 所示）。

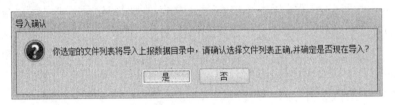

图 4-2-4-124　导入确认

8）数据修改

数据导入或录入到系统中之后，工作人员可能会发现数据存在填写错误或缺少部分数据，则需要对数据进行修改（包括数据的添加、修改及删除）。对于只支持导入的数据可以通过修改模板后导入来修改数据，如证明材料和监测数据。对于表格数据用户可以通过编辑功能对数据进行增加、修改及删除操作。数据编辑的操作分为两类：一类是横向表格的编辑，类似于 Excel 中的表格样式，此类表格可新增或删除行记录；另一类是纵向表格的编辑，此类表格记录条数固定，只允许用户增加或修改各字段值，而不能添加新的记录。两类表格分别介绍如下：

Ⅰ 横向表格

以"自然保护区等受保护区域信息表"的编辑为例来说明，操作步骤如下：

在"填报数据列表区"展开"数据副填报表数据"目录下的"基础信息"目录，点击"自然保护区等受保护区域信息表"节点，在右侧的数据显示及编辑区将显示自然保护区等受保护区域信息（如图 4-2-4-125 所示），通过表格左下方的按钮，用户可以实现数据的录入、删除及编辑操作，分别介绍如下：

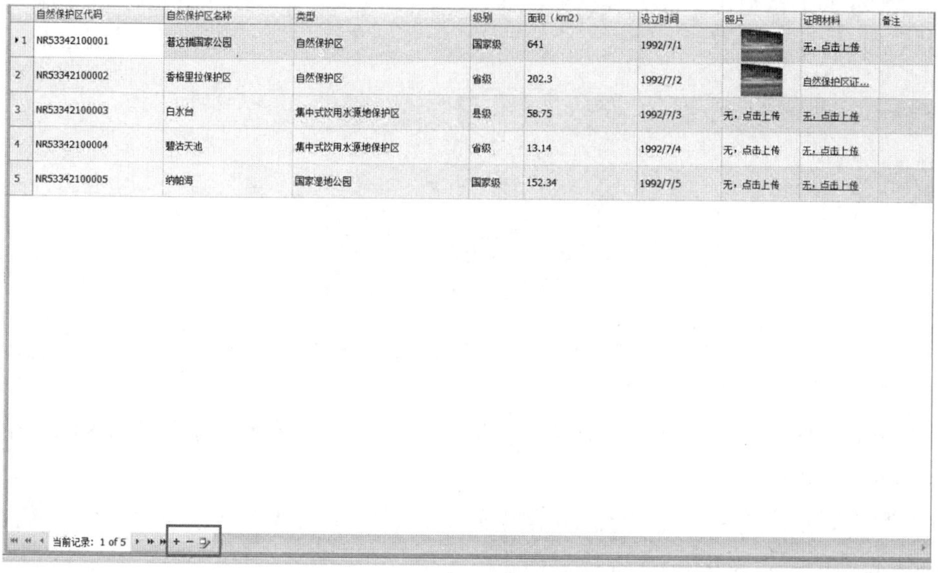

	自然保护区代码	自然保护区名称	类型	级别	面积（km2）	设立时间	照片	证明材料	备注
▶ 1	NR53342100001	普达措国家公园	自然保护区	国家级	641	1992/7/1		无，点击上传	
2	NR53342100002	香格里拉保护区	自然保护区	省级	202.3	1992/7/2		自然保护区证...	
3	NR53342100003	白水台	集中式饮用水源地保护区	县级	58.75	1992/7/3	无，点击上传	无，点击上传	
4	NR53342100004	碧沽天池	集中式饮用水源地保护区	省级	13.14	1992/7/4	无，点击上传	无，点击上传	
5	NR53342100005	纳帕海	国家湿地公园	国家级	152.34	1992/7/5	无，点击上传	无，点击上传	

当前记录: 1 of 5

图 4-2-4-125　横向表格（可增减行）

①数据增加操作

a.点击表格左下方的 + 按钮，弹出数据增加界面，可实现数据的增加操作，如图4-2-4-126 所示。

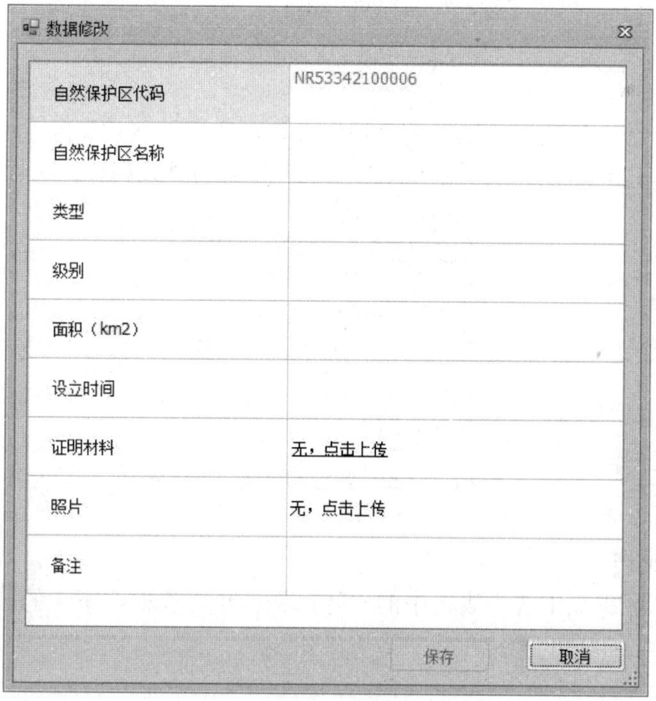

图 4-2-4-126　数据增加对话框

b.在数据增加窗口中依次输入各数据项，点击"保存"按钮，弹出新增成功提示框，如图 4-2-4-127 所示。

图 4-2-4-127　新增成功提示框

c.点击新增成功提示框中的"确定"按钮，则该记录将增加到数据显示区的表中。

②数据删除操作

a.在数据显示区中点击选中表格中的一行数据，点击表格左下方的 ▬ 按钮，弹出数据删除确认对话框，如图 4-2-4-128 所示。

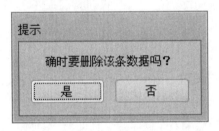

图 4-2-4-128　数据删除确认框

b.若想要删除选中的数据，则点击"是"按钮，该数据将被删除，并弹出删除成功提示框，如图 4-2-4-129 所示；若点击"否"按钮，将取消删除操作。

图 4-2-4-129　数据删除成功提示框

③数据修改操作

a.在数据显示区中点击选中表格中的一行数据，点击表格左下方的 📝 按钮，弹出数据修改窗口，如图 4-2-4-130 所示。

自然保护区代码	NR53342100005
自然保护区名称	纳帕海
类型	国家湿地公园
级别	国家级
面积（km2）	152.34
设立时间	1992/7/5
证明材料	<u>无，点击上传</u>
照片	无，点击上传
备注	

图 4-2-4-130　数据修改对话框

b.在数据修改窗口中修改各数据项，点击"保存"按钮，弹出修改成功提示框，如图 4-2-4-131 所示。

图 4-2-4-131　数据修改成功提示框

c.点击新增成功提示框中的"确定"按钮，则修改后的记录将显示在数据显示区的表中。

Ⅱ 纵向表格

以"自查工作组织情况"的编辑为例说明其操作方法，步骤如下：

在填报数据列表区展开"上报指标与上年比较情况信息"目录，点击"自查工作组织情况"节点，在右侧的数据显示及编辑区将显示自查工作组织情况表，如图 4-2-4-132 所示。

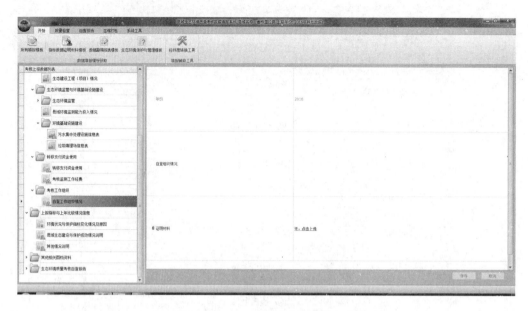

图 4-2-4-132　自查工作组织情况表

在数据显示编辑区中，依次修改自查工作组织情况表的各字段值，然后点击表右下方的"保存"按钮，完成数据的修改，若想取消数据的添加，则点击表右下方的"取消"按钮。

【注意】数据的导入和编辑都是通过目录树来完成的。建议用户系统提供导入功能的数据都采用导入的方式录入数据。在导入 Word 格式的数据前，确认你已关闭计算机上所有的 Word 程序，否则在导入时系统会弹出以下提示框，提示用户关闭 Word 程序（图4-2-4-133）。

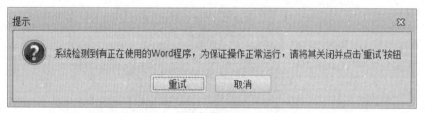

图 4-2-4-133　Word 未关闭提示框

若出现此提示框时，请关闭所有 Word 应用程序，并返回此窗口点击"重试"按钮即可。

9）数据清除

数据清除是将用户导入或录入到系统中的数据删除掉，所有通过数据列表目录树右键菜单导入的材料都可通过右键菜单进行数据清除操作。以水质监测数据的清除为例来说明其操作方法。

①点击上报数据列表中的"数据副填报表"下的"基础信息"，展开其目录，右键点击"县域自然、社会经济基本情况表"，弹出右键菜单，如图 4-2-4-134 所示。

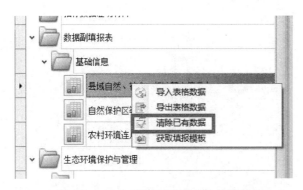

图 4-2-4-134　清除已有数据右键菜单

②点击右键弹出菜单中的"清除已有数据"，弹出清除提示对话框，如图 4-2-4-135 所示。

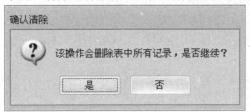

图 4-2-4-135　记录是否删除确认框

③在清除提示对话框中，点击"是"按钮，系统将删除该数据；点击"否"按钮，将取消删除操作。

10）经纬度转换

在数据录入或编辑过程中，需要输入经纬度数据。由于系统中要求录入的经纬度数据以度分秒的形式表现（如图 4-2-4-136 中生态建设工程（项目）情况中的经纬度信息，经度为 123°25′48″），而实际获取的数据有可能是以度的形式表示的（例如 123.43°），需要将其转换为度分秒的形式再录入到系统中。为方便用户操作，系统提供了经纬度转换工具。

图 4-2-4-136　生态建设工程（项目）情况编辑窗

经纬度转换的具体操作步骤为:

①点击"开始"菜单下的"经纬度转换工具"按钮,弹出经纬度转换对话框,如图 4-2-4-137 所示。

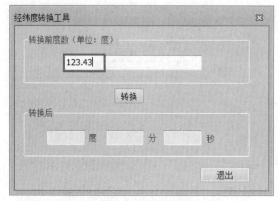

图 4-2-4-137　经纬度转换对话框

②在经纬度转换对话框中输入转换前度数,如图 4-2-4-137 红框中所示;然后点击"转换"按钮,显示如图 4-2-4-138 所示转换结果。

图 4-2-4-138　经纬度转换对话框

(4)质量检查

在部分县域或所有县域填报数据上报并导入到系统后,即可进行数据质量检查。数据质量检查主要是完成入库数据的质量检查,包括各类数据是否入库、数据项是否填写完整等。数据质量检查操作主要是通过主界面的质量检查菜单展开,其布局如图 4-2-4-139 所示,检查完成后将给出检查记录,用户可根据检查记录修改数据。

图 4-2-4-139　质量检查菜单面板

质量检查功能按其功用分为两类：所有填报数据质量检查、填报数据分项质量检查。

【注】数据检查发现的问题并非一定是错误，可根据实际情况判断是否修改。

1）所有填报数据检查

所有填报数据检查是指批量检查该县域内所有填报数据的质量，具体的操作步骤为：

①点击"质量检查"菜单下"填报数据质量检查"栏中的"所有填报数据检查"按钮，弹出执行进度对话框，如图 4-2-4-140 所示。

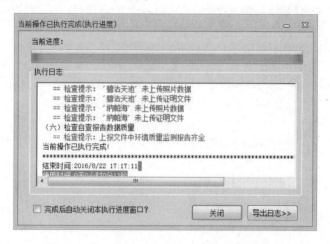

图 4-2-4-140　质量检查进度及日志提示框

②系统将依次检查指标证明材料是否完整、指标汇总表填报是否完整、基础信息表数据质量、保护与管理数据质量、指标比较情况填报数据是否正确、指标证明材料、环境监测报告是否齐全，在检查过程中，将通过日志的方式动态显示检查提示和结果，如图 4-2-4-140 所示。

③数据质量检查操作执行完成后，点击执行进度对话框的"关闭"按钮，关闭当前对话框；点击"导出日志"按钮，以文本文档的形式导出质量检查执行日志，导出的日志如图 4-2-4-141 所示。

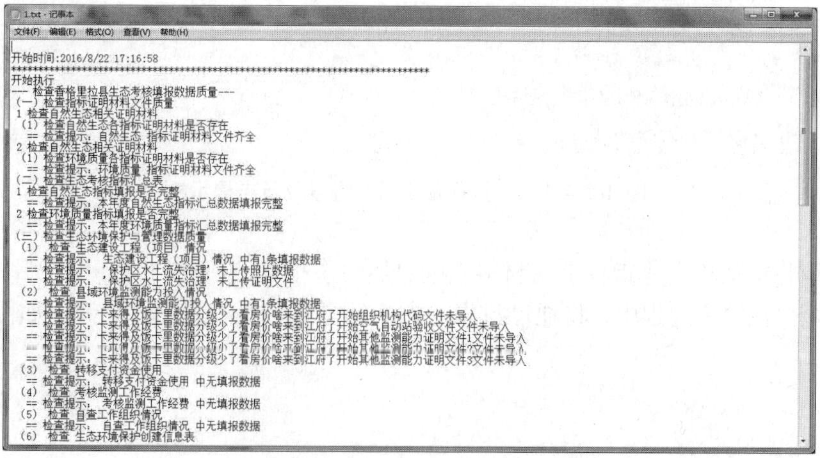

图 4-2-4-141　执行日志文本框

用户可根据执行日志提示的错误,修改相关数据,并导入或界面录入,完成后再进行数据检查,循环该过程直到数据检查通过。

2)填报数据分项检查

为了使质量检查更有针对性,系统除提供了所有填报数据质量检查外,还提供了分项检查功能,检查填报某一类数据的质量,主要包括指标汇总表、指标证明材料、基础信息、指标比较情况、保护与管理五项检查内容,如图 4-2-4-142 所示。

图 4-2-4-142　填报数据分项质量检查功能菜单

各项数据质量检查的操作步骤相同,具体的操作步骤以指标证明材料的检查为例。

①点击"质量检查"菜单下"填报数据分项质量检查"栏中的"指标证明材料"按钮,弹出执行进度对话框,如图 4-2-4-143 所示。

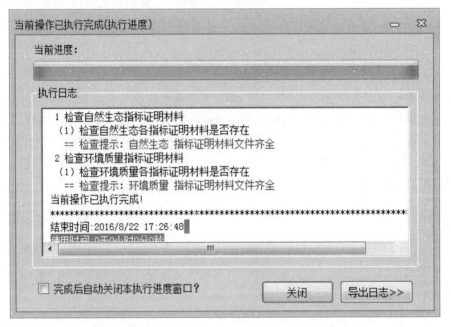

图 4-2-4-143　指标证明材料进度及日志提示框

②系统将依次检查"指标证明材料"中自然生态指标证明材料、环境质量指标证明材料是否齐全,在检查过程中,将通过日志的方式动态显示检查提示和结果,如图 4-2-4-144 所示。

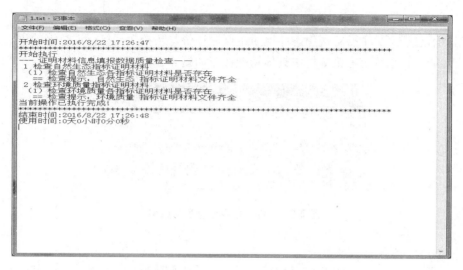

图 4-2-4-144　执行日志文本框

　　③数据质量检查操作执行完成后，点击执行进度对话框的"关闭"按钮，关闭当前对话框；点击"导出日志"按钮，以文本文档的形式导出质量检查执行日志。

　　用户可根据执行日志提示的错误，修改相关数据，并导入或界面录入，完成后再进行数据检查，循环该过程直到数据检查通过。

　　（5）自查报告

　　完成数据质量检查之后，系统可以为用户自动生成自查报告相关的"生态环境质量监测评价与考核数据指标汇总表"、"生态环境质量监测评价与考核数据副填报表"、生态环境保护与管理填报表及"上报指标与上年比较情况说明"。自查报告的生成有两种操作方式：一种是通过主界面菜单（如图 4-2-4-145 所示）来进行；另一种是点击左侧目录树（如图 4-2-4-146 所示）来进行。

图 4-2-4-145　自查报告功能菜单

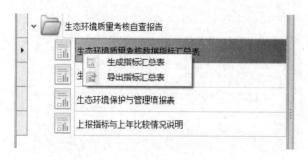

图 4-2-4-146　点击目录树自查报告示意图

1）指标汇总表工具

指标汇总表工具主要实现生态环境质量监测评价与考核数据指标汇总表的生成、查看与导出功能，在系统上方菜单栏中具体功能按钮如图 4-2-4-147 所示。

图 4-2-4-147　指标汇总表工具菜单

① 生成汇总表

本功能主要是生成生态环境质量监测评价与考核数据指标汇总表。采用系统上方功能菜单生成汇总表的具体操作步骤为：

a.点击"自查报告"菜单下"指标汇总表工具"栏中的"生成汇总表"按钮，系统将开始自动生成指标汇总表。若汇总表以前已生成，则弹出如图 4-2-4-148 所示的提示框，提示用户是否重新生成并替换。

图 4-2-4-148　文件替换提示框

b.在提示框中，若点击"是"按钮，则删除已有指标汇总表，重新生成新的指标汇总表，并在进度显示框内输出过程日志，如图 4-2-4-149 所示。在生成过程中，可点击"终止"按钮随时终止生成过程，也可勾选"完成后自动关闭本执行进度窗口？"，在完成生成过程后自动关闭该生成执行进度框。

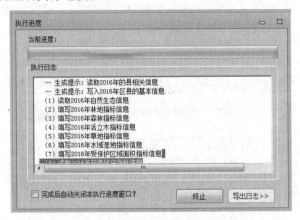

图 4-2-4-149　指标汇总表执行进度及日志提示框

c.生成汇总表执行过程结束之后，系统会在数据显示窗口自动显示数据副填报表文本。在执行结果框中，可通过"导出日志"按钮以文本文件的形式导出执行日志。

采用界面左侧上报数据列表的右键菜单生成汇总表的具体操作步骤为：

a.在"填报数据列表区"展开"生态环境质量监测评价与考核自查报告"目录，右键点击"生态环境质量监测评价与考核数据指标汇总表"，则弹出如图 4-2-4-150 指标汇总表生成右键菜单所示的右键功能菜单。

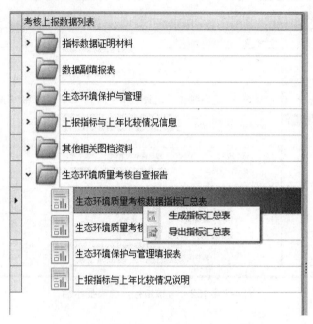

图 4-2-4-150　指标汇总表生成右键菜单

b.在弹出的功能菜单中，点击"生成指标汇总表"菜单项，系统将开始自动生成指标汇总表。若汇总表以前已生成，则弹出如图 4-2-4-151 文件替换提示框，提示用户是否重新生成并替换。

图 4-2-4-151　文件替换提示框

剩余的操作过程同采用主界面菜单方式生成汇总表的操作方法一致。

② 查看汇总表

本功能主要是查看已生成的生态环境质量监测评价与考核数据指标汇总表。具体操作步骤为：点击"自查报告"菜单下"指标汇总表工具"栏内的"查看汇总表"按钮，或者在"填报数据列表区"展开"生态环境质量监测评价与考核自查报告"目录，点击"生态环境质量监测评价与考核数据指标汇总表"；若汇总表已生成，则在系统的数据显示区内直接显示生态环境质量监测评价与考核数据指标汇总表（图 4-2-4-152）。否则系统将提示"文件不存在，可能是未生成或是被破坏，请通过右键菜单清除数据后重新导入后再试"的提示框，如图 4-2-4-153 所示。

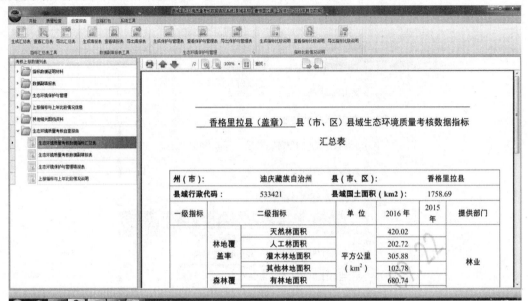

图 4-2-4-152　考核指标汇总表显示窗

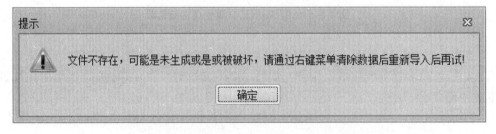

图 4-2-4-153　文件不存在或破坏提示框

③ 导出汇总表

本功能主要是将系统生成的生态环境质量监测评价与考核数据指标汇总表导出为 pdf 文档，以方便用户随时查看。采用界面上方系统菜单导出汇总表的具体操作步骤为：

a.点击"自查报告"菜单下"指标汇总表工具"栏内的"导出汇总表"按钮，则弹出文件保存对话框（如图 4-2-4-154 所示），并提示用户选择并输入报告文本保存路径及文件名，图 4-2-4-154 为选择了目录并输入文件名的对话框示例。

b.选择好保存目录并输入文件名后，点击"保存"按钮，则将当前系统内的指标汇总表文件导出到用户指定的位置。

图 4-2-4-154　汇总表文件保存路径选择对话框

采用界面左侧上报数据列表的右键菜单导出汇总表的具体操作步骤为：

a.在"填报数据列表区"展开"生态环境质量监测评价与考核自查报告"目录，右键点击"生态环境质量监测评价与考核数据指标汇总表"，则弹出如图 4-2-4-155 所示的右键功能菜单。

图 4-2-4-155　指标汇总表导出右键菜单

b.在弹出的功能菜单中，点击"导出指标汇总表"菜单项，弹出文件保存对话框。

剩余操作过程同采用主界面菜单方式导出汇总表的操作方法一致。

2）数据副填报表工具

数据副填报表工具主要实现生态环境质量监测评价与考核数据副填报表的生成、查看与导出功能，在系统上方功能菜单中的具体功能按钮如图 4-2-4-156 所示。

图 4-2-4-156　数据副填报表工具菜单项

① 生成填报表

本功能主要是生成生态环境质量监测评价与考核数据副填报表。采用系统上方功能菜单生成副填报表具体操作步骤为：

a.点击"自查报告"菜单下"数据副填报表"栏中的"生成填报表"按钮，系统将开始自动生成数据副填报表。若填报表以前已生成，则弹出如图 4-2-4-157 所示的提示框，提示用户是否重新生成并替换。

图 4-2-4-157　文件替换提示框

b.在提示框中，若点击"是"按钮，则删除已有数据副填报表，重新生成新的数据副填报表，并在进度显示框内输出过程日志，如图 4-2-4-158 所示。在生成过程中，可点击"终止"按钮随时终止生成过程，也可勾选"完成后自动关闭本执行进度窗口？"，在完成生成过程后自动关闭该执行进度框。

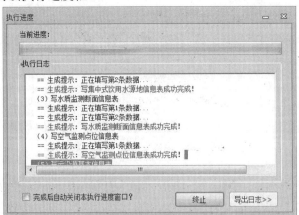

图 4-2-4-158　数据副填报表执行进度及日志提示框

c.生成数据副填报表执行过程结束之后，系统会在数据显示窗口自动显示数据副填报表文本。在图 4-2-4-159 执行结果框中，可通过"导出日志"按钮以文本文件的形式导出执行日志。

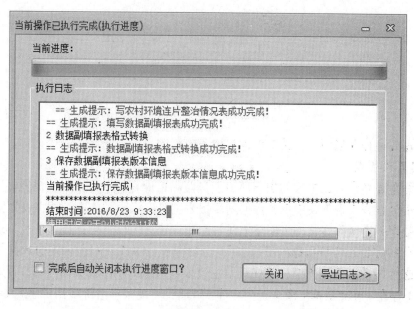

图 4-2-4-159　生成数据副填报表执行结果框

采用界面左侧上报数据列表的右键菜单生成数据副填报表的具体操作步骤为：

a.在"填报数据列表区"展开"生态环境质量监测评价与考核自查报告"目录，右键点击"生态环境质量监测评价与考核数据副填报表"，则弹出如图 4-2-4-160 所示的右键功能菜单。

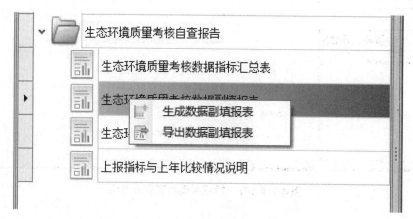

图 4-2-4-160　数据副填报表生成右键菜单

b.在弹出的功能菜单中，点击"生成数据副填报表"菜单项，系统将开始自动生成数据副填报表。若数据副填报表以前已生成，则弹出如图 4-2-4-161 所示的提示框，提示用户是否重新生成并替换。

图 4-2-4-161　文件替换提示框

　　剩余操作过程同采用主界面菜单方式生成数据副填报表的操作方法一致。

　　② 查看填报表

　　本功能主要是查看已生成的生态环境质量监测评价与考核数据副填报表。具体操作步骤为：点击"自查报告"菜单下"数据副填报表工具"栏内的"查看填报表"按钮，或者在"填报数据列表区"展开"生态环境质量监测评价与考核自查报告"目录，点击"生态环境质量监测评价与考核数据副填报表"；若填报表已生成，则在系统的数据显示区内直接显示生态环境质量监测评价与考核数据副填报表（如图 4-2-4-162 所示）。否则系统将提示"文件不存在，可能是未生成或是被破坏，请通过右键菜单清除数据后重新导入后再试"的提示框，如图 4-2-4-163 所示。

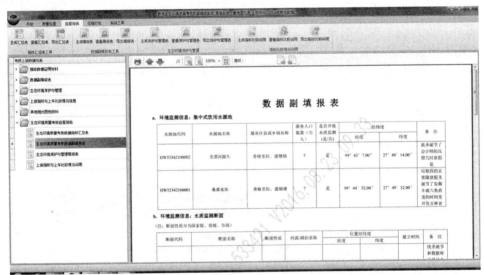

图 4-2-4-162　数据副填报表查看窗体

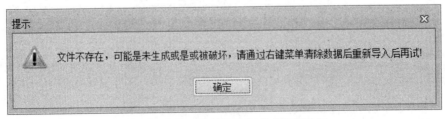

图 4-2-4-163　文件不存在或破坏提示框

③ 导出填报表

本功能主要是将系统生成的生态环境质量监测评价与考核数据副填报表导出为 pdf 文档，以方便用户随时查看。采用主界面菜单方式导出数据副填报表的具体操作步骤为：

a.点击"自查报告"菜单下"数据副填报表"栏内的"导出填报表"按钮；则弹出文件保存对话框（如图 4-2-4-164 所示），并提示用户选择并输入报告文本保存路径及文件名，图 4-2-4-164 为选择了目录并输入文件名的对话框示例。

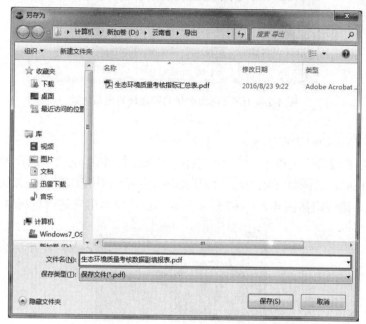

图 4-2-4-164　填报表导出路径选择对话框

b.选择好保存目录并输入文件名后，点击"保存"按钮，则将当前系统内的数据副填报表文件导出到用户指定的位置。

采用界面左侧上报数据列表的右键菜单导出汇总表的具体操作步骤为：

a.在"填报数据列表区"展开"生态环境质量监测评价与考核自查报告"目录，右键点击"生态环境质量监测评价与考核数据副填报表"，则弹出如图 4-2-4-165 所示的右键功能菜单。

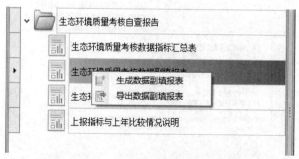

图 4-2-4-165　数据副填报表生成右键菜单

b.在弹出的功能菜单中，点击"导出数据副填报表"菜单项，弹出文件保存对话框。剩余操作过程同采用主界面菜单方式导出填报表操作方法一致。

3）环境保护与管理填报表工具

生态环境保护与管理填报表工具主要实现生态环境保护与管理填报表的生成、查看与导出功能，在系统上方功能菜单中的具体功能按钮如图 4-2-4-166 所示。

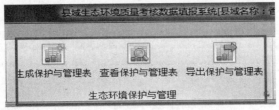

图 4-2-4-166　环境保护与管理填报表菜单项

① 生成环境保护与管理填报表

a.点击"自查报告"菜单下"生态环境保护与管理"栏中的"生成保护与管理表"按钮（图 4-2-4-166），系统将开始自动生成生态环境保护与管理填报表。若保护与管理填报表以前已生成，则弹出如图 4-2-4-167 所示的提示框，提示用户是否重新生成并替换。

图 4-2-4-167　文件替换提示框

b.在提示框中，若点击"是"按钮，则删除已有生态环境保护与管理填报表，重新生成新的生态环境保护与管理填报表，并在进度显示框内输出过程日志，如图 4-2-4-168 所示。在生成过程中，可点击"终止"按钮随时终止生成过程，也可勾选"完成后自动关闭本执行进度窗口？"，在完成生成过程后自动关闭该执行进度框。

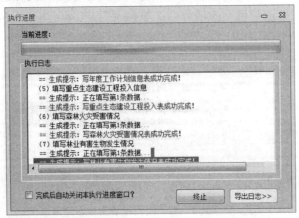

图 4-2-4-168　生成环境保护与管理填报表执行进度及日志提示框

c.生成生态环境保护与管理填报表过程结束之后，系统会在数据显示窗口自动显示保护与管理填报表。在图 4-2-4-169 的执行结果框中，可通过"导出日志"按钮以文本文件的形式导出执行日志。

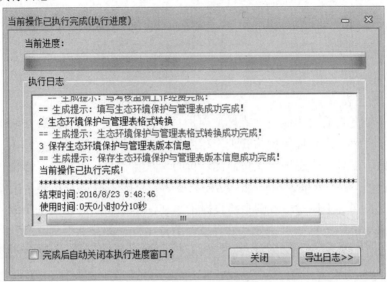

图 4-2-4-169　生成环境保护与管理填报表执行结果框

采用界面左侧上报数据列表的右键菜单生成生态环境保护与管理填报表的具体操作步骤为：

a.在"填报数据列表区"展开"生态环境质量监测评价与考核自查报告"目录，右键点击"生态环境保护与管理填报表"，则弹出如图 4-2-4-170 所示的右键功能菜单。

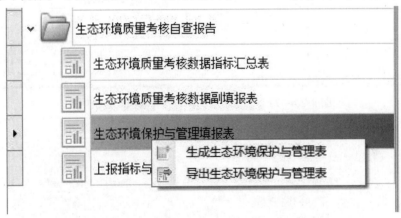

图 4-2-4-170　生态环境保护与管理填报表生成右键菜单

b.在弹出的功能菜单中，点击"生成生态环境保护与管理填报表"菜单项，系统将开始自动生成生态环境保护与管理填报表，若说明文档以前已生成，则弹出如图 4-2-4-171 所示的提示框，提示用户是否重新生成并替换。

图 4-2-4-171　文件替换提示框

② 查看填报表

本功能主要是查看已生成的生态环境保护与管理填报表。具体操作步骤为：点击"自查报告"菜单下"生态环境保护与管理"栏内的"查看保护与管理表"按钮，或者在"填报数据列表区"展开"生态环境质量监测评价与考核自查报告"目录，点击"生态环境保护与管理填报表"；若填报表已生成，则在系统的数据显示区内直接显示生态环境保护与管理填报表（图 4-2-4-172）。否则系统将提示"文件不存在，可能是未生成或是被破坏，请通过右键菜单清除数据后重新导入后再试"的提示框，如图 4-2-4-173 所示。

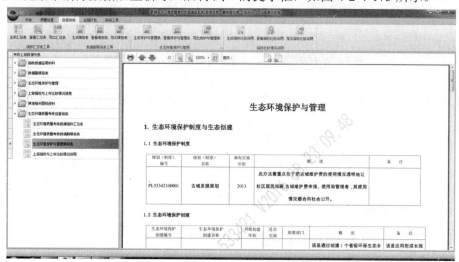

图 4-2-4-172　生态环境保护与管理填报表查看窗体

图 4-2-4-173　文件不存在或破坏提示框

③ 导出填报表

本功能主要是将系统生成的生态环境保护与管理填报表导出为 pdf 文档，以方便用户随时查看。采用主界面菜单方式导出数据副填报表的具体操作步骤为：

a.点击"自查报告"菜单下"数据副填报表"栏内的"导出保护与管理表"按钮，则弹出文件保存对话框（如图 4-2-4-174 所示），并提示用户选择并输入报告文本保存路径及文件名，图 4-2-4-174 为选择了目录并输入文件名的对话框示例。

图 4-2-4-174 保护与管理表导出路径选择对话框

b.选择好保存目录并输入文件名后，点击"保存"按钮，则将当前系统内的保护与管理文件导出到用户指定的位置。

采用界面左侧上报数据列表的右键菜单导出保护与管理的具体操作步骤为：

a.在"填报数据列表区"展开"生态环境质量监测评价与考核自查报告"目录，右键点击"生态环境保护与管理填报表"，则弹出如图 4-2-4-175 所示的右键功能菜单。

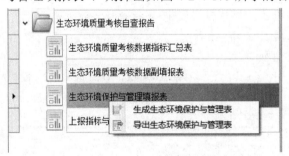

图 4-2-4-175 保护与管理填报表生成右键菜单

b.在弹出的功能菜单中，点击"导出保护与管理表"菜单项，弹出文件保存对话框。剩余操作过程同采用主界面菜单方式导出保护与管理表操作方法一致。

4）指标比较情况说明文本工具

指标汇总表工具主要实现与上年指标比较情况说明文本的生成、查看、导出功能，在系统上方功能菜单中的具体功能按钮如图 4-2-4-176 所示。

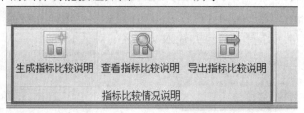

图 4-2-4-176　指标比较情况说明文本工具菜单项

① 生成指标比较说明文本

本功能主要是生成与上年指标比较情况说明文本。采用主界面菜单方式生成指标比较说明文本具体操作步骤为：

a.点击"自查报告"菜单下"指标比较说明文本工具"栏中的"生成指标比较说明文本"按钮，系统将开始自动生成指标比较说明文本。若指标比较说明文本以前已生成，则弹出如图 4-2-4-177 所示的提示框，提示用户是否重新生成并替换。

图 4-2-4-177　文件替换提示框

b.在提示框中，若点击"是"按钮，则删除已有指标比较说明文本，重新生成新的指标比较说明文本，并在进度显示框内输出过程日志，如图 4-2-4-178 所示。在生成过程中，可点击"终止"按钮随时终止生成过程，也可勾选"完成后自动关闭本执行进度窗口？"，在完成生成过程后自动关闭该执行进度框。

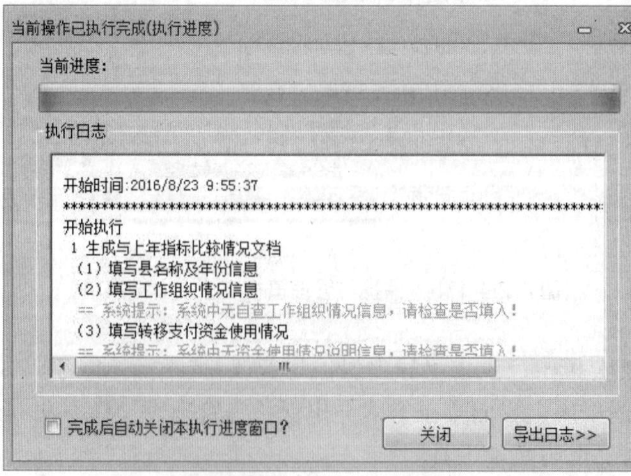

图 4-2-4-178　生成指标比较说明文本执行进度及日志提示框

c.生成指标比较说明文本执行过程结束之后，系统会在数据显示窗口自动显示指标比较说明文本。在图 4-2-4-179 所示的执行结果框中，可通过"导出日志"按钮以文本文件的形式导出执行日志。

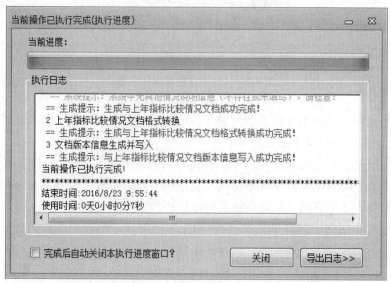

图 4-2-4-179　生成指标比较说明文本执行结果框

采用界面左侧上报数据列表的右键菜单生成指标比较情况说明文本的具体操作步骤为：

a.在"填报数据列表区"展开"生态环境质量监测评价与考核自查报告"目录，右键点击"与上年指标比较情况说明"，则弹出如图 4-2-4-180 所示的右键功能菜单。

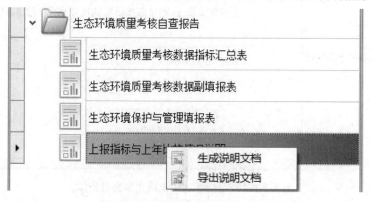

图 4-2-4-180　指标汇总表生成右键菜单

b.在弹出的功能菜单中，点击"生成说明文档"菜单项，系统将开始自动生成指标比较情况说明文本，若说明文档以前已生成，则弹出如图 4-2-4-181 所示的提示框，提示用户是否重新生成并替换。

图 4-2-4-181　文件替换提示框

剩余操作过程同采用主界面菜单方式生成指标比较情况说明文本操作方法一致。

② 查看指标比较说明文本

本功能主要是查看已生成的与上年指标比较情况说明文本。具体操作步骤为：点击"自查报告"菜单下"指标比较说明文本工具"栏中的"查看指标比较说明文本"按钮，或者在"填报数据列表区"展开"生态环境质量监测评价与考核自查报告"目录，点击"与上年指标比较情况说明"；若指标比较情况说明文本已生成，则在系统的数据显示区内直接显示与上年指标比较情况说明文本（图 4-2-4-182）。否则系统将提示"文件不存在，可能是未生成或是被破坏，请通过右键菜单清除数据后重新导入后再试"的提示框，如图 4-2-4-183 所示。

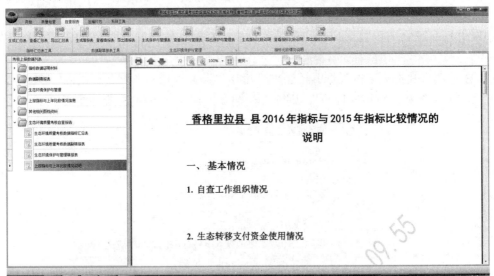

图 4-2-4-182　指标比较说明文本查看窗体

图 4-2-4-183　文件不存在或破坏提示框

③ 导出指标比较说明文本

本功能主要是将系统生成的与上年指标比较情况说明文本导出为 Word 文档，以方便用户随时查看或修改。采用主界面菜单方式导出指标比较说明文本的具体操作步骤为：

a.点击"自查报告"菜单下"指标比较说明文本工具"栏中的"导出指标比较说明文本"按钮，弹出文件保存对话框，并提示用户选择并输入报告文本保存路径及文件名，图 4-2-4-184 为选择了目录并输入文件名的对话框示例。

图 4-2-4-184　指标比较说明文本导出路径选择对话框

b.选择好保存目录并输入文件名后，点击"保存"按钮，则将当前系统内的指标比较情况说明文本导出到用户指定的位置。

采用界面左侧上报数据列表的右键菜单导出指标比较情况说明文本的具体操作步骤为：

a.在"填报数据列表区"展开"生态环境质量监测评价与考核自查报告"目录，右键点击"与上年指标比较情况说明"，则弹出如图 4-2-4-185 所示的右键功能菜单。

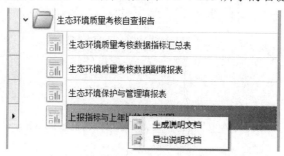

图 4-2-4-185　指标汇总表生成右键菜单

b.在弹出的功能菜单中，点击"导出说明文档"菜单项，系统将弹出文件保存对话框。剩余操作过程同采用主界面菜单方式导出指标比较情况说明文本操作方法一致。

（6）压缩打包

填报系统的加密打包功能主要是将县域上报数据及生成的报告文档进行文件缺失检查，并生成压缩上报文件，主要包括上报数据打包前预查与填报数据加密打包两个子功能（如图 4-2-4-186 所示）。

图 4-2-4-186　压缩打包菜单项

1）上报数据打包前预查

上报数据打包前预查是在数据打包上报前对各填报数据进行检查，主要检查上报数据文件目录、自查报告、数据库文件、生态环境质量监测评价与考核数据指标汇总表、基础信息表、生态环境质量监测评价与考核数据指标的证明材料、环境质量监测报告填报是否完整以及数据是否齐全。具体操作步骤为：

①点击"压缩打包"菜单下"上报打包工具"栏中的"上报数据打包前预查"按钮，弹出数据打包前检查执行进度对话框，如图 4-2-4-187 所示。在检查过程中，可点击"终止"按钮随时终止检查过程，也可勾选"完成后自动关闭本执行进度窗口？"，在完成检查过程后自动关闭该执行进度框。

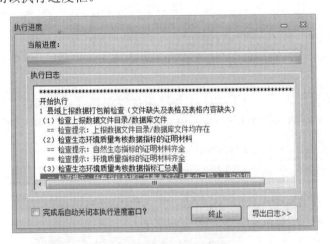

图 4-2-4-187　上报数据打包前预查进度提示框

②县域上报数据打包前检查完成之后，可以在执行进度对话框中查看执行日志，如图 4-2-4-188 所示。

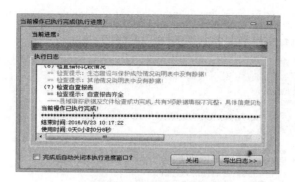

图 4-2-4-188　上报数据打包前预查结果框

③点击执行进度对话框中的"关闭"按钮，关闭当前执行进行对话框；点击"导出日志"按钮，将执行日志以文本文件的形式导出到本地。

【注】数据预查发现的问题并非一定是错误，可根据实际情况判断是否修改。若数据预查发现错误，则需要重新进行数据的导入、修改操作直到数据预查无误为止。

2）填报数据加密打包

数据加密打包是将县域上报数据及生成的相关报告文档加密打包，生成加密压缩包文件（*.crf）以上报至上级主管部门。具体操作步骤如下：

①点击"加密打包"菜单下"上报打包工具"栏中的"填报数据加密打包"按钮，弹出上报数据打包前预查确认对话框（见图 4-2-4-189）。若未进行数据预查操作，则选择"是"按钮，进行数据预查；若以前进行过数据预查操作且预检成功，则选择"否"按钮，在打包前不重新进行数据预检，直接进行填报数据加密打包操作，弹出填报数据加密打包文件存储目录选择对话框，如图 4-2-4-190 所示。

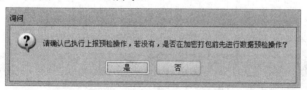

图 4-2-4-189　上报预检操作执行确认框

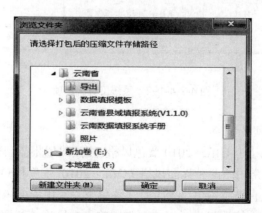

图 4-2-4-190　填报数据加密打包文件存储目录选择对话框

②在文件存储目录选择对话框中选择打包文件的存储目录，并点击"确定"按钮，则进入数据加密打包执行进度对话框，如图 4-2-4-191 所示。

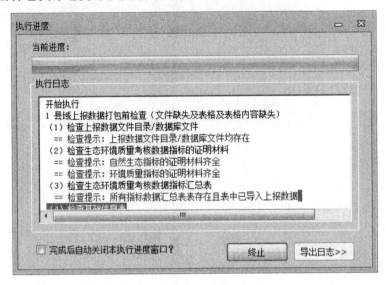

图 4-2-4-191　数据加密打包执行进度对话框

③填报数据加密打包操作执行完成后，上报数据加密打包文件存储到用户选择的文件存储目录下。点击填报数据加密打包执行对话框中的"关闭"按钮，则关闭当前执行对话框；选择"导出日志"按钮，将数据加密打包执行日志以文本文件的形式导出到本地。

（7）系统工具

系统工具菜单项下提供了两类功能：一是切换系统界面风格；二是数据管理工具，如图 4-2-4-192 所示。切换系统界面风格是改变系统主界面的运行风格，包括颜色、界面样式等。数据管理工具是实现对当前系统中填报数据的备份和恢复。

图 4-2-4-192　系统工具菜单项

1）系统常用界面风格

系统默认的界面风格为 Office 2010 蓝色风格，用户可以根据自己的喜好来切换不同的界面风格。系统提供了常用的两种界面风格（Office 2010 蓝色和 Office 2010 银色），若需要切换至该界面风格，直接点击"系统工具"菜单下"常用界面风格"栏内的相应的界面风格按钮即可。另外，系统还提供了一些不常用的界面风格，其切换操作步骤如下：

①点击"系统工具"菜单下"常用界面风格"栏右下角的下拉按钮（如图 4-2-4-193 红框内所示）。

图 4-2-4-193 展开更多界面风格按钮

②系统将弹出所有可供使用的界面风格列表，如图 4-2-4-194 所示。

图 4-2-4-194 更多界面风格列表

③在弹出的界面风格选择下拉框内，双击将要切换至的列表项，则将系统主界面风格切换至该风格。图 4-2-4-195 为切换为"VS2010"风格后的系统主界面。

图 4-2-4-195　VS2010 风格样式

2）数据管理工具

数据管理工具主要是实现系统内已有县域上报数据的备份和恢复，以防操作系统崩溃时导致数据丢失。

① 填报数据备份

建议用户每天做完数据导入或审核操作后，将数据进行一次备份。数据备份操作步骤为：

a.点击"系统工具"菜单下"数据管理工具"栏内的"填报数据备份"按钮，系统将弹出如图 4-2-4-196 所示的文件保存路径选择对话框。

图 4-2-4-196　数据备份文件保存路径选择对话框

b.在文件保存路径选择对话框中，选中备份文件将存储的目录，在文件名框内输入备份文件名（建议以当前日期为文件名，如：2016082300 为 2016 年 8 月 23 日其他数据的备份文件），并点击"保存"按钮，系统将对当前系统中的数据进行备份，备份文件的扩展名为 eco。

c.备份完成后，系统将弹出如图 4-2-4-197 所示的提示框，提示用户备份已成功完成，以及备份文件保存的路径。

图 4-2-4-197 备份完成提示框

② 填报数据恢复

当操作系统或是本系统发生崩溃或是无法进入时，可重新安装或是对系统进行初始化操作后，将备份数据恢复至系统数据库中，数据恢复操作的步骤如下：

a.点击"系统工具"菜单下"数据管理工具"栏内的"填报数据恢复"按钮，系统将弹出如图 4-2-4-198 所示的文件选择对话框。

图 4-2-4-198 备份文件选择对话框

b.在文件选择对话框中，选中最近时间的备份文件并点击"打开"按钮，系统将弹出如图 4-2-4-199 所示的提示框，提示用户是否确实要清除系统中已有数据，并将备份文件中的数据恢复至系统中。

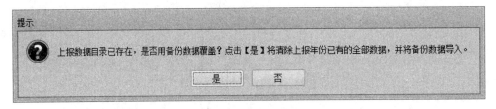

图 4-2-4-199　数据覆盖提示框

c.在提示框中，点击"是"按钮，则将清除已有数据，并将备份数据导入系统中；点击"否"按钮，则退出恢复操作，系统将保留原有数据，并返回系统主界面。

d.数据恢复完成后，系统将弹出如图 4-2-4-200 所示的提示框，提示数据恢复完成，并可通过"数据上报列表"进行查看。

图 4-2-4-200　数据恢复完成提示框

（8）系统菜单

系统菜单位于功能菜单区的左上角的系统图标处，通过点击图标来弹出菜单（如图4-2-4-201 所示）。该菜单中提供基本情况、帮助文档、版权信息和退出系统功能。

图 4-2-4-201　系统菜单

1) 基本情况

显示填报系统中当前县域的基本信息，主要操作步骤为：

①在系统主界面中，左键点击左上角的系统图标，则弹出如图 4-4-202 所示的系统菜单。

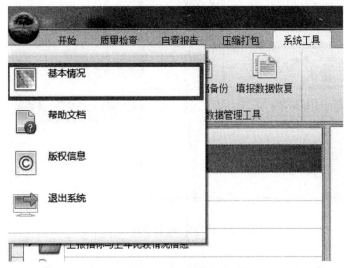

图 4-2-4-202　基本情况系统菜单

②在弹出的菜单中，点击"基本情况"菜单项，系统弹出如图 4-2-4-203 所示的当前县域基本信息框。

县域基本信息	
县域名称	香格里拉县
县域代码	533421
所在市域	迪庆藏族自治州
所在省	云南省
所在生态功能区	川滇森林及生物多样性生态功能区
功能区类型	无
是否南水北调水源地	否

图 4-2-4-203　县域基本情况查看窗体

2) 帮助文档

该功能是打开并以主题的方式显示系统帮助文档，具体的操作步骤为：

①在系统主界面中，左键点击左上角的系统图标，则弹出如图 4-2-4-204 所示的系统

菜单。

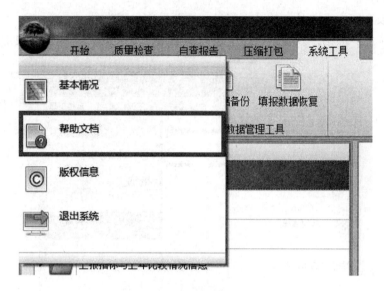

图 4-2-4-204　帮助文档菜单项

②在弹出的菜单中，点击"帮助文档"菜单项，系统弹出如图 4-2-4-205 所示的系统帮助文档。

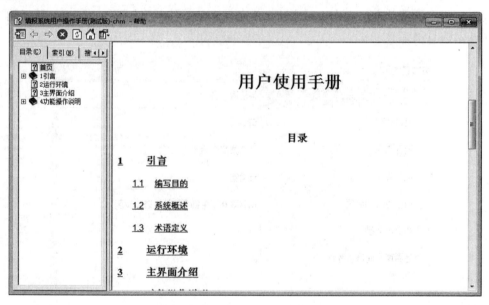

图 4-2-4-205　系统帮助界面

③在帮助文档界面，用户可浏览系统帮助文档，并可通过主题查找以及关键字查找的方式快速定位至所关心的文档部分。

3）版权信息

该功能是显示系统版权及版本信息，操作步骤为：

①在系统主界面中，左键点击左上角的系统图标，则弹出如图 4-2-4-206 所示的系统菜单。

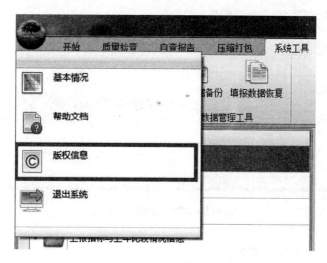

图 4-2-4-206　版权信息菜单项

②在弹出的菜单中，点击"版权信息"菜单项，系统弹出如图 4-2-4-207 所示的系统版权信息，用户可以查看系统相关的版权信息，包括系统名称、版本号、开发单位以及使用单位等。

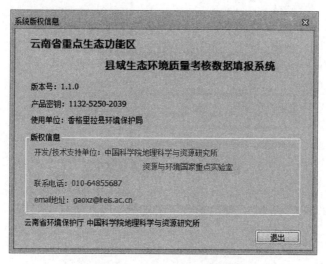

图 4-2-4-207　系统版权信息查看窗体

4）退出系统

通过该菜单项退出系统，也可通过系统主界面右上角的关闭按钮（图 4-2-4-208）来退出系统。当系统中有正在运行的操作，如：质量检查等，则系统的关闭按钮不可用，只能通过退出系统按钮来退出系统。

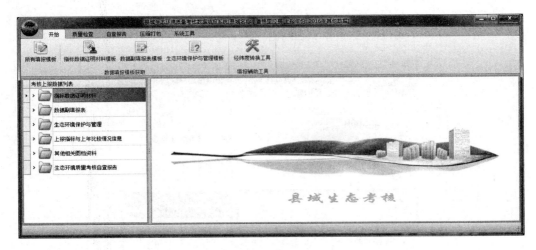

图 4-2-4-208　系统关闭按钮

退出系统功能操作步骤如下：

①在系统主界面中，左键点击左上角的系统图标，则弹出如图 4-2-4-209 所示的系统菜单。

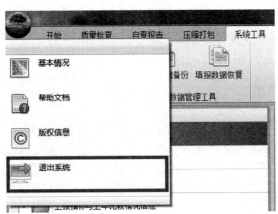

图 4-2-4-209　退出系统菜单项

②在弹出的菜单中，点击"退出系统"菜单项，则系统直接退出。

第 3 章
州（市）级数据审核软件系统使用手册

　　本部分描述了系统的运行环境、系统基本功能介绍、系统常规操作流程以及各功能模块的具体操作指南，辅助使用人员从整体和具体功能上掌握系统的运行操作。

　　本审核系统是面向州（市）级数据审核人员，通过数据导入、质量检查、指标审核、报告生成及打包上报等功能模块，辅助州（市）级主管部门用户完成考核县域填报数据的汇总、检查、审核、报告编写及数据上报等工作。

1. 系统运行环境

　　本软件系统为单机版软件系统，可运行于独立的台式计算机或笔记本上，运行期间不需要网络的支持。本软件系统运行的软硬件环境不得低于以下配置，软件环境的支撑和辅助软件为必选项，否则无法正常运行。见表 4-3-1-1。

表 4-3-1-1　系统运行环境

	设备	指标详细信息
硬件环境	计算机	台式机/笔记本/工作站
	CPU	2.0 GHz 以上
	内存	500M 以上
	可用硬盘空间	5GB 以上
软件环境	操作系统	Windows XP/2003/7，支持 64 位操作系统
	支撑控件	MicroSoft .NET Framework 4.0（自动安装）
	辅助软件	MicroSoft Office 2007（需含 Excel，Word） Adobe Reader 7.0 以上

2. 系统安装说明

　　本操作说明将不对 Microsoft Office 2007 或 Microsoft Office 2010 的安装进行详细说明，其安装方法请参见其相关说明文档。以下为"审核系统"的详细安装说明：

　　（1）双击运行安装包光盘中"云南省县域生态环境质量监测评价与考核数据审核系统\setup.exe"，如图 4-3-2-1 所示，系统开始安装。

图 4-3-2-1　系统安装目录

（2）若你机器上以前没有安装 Microsoft .NET Framework 4.0，安装程序会自动弹出提示安装 Microsoft .NET Framework 4.0 界面，如图 4-3-2-2 所示。

图 4-3-2-2　Microsoft .NET Framework 4.0 安装提示框

（3）点击 Microsoft .NET Framework 4.0 安装窗体中的"接受"按钮，将进入 Microsoft .NET Framework 4.0 的安装文件复制步骤，复制安装文件所需时间根据不同机器环境需要 1～5 分钟，请耐心等候，在等候期间尽量不要进行其他操作。若点击"不接受"按钮，则退出安装，系统将提示安装未完成。

（4）文件复制完成后，进入 Microsoft .NET Framework 4.0 的正式安装界面，如图 4-3-2-3 所示。

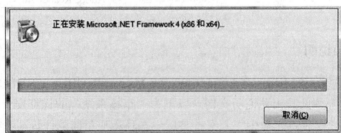

图 4-3-2-3　Microsoft .NET Framework 4.0 安装界面

（5）在安装过程中，需安装 Microsoft .NET Framework 4.0 的汉化包，在安装此插件前有可能（根据不同操作系统及系统安全级别设置）出现如图 4-3-2-4 所示的安全警告。若出现此警告，点击"运行"按钮则继续进入如图 4-3-2-5 所示的 Microsoft .NET Framework 4.0 的安装进度界面。

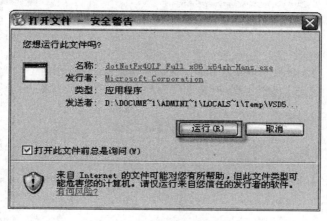

图 4-3-2-4　安全警告提示框

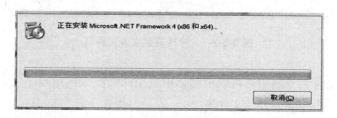

图 4-3-2-5　Microsoft .NET Framework 4.0 安装界面

（6）Microsoft .NET Framework 4.0 安装完成后（安装过程根据不同机器环境需要 3～10 分钟），将自动进入 "审核系统"软件的安装欢迎界面，如图 4-3-2-6 所示。在该界面中会有"审核系统"的简介、安装要求以及版本申明等信息。

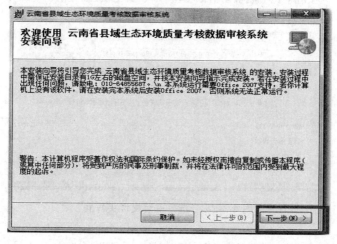

图 4-3-2-6　"审核系统"安装欢迎界面

（7）点击"下一步"按钮，进入选择安装文件夹界面，如图 4-3-2-7 所示，该界面中已对安装文件夹及使用人进行了初始化，若不需要修改，可直接点击"下一步"进行确认安装界面。

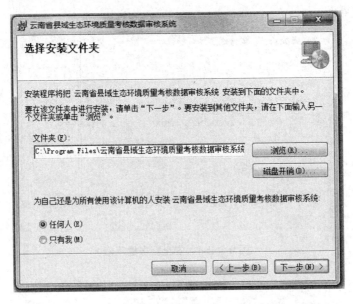

图 4-3-2-7　选择安装文件夹界面

在选择安装文件夹界面中，可以根据你磁盘空间情况来决定程序安装的文件夹，可采用默认的文件夹（Program Files 文件夹下），或是直接在文件夹框中（图 4-3-2-8 方框内）输入程序将安装到的文件夹，或是点击"浏览"按钮来修改安装目标文件夹。

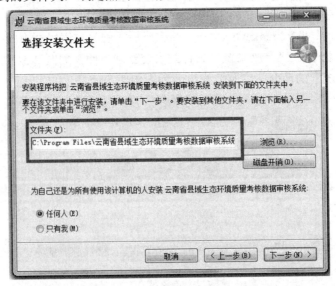

图 4-3-2-8　选择安装文件夹界面

通过图 4-3-2-9 方框内的选择按钮选择"审核系统"是为自己还是所有使用本计算机

的人使用。若只有安装用户能使用本系统，则选择"只有我"，若任何使用本计算机的人都可使用本系统，则选择"任何人"。

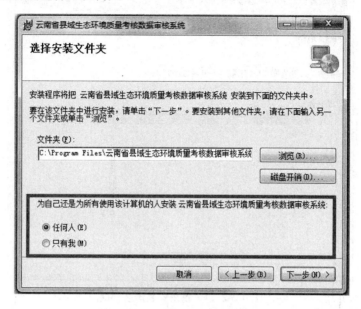

图 4-3-2-9 选择安装文件夹界面

（8）在设置好安装文件夹和使用人后，点击"下一步"按钮，则进入系统确认安装界面，如图 4-3-2-10 所示。

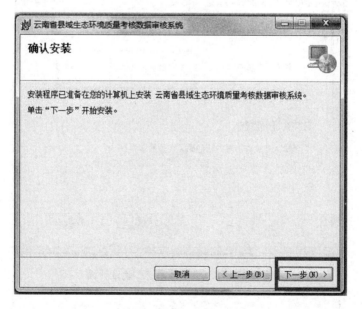

图 4-3-2-10 系统确认安装界面

（9）若确认安装，则点击"下一步"进入系统安装进度界面（如图 4-3-2-11 所示）；若需要修改安装设置，则点击"上一步"按钮，则返回上一步进行安装文件夹等的修改；

若想取消本次安装，则点击"取消"按钮，则将退出安装，并提示安装未完成。

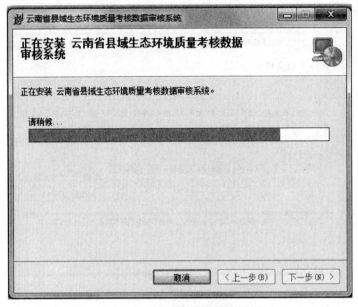

图 4-3-2-11　系统安装进度界面

（10）耐心等待系统安装，该过程根据不同性能的机器约需要 1～3 分钟。安装完成后，将弹出如图 4-3-2-12 所示的"审核系统"验证界面。

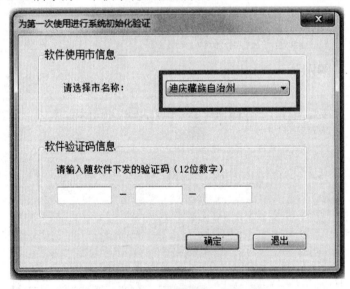

图 4-3-2-12　"审核系统"验证界面

（11）通过图 4-3-2-12 框内的下拉框选择软件使用的市域名称，图 4-3-2-13 为选择了迪庆藏族自治州后的界面。选择市域信息后，需输入软件的验证码，验证码为 3 组 4 位共12 位，一般附于安装光盘的封面上，请按顺序输入 12 位验证码，输入后的界面如图 4-3-2-13所示。

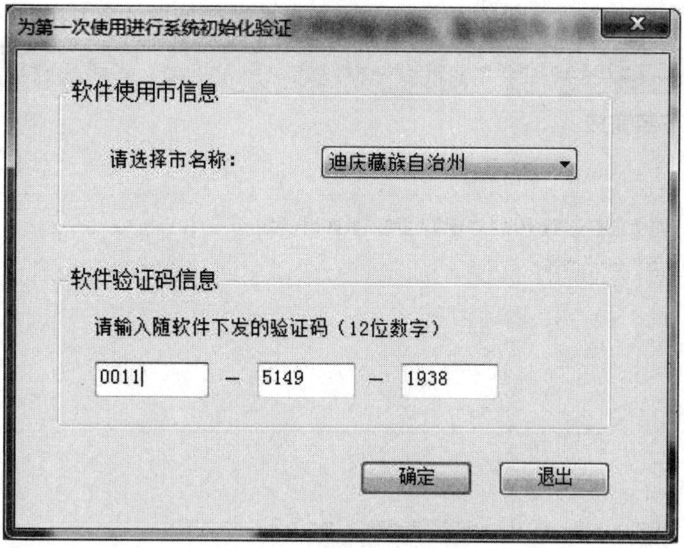

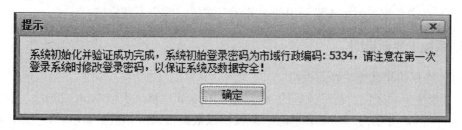

图 4-3-2-13　"审核系统"验证界面

（12）市域信息及验证码输入完整后，点击"确定"按钮，若验证码正确，则弹出如图 4-3-2-14 提示框，提示验证成功，并给出系统初始登录密码。该密码需牢记，并在系统第一次使用登录时进行修改。

图 4-3-2-14　验证成功提示框

若验证码输入错误，则弹出如图 4-3-2-15 验证错误提示框。若确认所输验证码为下发的验证码并选择了正确的市域，则点击"是"按钮，退出系统安装，并联系系统开发商确认验证码信息。若要进行重新验证，则点击"否"按钮重新选择市域信息或输入验证码。

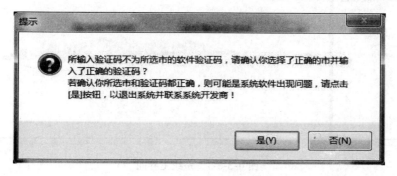

图 4-3-2-15　验证错误提示框

（13）若系统验证成功，则进入系统安装完成界面，如图 4-3-2-16 所示。

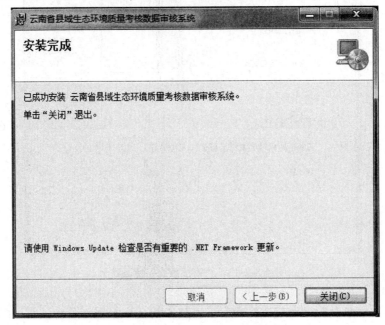

图 4-3-2-16　系统安装完成界面

（14）点击系统安装完成界面中的"关闭"按钮，结束系统安装。

3. 系统主界面说明

3.1　监测数据系统主界面说明

本系统主界面采用目前最流行的 Windows Ribbon 风格（类似 Word 2007），整个主界面分为三个区，分别为：功能菜单区、县域填报数据目录区和数据显示区，如图 4-3-3-1 所示。

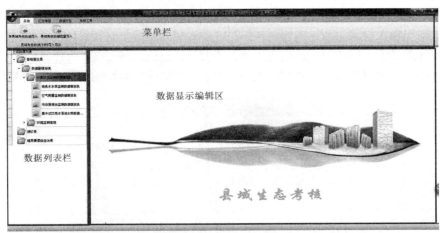

图 4-3-3-1　系统主界面

（1）功能菜单区

系统功能菜单区位于系统主界面的上方，系统主要通过该功能菜单区的功能按钮来完成县域填报数据导入/汇总、县域填报数据质量检查、县域填报数据审核、县域考核数据审核报告生成及数据打包上报等功能。本系统的功能按钮根据功能分类分布于四个菜单面板和一个系统菜单中，这四个面板为：开始、汇总信息、数据打包及系统工具。系统功能与各菜单面板间的对应关系见表4-3-3-1。

表4-3-3-1　菜单区系统功能

序号	菜单名称	系统功能
1	开始	县域填报数据导入
2	汇总信息	县域汇总信息浏览查看
3	数据打包	市域上报数据预检、加密打包
4	系统工具	系统界面风格切换、数据备份、恢复

菜单面板间通过其上方的菜单项的点击来切换，如图4-3-3-2所示。

图4-3-3-2　功能菜单切换区

菜单面板在系统运行过程中一般都一直显示，但有时为了扩大数据显示区，可通过双击菜单项实现菜单面板隐现，菜单面板隐藏后的界面如图4-3-3-3所示。

图4-3-3-3　菜单隐藏后的功能菜单区

系统菜单位于功能菜单区的左上角的系统图标处，通过点击图标来弹出菜单。该菜单中提供系统帮助、系统的版本信息和退出系统功能（如图4-3-3-4所示）。

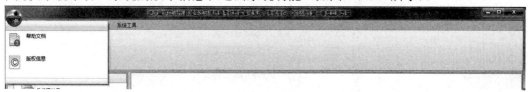

图4-3-3-4　系统菜单

（2）域填报数据目录区

县域填报数据目录区位于系统主界面的左侧，以目录树的方式，按市→县→县域填报数目录的结构对各县域的填报数据进行组织。初始状态下，目录树中一级节点为市域内的考核县域名称，二级节点则为县域填报数据目录（如图4-3-3-5所示）。

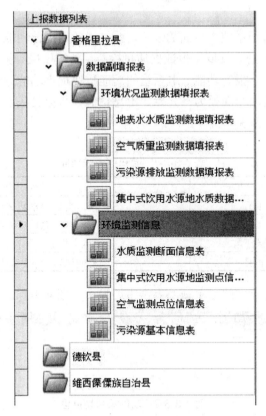

图 4-3-3-5　县域填报数据目录

系统将通过点击该目录树来实现县域填报数据的浏览,其操作方式与 Windows 的目录操作完全相同,只需逐级打开目录至末级节点,即为具体数据对应的文件或表格,点击即可在数据显示区以文档或表格的方式显示相应数据。

县域填报数据目录下则为各填报数据,具体按照数据填报要求进行组织,图 4-3-3-6 为环境状况监测数据填报表目录下的节点信息。

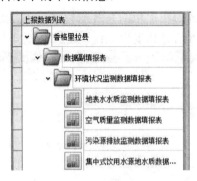

图 4-3-3-6　证明材料组织

县域填报数据目录区的县域名称节点有针对县域数据的操作的右键功能菜单,可通过右键点击县域名称节点显示,右键菜单如图 4-3-3-7 所示,包括:导入上报数据、清除上报数据以及县域基本信息三个菜单项。

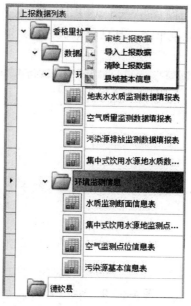

图 4-3-3-7 县域节点右键菜单

图 4-3-3-7 为已有数据导入的县域的右键菜单，若所点击县域没有导入数据，则只显示导入上报数据和县域基本信息两个菜单项。

（3）数据显示区

数据显示区主要是显示填报数据目录区所选中数据节点对应的表格内容，图 4-3-3-8 为数据库表格类数据的显示样式，在表格类显示窗口，可实现数据表的排序（双击排序列即可）、翻页（通过表格下方的功能区，图 4-3-3-8 方框内所示）等功能。

	站点情况		监测时间	监测项目					
	空气监测点位代码	空气监测点位名称	监测时间（年月日）	可吸入颗粒物(PM10) (mg/m3)	二氧化硫 (mg/m3)	二氧化氮 (mg/m3)	一氧化碳 (mg/m3)	臭氧 (mg/m3)	可吸入颗粒物(PM2.5) (m
1	AI53342100001	州监测站（州监测站楼顶）	2016/1/1	0.05	0.05	0.04	2	0.1	0.035
2	AI53342100001	州监测站（州监测站楼顶）	2016/1/2	0.15	0.15	0.08	4	0.16	0.075
3	AI53342100001	州监测站（州监测站楼顶）	2016/1/3	0.25	0.475	0.18	14	0.215	0.115
4	AI53342100001	州监测站（州监测站楼顶）	2016/1/4	0.35	0.8	0.28	24	0.265	0.15
5	AI53342100001	州监测站（州监测站楼顶）	2016/1/5	0.42	1.6	0.565	36	0.8	0.25
6	AI53342100001	州监测站（州监测站楼顶）	2016/1/6	0.5	2.1	0.75	48	1	0.35
7	AI53342100001	州监测站（州监测站楼顶）	2016/1/7	0.6	2.62	0.94	60	1.2	0.5
8	AI53342100001	州监测站（州监测站楼顶）	2016/1/8	0.05	0.05	0.04	2	0.1	0.035
9	AI53342100001	州监测站（州监测站楼顶）	2016/1/9	0.15	0.15	0.08	4	0.16	0.075
10	AI53342100001	州监测站（州监测站楼顶）	2016/1/10	0.25	0.475	0.18	14	0.215	0.115
11	AI53342100001	州监测站（州监测站楼顶）	2016/1/11	0.35	0.8	0.28	24	0.265	0.15
12	AI53342100001	州监测站（州监测站楼顶）	2016/1/12	0.42	1.6	0.565	36	0.8	0.25
13	AI53342100001	州监测站（州监测站楼顶）	2016/1/13	0.5	2.1	0.75	48	1	0.35
14	AI53342100001	州监测站（州监测站楼顶）	2016/1/14	0.6	2.62	0.94	60	1.2	0.5
15	AI53342100001	州监测站（州监测站楼顶）	2016/1/15	0.05	0.05	0.04	2	0.1	0.035
16	AI53342100001	州监测站（州监测站楼顶）	2016/1/16	0.15	0.15	0.08	4	0.16	0.075
17	AI53342100001	州监测站（州监测站楼顶）	2016/1/17	0.25	0.475	0.18	14	0.215	0.115
18	AI53342100001	州监测站（州监测站楼顶）	2016/1/18	0.35	0.8	0.28	24	0.265	0.15
19	AI53342100001	州监测站（州监测站楼顶）	2016/1/19	0.42	1.6	0.565	36	0.8	0.25
20	AI53342100001	州监测站（州监测站楼顶）	2016/1/20	0.5	2.1	0.75	48	1	0.35
21	AI53342100001	州监测站（州监测站楼顶）	2016/1/21	0.6	2.62	0.94	60	1.2	0.5
22	AI53342100001	州监测站（州监测站楼顶）	2016/1/22	0.05	0.05	0.04	2	0.1	0.035
23	AI53342100001	州监测站（州监测站楼顶）	2016/1/23	0.15	0.15	0.08	4	0.16	0.075
24	AI53342100001	州监测站（州监测站楼顶）	2016/1/24	0.25	0.475	0.18	14	0.215	0.115

当前记录：1 of 112

图 4-3-3-8 表格类显示样式

3.2 其他数据系统主界面说明

本系统主界面采用目前最流行的 Windows Ribbon 风格（类似 Word 2007），整个主界面分为三个区，分别为：功能菜单区、县域填报数据目录区和数据显示区，如图 4-3-3-9 所示。

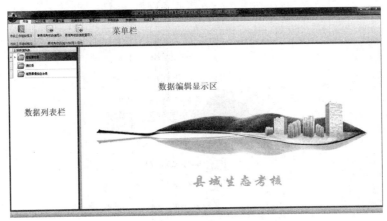

图 4-3-3-9 系统主界面

（1）功能菜单区

系统功能菜单区位于系统主界面的上方，系统主要通过该功能菜单区的功能按钮来完成县域填报数据导入/汇总、县域填报数据质量检查、县域填报数据审核、县域考核数据审核报告生成及数据打包上报等功能。本系统的功能按钮根据功能分类分布于八个菜单面板和一个系统菜单中，这八个面板为：开始、汇总信息、质量检查、数据审核、管理评分、审核报告、数据打包及系统工具。系统功能与各菜单面板间的对应关系见表 4-3-3-2。

表 4-3-3-2 菜单区系统功能

序号	菜单名称	系统功能
1	开始	县域填报数据导入
2	汇总信息	县域汇总信息浏览查看
3	质量检查	县域填报数据质量检查及检查工具
4	数据审核	县域填报数据审核及审核工具
5	管理评分	对县域的生态环境保护与管理情况进行评分
6	审核报告	县域考核数据审核报告生成及导入、导出
7	数据打包	市域上报数据预检、加密打包
8	系统工具	系统界面风格切换、数据备份、恢复

菜单面板间通过其上方的菜单项的点击来切换，如图 4-3-3-10 所示。

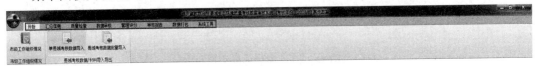

图 4-3-3-10 功能菜单切换区

菜单面板在系统运行过程中一般都一直显示，但有时为了扩大数据显示区，可通过双击菜单项实现菜单面板隐现，菜单面板隐藏后的界面如图 4-3-3-11 所示。

图 4-3-3-11　菜单隐藏后的功能菜单区

系统菜单位于功能菜单区的左上角的系统图标处，通过点击图标来弹出菜单（如图 4-3-3-12 所示）。该菜单中提供系统帮助、系统的版本信息和退出系统功能。

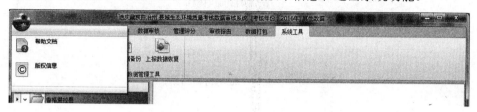

图 4-3-3-12　系统菜单

（2）县域填报数据目录区

县域填报数据目录区位于系统主界面的左侧，以目录树的方式，按市→县→县域填报数目录的结构对各县域的填报数据进行组织。初始状态下，目录树中一级节点为市域内的考核县域名称，二级节点则为县域填报数据目录（如图 4-3-3-13 所示）。

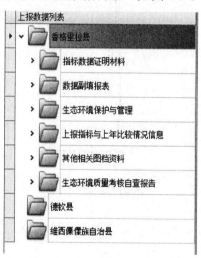

图 4-3-3-13　县域填报数据目录

系统将通过点击该目录树来实现县域填报数据的浏览，其操作主式与 Windows 的目录操作完全相同，只需逐级打开目录至末级节点，即为具体数据对应的文件或表格，点击即可在数据显示区以文档或表格的方式显示相应数据。

县域填报数据目录下则为各填报数据，具体按照数据填报要求进行组织，图 4-3-3-14 为指标证明材料目录下的节点信息。

图 4-3-3-14 证明材料组织

县域填报数据目录区的县域名称节点有针对县域数据的操作的右键功能菜单，可通过右键点击县域名称节点显示，右键菜单如图 4-3-3-15 所示，包括：审核上报数据、导入上报数据、清除上报数据以及县域基本信息四个菜单项。

图 4-3-3-15 县域节点右键菜单

图 4-3-3-15 显示的为已有数据导入的县域的右键菜单，若所点击县域没有导入数据，则只显示导入上报数据和县域基本信息两个菜单项。

（3）数据显示区

数据显示区主要是显示填报数据目录区所选中数据节点对应的文档或表格内容，另外还显示系统生成的审核报告文本及报告附表。

不同数据内容，其显示样式各不相同，图 4-3-3-16 为文档类数据的显示样式，在文档类显示窗口，可实现文档的打印、换页和显示比例等操作。

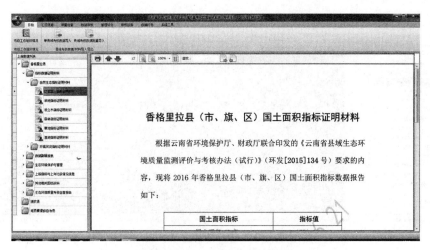

图 4-3-3-16　文档类显示样式

　　图 4-3-3-17 为数据库表格类数据的显示样式，在表格类显示窗口，可实现数据表的排序（双击排序列即可）、翻页（通过表格下方的功能区，图 4-3-3-17 方框内所示）等功能。

	自然保护区代码	自然保护区名称	类型（自然保护区、风景名胜区、地质公园、森林公园、其他）	级别（国家级、省级、市级、县级）	面积（km2）	设立时间	备注	证明材料	照片
▶1	NR53342100001	普达措国家公园	自然保护区	国家级	641	1992/7/1		草地指标证明材料.pdf	
2	NR53342100002	香格里拉保护区	自然保护区	省级	202.3	1992/7/2		自然保护区证明材料.pdf	
3	NR53342100003	白水台	集中式饮用水源地保护区	县级	58.75	1992/7/3		草地指标证明材料.pdf	无图像
4	NR53342100004	碧沽天池	集中式饮用水源地保护区	省级	13.14	1992/7/4		耕地和建设用地指标证明材料.pdf	
5	NR53342100005	纳帕海	国家湿地公园	国家级	152.34	1992/7/5		草地指标证明材料.pdf	

图 4-3-3-17　表格类显示样式

　　图 4-3-3-18 为审核报告附表（Excel 表格）的显示样式：

	A	B	C	D	E	F	G	H	I	J	K	L
1	垃圾填埋场代码	垃圾填埋场名称	县（市、旗、区）名称	县（市、旗、区）代码	运行状态（已运行、试运行或建设中）	建立时间	处理方式（填埋、焚烧、发电）	垃圾填埋场面积（km2）	日处理能力（吨/天）	经度（度）	经度（分）	经度（秒）
2	FG53342100001	古城垃圾填埋场	香格里拉县	533421	已运行	2011/9/1	填埋		345.00	54.00	109	23	45.00

图 4-3-3-18　Excel 表格显示样式

图 4-3-3-19 为照片显示样式。

图 4-3-3-19　照片显示样式

4. 系统功能操作说明

4.1 监测数据系统功能操作说明

功能菜单区的功能菜单和县域填报数据列表区的右键菜单是本系统的主要功能入口，本部分将详细说明菜单功能区功能菜单和县域填报数据列表区右键菜单的功能操作。

本部分的功能操作说明将按系统功能菜单区的菜单面板来分类详述，不以用户的操作流程及业务习惯来介绍说明。

（1）系统登录及初始化

若用户在计算机上对"审核系统"进行了安装，则用户计算机系统桌面上、计算机系统开始菜单中将产生"数据审核系统"的快捷方式，如图 4-3-4-1 所示。若用户未安装，则参照《云南省重点生态功能区县域生态环境质量监测评价与考核数据审核系统安装手册》来完成系统软件的安装，并进入系统初始化及登录界面工作。系统运行及登录的具体步骤包括系统初始化验证、修改登入密码及登录系统三部分。

图 4-3-4-1　"云南省数据审核系统"桌面及开始菜单快捷方式

1）系统初始化验证

双击桌面上的"云南省数据审核系统"快捷方式或者点击计算机操作系统开始菜单中的"云南省数据审核系统"，则开始运行系统。若在系统安装完成后没有进行系统验证或是验证未成功，则需先进行系统验证，验证步骤如下：

运行系统时，系统弹出图 4-3-4-2 所示的界面提示是否验证。

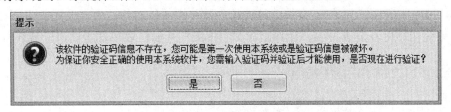

图 4-3-4-2　系统未验证提示

在提示框中，点击"是"按钮，则进入如图 4-3-4-3 所示的系统验证界面；点击"否"按钮，则提示系统未验证，并退出系统登录。

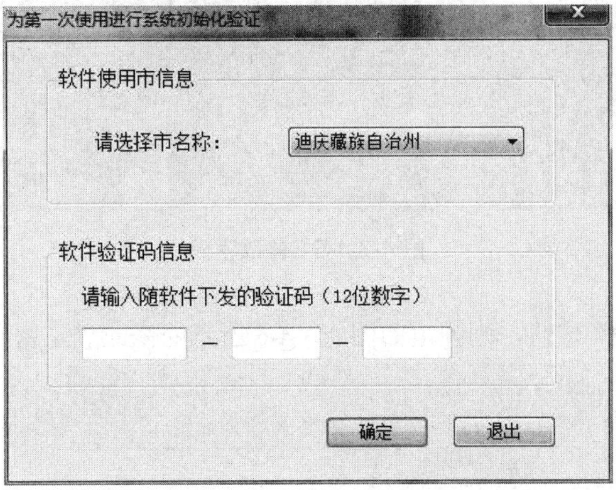

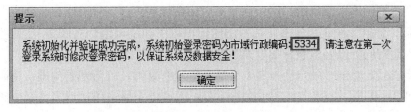

图 4-3-4-3　系统验证界面

在系统验证界面中（图 4-3-4-3），选择您所在的市域，并输入随软件下发的 12 位验证码（3 组 4 位数字），若点击"验证"按钮。若所选市域正确且验证码正确，则显示如图4-3-4-4 所示的验证正确提示信息，方框内内容提示您系统登录的初始密码，请务必在系统登录前修改。若点击"退出"按钮，则退出验证，系统将提示系统没有验证，并提示退出系统。

图 4-3-4-4　验证成功提示

点击提示框的"确定"按钮，则进入系统登录界面。

【注意】软件验证码随安装光盘一起下发，一般贴于光盘封面上，若没有或是丢失，请联系系统开发商获取新的验证码。

2）修改登录密码

系统初始化时，将系统的登录密码设为市域的四位行政编码，如：迪庆藏族自治州的是 5334。为保证数据及系统安全，建议在第一次使用系统时修改登录密码。步骤如下：

在系统初始化验证成功后，会弹出如图 4-3-4-5 所示的登录框（以迪庆藏族自治州为例）：

图 4-3-4-5 修改密码

点击"修改密码"按钮，则弹出如图 4-3-4-6 所示的修改登录密码。

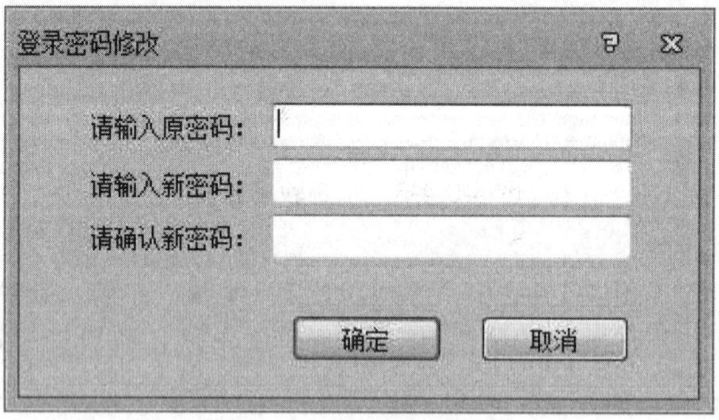

图 4-3-4-6 登录密码修改

在第一个框中输入原密码，第一次登录时为市域代码，以后再修改时为用户修改过的密码。在第二个框中输入新的密码（密码建议由数字和字母组合而成），然后在第三个框中重新输入新密码，以确认新密码没有输错。

输入完成后，点击"确定"按钮，若原密码没有输错，且新密码与确认密码相同，则弹出如图 4-3-4-7 所示的修改密码成功提示框；否则提示原密码错误或是新密码与确认密码不匹配错误。

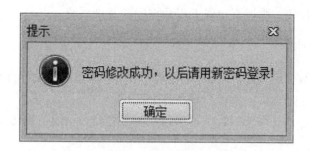

图 4-3-4-7　密码修改成功提示

3）初始化上报数据库

首先选择审核数据的季度（若又要审核其他季度的数据只需选择不同的季度即可），输入密码，之后点击"登录"按钮，则开始登录系统，如图 4-3-4-8 所示。

图 4-3-4-8　系统登录

系统第一次登录或是初始化后，会在登录过程中提示用户市级数据库不存在，并引导用户生成市级上报数据库，提示信息如图 4-3-4-9 所示。

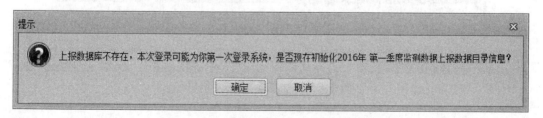

图 4-3-4-9　设置市级上报数据库提示框

　　点击"确定"按钮，则设置市级上报数据库并登录系统。点击"取消"按钮，则无法登录并将退出登录过程。

　　4）登录系统

　　设置市级上报数据库成功后，系统将继续登录，登录过程中的界面如图4-3-4-10所示。通过框内的状态提示信息提示系统登录状态。

　　登录完成后，进入如图4-3-4-11所示的系统主界面，系统初始化及登录完成。

图4-3-4-10　登录状态提示

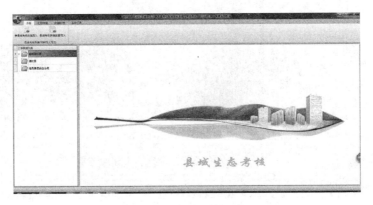

图4-3-4-11　系统主界面

（2）开始菜单

　　开始菜单面板中的功能主要是实现县域填报数据的导入（如图4-3-4-12所示）。

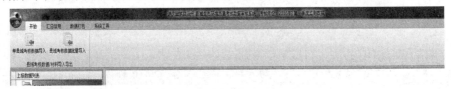

图4-3-4-12　开始功能菜单面板

　　县域考核数据导入包括：单县域考核数据导入、多县域考核数据导入两个功能，通过系统主界面中的"单县域考核导入"和"县域考核数据批量导入"两个功能按钮（如图 4-3-4-13 所示）来实现。

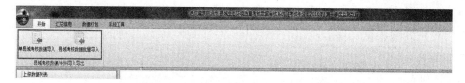

图 4-3-4-13　县域数据导入功能按钮

单县域考核数据导入是针对目前上报县域较少，将县域上报数据包一个县域一个县域的导入。多县域考核数据导入功能一般是在已有较多县域上报考核数据包的情况下使用，可一次性导入多个县域填报数据。

单县域具体操作步骤如下：

点击"开始"菜单"县域考核数据/材料导入"栏内的"单县域考核数据导入"按钮系统将弹出如图 4-3-4-14 所示的"单县域数据导入"界面。

图 4-3-4-14　上报数据包选择界面

在"单县域数据导入"界面中，点击选择县域上报数据包的"浏览"，则弹出数据包文件选取对话框，如图 4-3-4-15 所示。

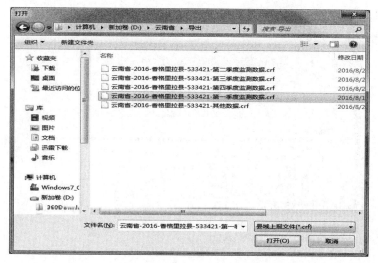

图 4-3-4-15　数据包选择对话框

在文件选择对话框中，选中需要导入的县域上报文件包（文件名格式为：省份-年份（4位）-县名称-县代码（6位数字）-季度监测数据.crf，如：云南省-2016-香格里拉县-533421-第一季度监测数据.crf），点击"打开"按钮，则该文件将选择至县域上报数据包下的文本框内，同时系统将根据文件名，在上报数据信息中显示该数据包的上报县域所在市及县域名称，如图4-3-4-16所示。

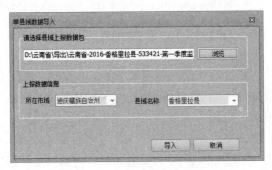

图4-3-4-16　选择数据包后的界面

在"单县域数据导入"界面中，点击"导入"按钮，若该县域数据以前已导入，则弹出如图4-3-4-17所示的提示框，提示用户是否重新导入。

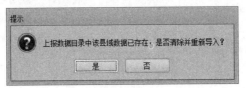

图4-3-4-17　是否重新导入提示

在提示框中，点击"是"按钮，则弹出数据导入进度界面（如图4-3-4-18所示），在导入过程中，将显示导入步骤、进度以及导入状态日志。在导入过程中，可随时点击"终止"按钮终止导入过程，也可勾选"完成后自动关闭本执行进度窗口？"，在完成导入过程后自动关闭该导入进度框。

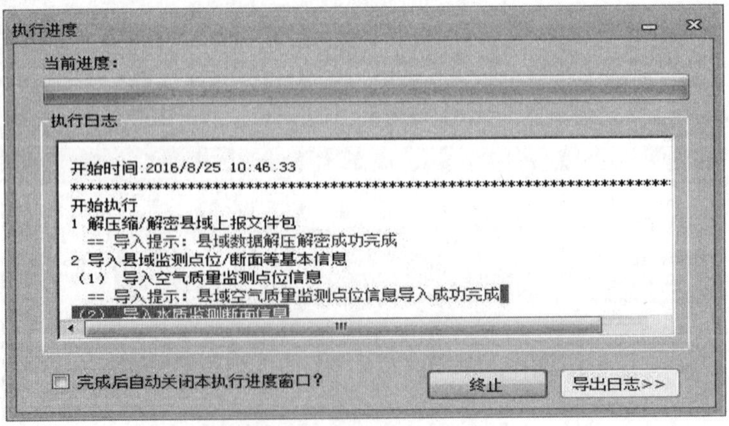

图4-3-4-18　导入过程

导入完成后，系统会在执行日志中提示执行完成，并提示所用时间等信息（如图4-3-4-19所示）。导入结束后，可通过"导出日志"按钮将执行日志导出为文本文件（*.txt）以进行进一步的分析。

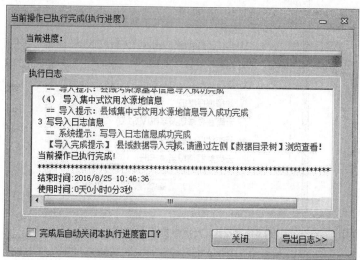

图 4-3-4-19　导入完成

导入完成后，在左侧数据目录树中对应的县节点下将加入该县导入的数据目录列表，可通过点击相应的文件或表节点查看该县域的填报数据。

多县域考核数据导入具体操作步骤如下：

点击"开始"菜单"县域考核数据/材料导入"栏内"县域考核数据批量导入"按钮，系统将弹出如图 4-3-4-20 所示的"县域上报数据批量导入"界面。

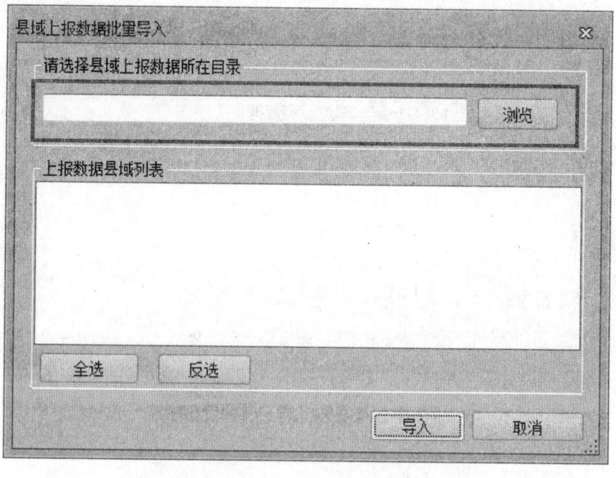

图 4-3-4-20　上报数据包目录选取

在"县域上报数据批量导入"界面中，点击选择县域上报数据所在目录下的"浏览"按钮，则弹出文件目录选取对话框，如图 4-3-4-21 所示。

图 4-3-4-21 上报数据目录选择对话框

在文件目录选择对话框中，选中县域上报数据包文件所在的目录（需将各县域上报数据包拷贝至该目录），点击"确定"按钮，则该文件目录名将显示于县域上报数据目录的文本框内，同时将该目录所有上报数据包文件对应的县域名称及编码列于"上报数据县域列表"框内（注意：若目录内包含的上报数据包不为考核年份或季度的，则不列于此框中），如图 4-3-4-22 所示。

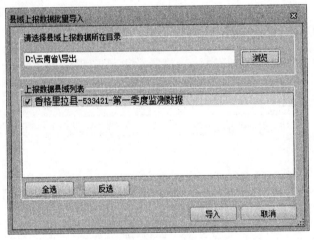

图 4-3-4-22 导入县域选择

在"县域上报数据批量导入"界面的上报数据县域列表中，通过各县域名称前面的复选框来选择是否导入该县域数据，若导入，则选中，否则不选中（默认为全选中，即全导入）。选择需要导入的县域列表时，可通过其下的"全选"、"反选"按钮来辅助选择。点击"全选"是将所有县域都选中，点击"反选"则是将已选中的变为不选中，未选中的改为已选中。

在"县域上报数据批量导入"界面中选择完导入数据县域后，点击"导入"按钮，若所选县域列表中有些县域以前已导入过数据，则弹出如下"是否覆盖已有数据"提示框，并将已存数据的县域名称列于列表框中，如图 4-3-4-23 所示。若没有已导入过数据的县域，则跳过此界面，直接进入数据导入进度框界面。

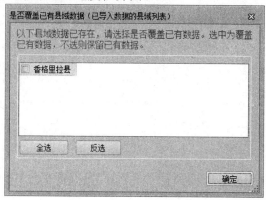

图 4-3-4-23　是否覆盖设置

在"是否覆盖已有数据"界面中，若要覆盖已有数据，则选中该县域前的复选框，否则不选中（默认为未选中，即不覆盖）。在该界面中，若需要确认是否覆盖的县域较多，可通过"全选"和"反选"按钮来快速选取。

在"是否覆盖已有数据"界面中，设定完要覆盖的县域列表后，点击"导入"按钮，则按顺序导入已选中的县域上报数据，并弹出数据导入进度界面（如图 4-3-4-24 所示），在导入过程中，将提示导入进度以及导入日志。在导入过程中，可点击"终止"按钮随时终止导入过程，也可勾选"完成后自动关闭本执行进度窗口？"，在完成导入过程后自动关闭该导入进度框。

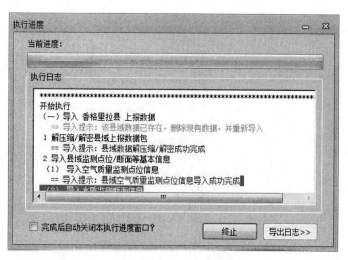

图 4-3-4-24　导入进度

导入完成后，系统会在执行日志中提示执行完成，并提示所用时间等信息（如图

4-3-4-25 所示）。可通过"导出日志"按钮将执行日志导出为文本文件（*.txt）。

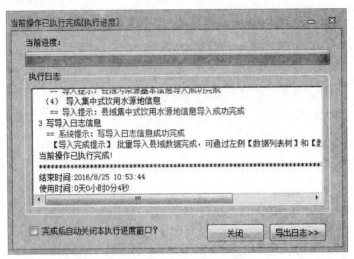

图 4-3-4-25　导入完成提示

　　导入完成后，左侧数据目录树中对应的所有导入数据的县节点下将加入该县域上报数据目录列表，可通过点击相应的文件或表节点查看该县域的填报数据。

（3）县域上报数据浏览

1）县域数据目录

　　县域上报数据导入后，可以在左侧目录树查看。如图 4-3-4-26 所示，显示香格里拉县的县域数据节点信息。

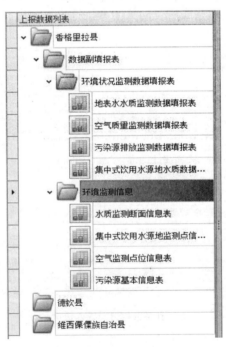

图 4-3-4-26　县域数据目录结构

显示为 📂 的节点表示该节点下有数据，点击该节点即可展开/收起该节点。
节点图标及含义索引见表 4-3-4-1。

表 4-3-4-1　目录树节点图标及含义

图标	含义
📂	非空节点
📁	空节点
🧮	数据填报表

对于非文件夹节点，可以直接点击节点，并在右侧数据显示区显示数据。

2）县域数据浏览

如图 4-3-4-27 所示，为填报数据显示样式。如果表格中有照片字段，则在表格中显示照片的缩略图，如果照片不存在，则显示"无图像"字样；如果表格中有文档相关字段，则在表格中显示为超级链接。

	纬度	备注	监测报告	排放标准	照片
▶ 1	28° 0′ 40″		环境空气质量指数（AQI）技术规定（试行）（HJ633_2012）.pdf;环境空气质量指数（AQI）技术规定（试行）（HJ633_2012）.pdf;地下水质量标准.pdf;地表水环境质量标准.pdf	11（123）.pdf	
2	27° 49′ 0″		地表水环境质量标准.pdf;地表水环境质量标准.pdf;地下水质量标准.pdf;地表水环境质量标准.pdf	11（123）.pdf	
3	27° 49′ 47″		地表水环境质量标准.pdf;地下水质量标准.pdf;地下水质量标准.pdf;地表水环境质量标准.pdf	11（123）.pdf	无图像
4	28° 7′ 23″		环境空气质量指数（AQI）技术规定（试行）（HJ633_2012）.pdf;地表水环境质量标准.pdf;地下水质量标准.pdf;地表水环境质量标准.pdf	11（123）.pdf	

图 4-3-4-27　横向表格数据

点击单元格中的缩略图，则弹出如图 4-3-4-28 所示的图片查看界面。若有多张照片，可以点击"前一张"、"后一张"导航浏览。

图 4-3-4-28　图片查看界面

点击单元格中的超级链接，则弹出如图 4-3-4-29 所示的附件查看界面。如有多个附件则可以点击"前一个"、"后一个"导航查看。

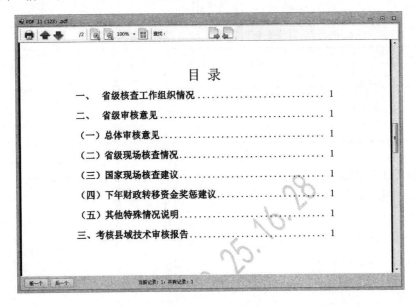

图 4-3-4-29　附件查看界面

（4）汇总信息

部分或全部县域数据导入后，可查看已导入县域的监测数据的汇总信息，"汇总信息"菜单面板中主要提供考核县域基本情况及社会经济情况信息、点位/断面辅助信息的浏览查看。各功能按钮布局如图 4-3-4-30 所示。

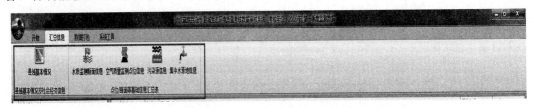

图 4-3-4-30　汇总信息菜单面板

1）县域基本情况汇总表浏览

县域基本情况信息汇总表是指县域基本情况和县域社会经济情况，可通过"县域基本情况及社会经济情况"栏内的"县域基本情况"来查看浏览（布局如图 4-3-4-31 所示）。

图 4-3-4-31　县域基本情况功能按钮

操作步骤：

点击"汇总信息"菜单"县域基本情况及社会经济情况"栏内的"县域基本情况"按钮，则弹出如图4-3-4-32所示的数据浏览界面，并在界面中以表格的形式显示已上报县域基本情况汇总信息。

	县域名称	县域代码	所在市域	所在生态功能区	功能区类型	是否南水北调水源地
▶	香格里拉县	533421	迪庆藏族自治州	川藏森林及生物多样性生态功能区	无	否
	德钦县	533422	迪庆藏族自治州	川藏森林及生物多样性生态功能区	无	否
	维西傈僳族自治县	533423	迪庆藏族自治州	川藏森林及生物多样性生态功能区	无	否

当前记录 1 of 3

导出为Excel　退出

图4-3-4-32　县域基本情况显示样例

在数据显示页面，可通过左下侧表格操作面板来显示当前记录及总记录条数，并可通过功能按钮实现记录移动及翻页功能。

若需要将当前显示数据导出为Excel表格，则在数据显示界面，点击右下侧的"导出为Excel"按钮来实现当前表格内容的导出，导出格式为Excel文件。

若需要退出汇总数据查看界面，则点击该界面右上角的关闭按钮或右下角的"退出"按钮，汇总数据查看界面消失，返回至系统主界面。

2）点位等辅助信息汇总表

点位等辅助信息汇总表是指各县域填报的水质监测断面、空气监测点位、污染源信息、集中式饮用水水源地的基本信息汇总表。可通过"点位/断面等辅助信息汇总表"栏内的"水质监测断面信息"、"空气质量监测点位信息"、"污染源信息"、"集中水源地信息"，四个功能按钮来查看浏览。如图4-3-4-33所示。

开始	汇总信息	数据打印	系统工具			

县域基本情况　　水质监测断面信息　空气质量监测点位信息　污染源信息　集中水源地信息

县域基本情况及社会经济信息　　　　　点位/断面等基础信息汇总表

图4-3-4-33　辅助信息查看功能按钮

这四个功能操作方式完全相同，只是结果展示的内容不同，下面以"水质监测断面信息"功能为例来说明操作步骤：

点击"汇总信息"菜单"点位/断面等辅助信息汇总表"栏内的"水质监测断面信息"按钮，则弹出如图4-3-4-34所示的数据浏览界面，并在界面中以表格的形式显示已上报县域内水质监测断面信息的汇总表。

在数据显示页面，可通过左下侧表格操作面板来显示当前记录及总记录条数，并可通过功能按钮实现记录移动及翻页功能。

若需要将当前显示数据导出为Excel表格，则在数据显示界面，点击右下侧的"导出为 Excel"按钮来实现当前表格内容的导出，导出格式为 Excel 文件。

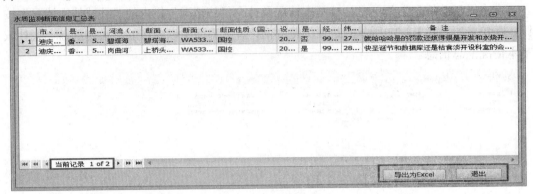

图 4-3-4-34　水质监测断面显示样例

若需要退出汇总数据查看界面，则点击该界面右上角的关闭按钮或右下角的"退出"按钮，汇总数据查看界面消失，返回至系统主界面。

（5）数据打包

数据加密打包需要满足的条件是市域内所有考核县域数据填报数据上报且已导入系统内。压缩打包功能是将市域内部分考核县域监测数据生成加密压缩包文件（*.zip）。

数据打包包括数据预检、压缩打包两个功能（如图 4-3-4-35 所示）。

图 4-3-4-35　数据打包菜单面板

1）预检

上报数据预检是在数据打包上报前对市域内各考核县域的填报数据进行检查：一是检查县域是否完整（即所有县域都已上报数据并导入系统）；二是检查各县域上报的数据是否缺少关键文件，如：数据库文件等。具体操作步骤为：

点击"数据打包"菜单下"数据预检（县域完整性）"按钮，若以前进行过数据预检操作且预检成功（即县域完整且县域填报数据完整），则弹出如图 4-3-4-36 所示的提示框，询问用户是否仍进行预检。点击"是"按钮则进入数据预检操作并弹出进度提示框。

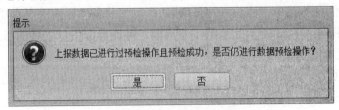

图 4-3-4-36　是否仍预检提示

若以前没有进行过数据预检操作或是进行过预检但预检不成功，则直接进入预检操作并弹出预检进度提示框，第一步是进行考核县域完整性检查（即考核县域填报数据是否导入），如图 4-3-4-37 所示。

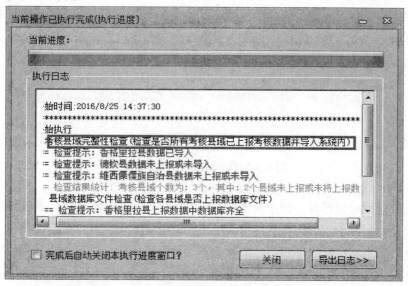

图 4-3-4-37　数据完整性检查提示

预检成功后，则提示有多少个县域数据未导入以及导入数据的县域的数据是否完整，具体提示如图 4-3-4-38 所示。

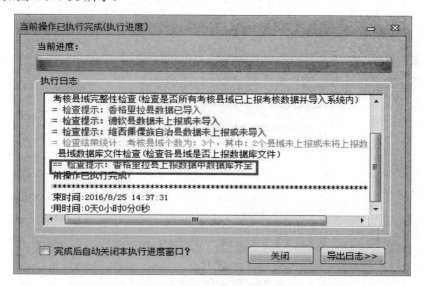

图 4-3-4-38　预检完成提示

预检成功后，可通过"导出日志"按钮将预检日志导出为文本。

2）加密打包

数据加密打包是将市域内所有考核县域的填报数据以及市级审核报告相关内容加密

打包，生成加密压缩包文件（*.prf）以上报至上级主管部门。具体操作步骤如下：

点击"数据打包"菜单下"加密打包（生成加密包文件）"按钮，若以前进行过数据预检操作且预检成功（即县域完整且县域填报数据完整），则弹出如图 4-3-4-39 所示的提示框，询问用户在打包前是否仍进行预检操作。点击"是"按钮，则在打包前重新进行数据预检；点击"否"按钮，则在打包前不重新进行数据预检。

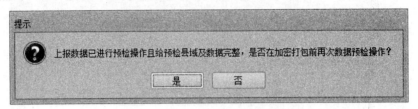

图 4-3-4-39　是否再次预检提示

若以前未进行过数据预检操作或预检不成功（即县域不完整或县域填报数据不完整），则弹出如图 4-3-4-40 所示的提示框，询问用户在打包前是否先进行预检操作。点击"是"按钮，则在打包前先进行数据预检；点击"否"按钮，则在打包前不进行数据预检。

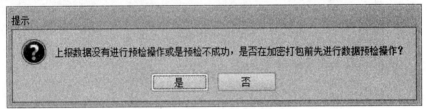

图 4-3-4-40　是否进行预检提示

在 1 和 2 步骤中，无论是点击"是"还是"否"按钮，都会弹出目录选择对话框，提示用户选择打包文件保存到的目录，如图 4-3-4-41 所示。

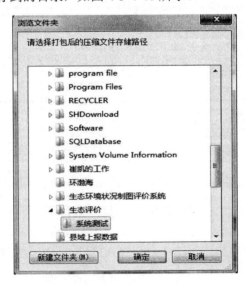

图 4-3-4-41　打包结果存储目录选择

在文件夹选择对话框中选择打包文件的存储目录，并点击"确定"按钮，则进入数据预检和打包进度提示框。若 1、2 步骤中选择"是"按钮，则先进行数据预检操作，并在日志中进行提示，如图 4-3-4-42 所示。

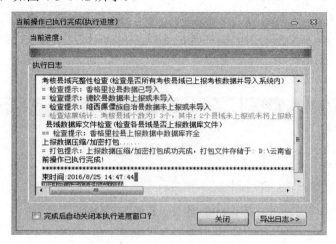

图 4-3-4-42　加密打包进度提示

否则直接进行数据加密打包，运行至加密打包步骤时，若所选目录中已存在市域打包文件，则弹出如图 4-3-4-43 所示的提示框提示用户是否覆盖。

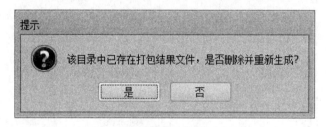

图 4-3-4-43　是否覆盖提示

点击"是"按钮，则重新进行加密打包，并将新生成的打包文件替换已有的打包文件，点击"否"按钮，则不进行加密打包，保留已有打包文件。

（6）系统工具

系统工具菜单项下提供了两类功能：一是切换系统界面风格；二是数据管理工具（如图 4-3-4-44 框内所示）。切换系统界面风格是改变系统主界面的运行风格，包括颜色、界面样式等。数据管理工具是实现对当前系统中填报数据的备份和恢复。

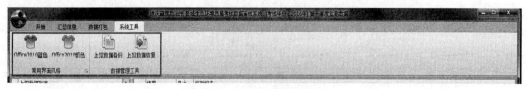

图 4-3-4-44　系统工具菜单面板

1）系统界面风格切换

系统默认的界面风格为 Office 2010 灰色风格，用户可以根据自己的喜好来切换不同的界面风格。系统提供了常用的两种界面风格（Office 2010 蓝色和 Office 2010 银色），若需要切换至该界面风格，直接点击"系统工具"菜单下"常用界面风格"栏内的相应的界面风格按钮即可。另外，系统还提供了一些非常用的界面风格，其切换操作步骤如下：

①点击"系统工具"菜单下"常用界面风格"栏右下角的下拉按钮（如图 4-3-4-45 框内所示）。

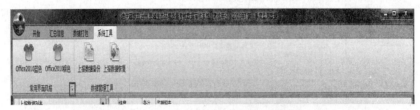

图 4-3-4-45　展开更多界面风格按钮

②系统将弹出所有可供使用的界面风格列表，如图 4-3-4-46 所示。

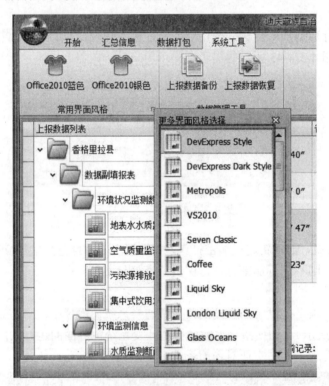

图 4-3-4-46　更多界面风格列表

③在弹出的界面风格选择下拉框内，双击将要切换至的列表项，则将系统主界面风格切换至该风格。图 4-3-4-47 为切换为"Office 2007 Green"风格后的系统主界面。

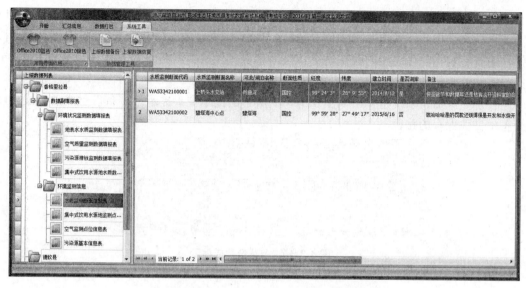

图 4-3-4-47　Office 2007 Green 风格样式

2）数据管理工具

数据管理工具主要是实现系统内已有县域上报数据的备份和恢复，以防操作系统崩溃时导致数据丢失。

①上报数据备份

建议用户每天做完数据导入或审核操作后，将数据进行一次备份。数据备份操作步骤为：

点击"系统工具"菜单下"数据管理工具"栏内的"上报数据备份"按钮，系统将弹出如图 4-3-4-48 所示的文件保存路径选择对话框。

图 4-3-4-48　数据备份文件

　　在该对话框中，选中备份文件将存储的目录，在文件名框内输入备份文件名（建议以当前日期为文件名，如：20160815 为 2016 年 8 月 15 日的备份文件），并点击"保存"按钮，系统将对当前系统中的数据进行备份，备份文件的扩展名为 pdb20161，表示 2016 年第一季度的数据备份。

　　备份完成后，系统将弹出如图 4-3-4-49 所示的提示框，提示用户备份已成功完成，以及备份文件保存的路径。

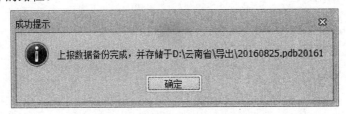

图 4-3-4-49　备份完成提示

②上报数据恢复

　　当操作系统或是本系统发生崩溃或是无法进入时，可重新安装或是对系统进行初始化操作后，将备份数据恢复至系统数据库中，数据恢复操作的步骤如下：

　　点击"系统工具"菜单下"数据管理工具"栏内的"上报数据恢复"按钮，系统将弹出如图 4-3-4-50 所示的文件选择对话框。

图 4-3-4-50　选择备份文件对话框

　　在该对话框中，选中最近时间的备份文件并点击"打开"按钮，系统将弹出如图 4-3-4-51 所示的提示框，提示用户是否确实要清除系统中已有数据，并将备份文件中的数据恢复至系统中。

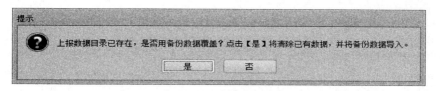

图 4-3-4-51　提示是否覆盖

在提示框中，点击"是"按钮，则将清除已有数据，并将备份数据导入系统中；点击"否"按钮，则退出恢复操作，系统将保留原有数据，并返回系统主界面。

数据恢复完成后，系统将弹出如图 4-3-4-52 所示的提示框，提示数据恢复完成，并可通过"填报数据目录区"进行查看。

图 4-3-4-52　数据恢复完成提示

（7）县域右键功能菜单

县域右键功能菜单通过右键点击"填报数据目录区"中县域名称节点时弹出（如图 4-3-4-53 所示），主要是实现针对所选县域（右键点击县域）的填报数据导入、填报数据清除以及该县域基本信息查看。

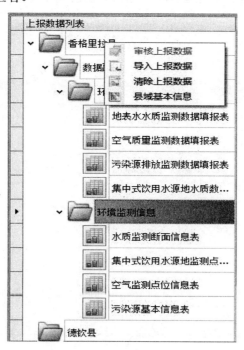

图 4-3-4-53　县域右键功能菜单

1）导入上报数据

该菜单项功能是导入所选县域的填报数据，通过选择外部县域上报的数据包文件来导入。操作步骤如下：

在"填报数据目录区"展开市级节点，并在需要审核的县域名称（确认已导入数据）节点上右键点击，则弹出如图 4-3-4-54 所示的县域右键功能菜单。

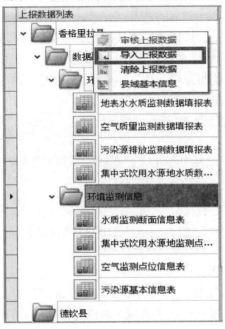

图 4-3-4-54　导入上报数据菜单项

在弹出的功能菜单中，并点击"导入上报数据"菜单项，弹出如图 4-3-4-55 所示的县域上报文件选择对话框。

图 4-3-4-55　上报数据包选取对话框

在文件选择对话框中选择该县域的上报数据包文件（图4-3-4-55），并点击"打开"按钮。若该县域数据以前已导入，则弹出如图4-3-4-56所示的提示框，提示用户是否重新导入。

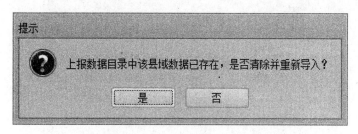

图4-3-4-56　是否重新导入提示框

点击"是"按钮，则进入县域填报数据导入进度提示框（具体操作请参见数据导入功能操作说明）；点击"否"按钮，则退出导入，并返回系统主界面。

2）清除上报数据

该菜单项功能是清除所选县域的填报数据，若所选县域还未导入数据，则该菜单项不可见。具体操作步骤如下：

在"填报数据目录区"展开市级节点，并在需要清除数据的县域名称（确认已导入数据）节点上右键点击，则弹出如图4-3-4-57所示的县域右键功能菜单（注意：若没有导入数据，则该菜单不可见）。

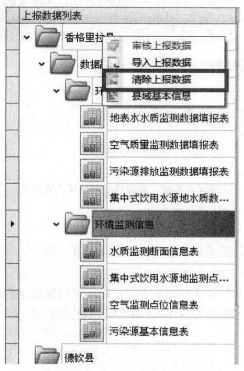

图4-3-4-57　清除上报数据菜单项

在弹出的功能菜单中，点击"清除上报数据"菜单项，弹出如图 4-3-4-58 所示的县域上报清除确认提示框，提示用户是否确实要清除该县域数据。

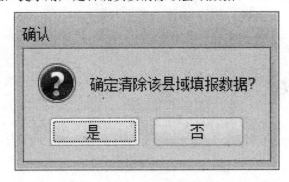

图 4-3-4-58　确认清除提示框

在提示框中，点击"是"按钮，则开始清除该县域数据，系统鼠标状态为等待状态；点击"否"按钮，则不清除，并返回系统主界面。

数据清除完成后，系统鼠标状态恢复正常，且所清除数据县域节点下的数据目录被清空（如图 4-3-4-59 所示）。

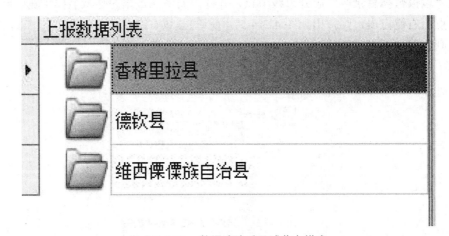

图 4-3-4-59　数据清除后县域节点样式

3）县域基本信息

该菜单项是查看所选县域的基本信息，包括名称、编号、所在市、所在生态功能区等信息。具体操作步骤为：

在"填报数据目录区"展开市级节点，并在需要清除数据的县域名称（确认已导入数据）节点上右键点击，则弹出如图 4-3-4-60 所示的县域右键功能菜单。

上报数据列表
香格里拉县
审核上报数据
导入上报数据
清除上报数据
县域基本信息
数据
环
地表水水质监测数据填报表
空气质量监测数据填报表
污染源排放监测数据填报表
集中式饮用水源地水质数...
环境监测信息
水质监测断面信息表
集中式饮用水源地监测点...
空气监测点位信息表
污染源基本信息表
德钦县

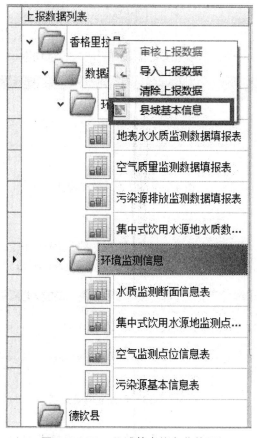

图 4-3-4-60　县域基本信息菜单项

在弹出的功能菜单中，并点击“县域基本信息”菜单项，则弹出如图 4-3-4-61 所示县域基本信息显示界面。

县域基本信息
县域名称
香格里拉县
县域代码
533421
所在市域
迪庆藏族自治州
所在市
云南省
所在生态功能区
川滇森林及生物多样性生态功能区
功能区类型
无
是否南水北调水源地
否

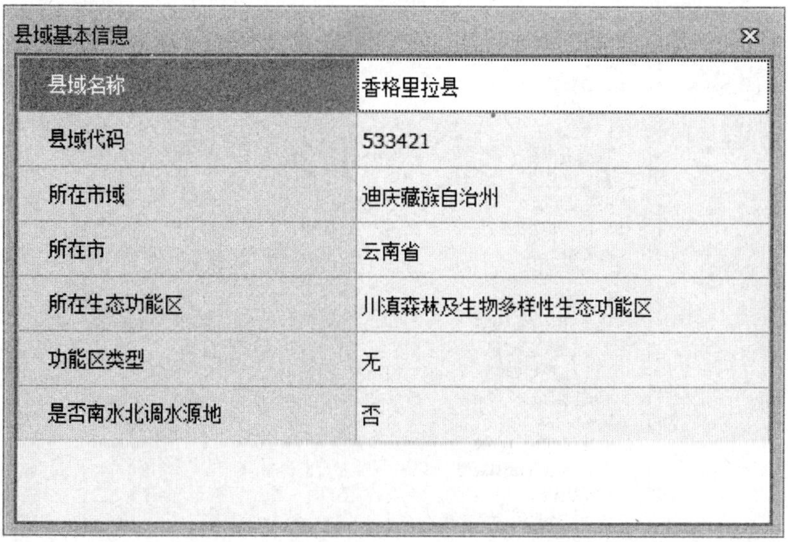

图 4-3-4-61　县域基本信息显示界面

（8）系统菜单

系统菜单位于功能菜单区的左上角的系统图标处，通过点击图标来弹出菜单（如图 4-3-4-62 所示）。该菜单中提供系统帮助和系统的版本信息功能。

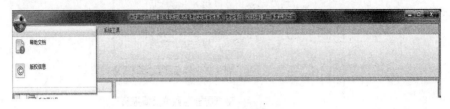

图 4-3-4-62　系统菜单样式

1）帮助文档

该功能是打开并以主题的方式显示系统帮助文档，操作步骤为：

在系统主界面中，左键点击左上角的系统图标，则弹出如图 4-3-4-63 所示的系统菜单。

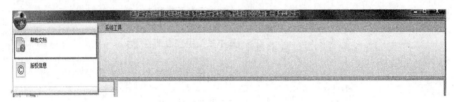

图 4-3-4-63　帮助文档菜单项

在弹出的菜单中，点击"帮助文档"菜单项，系统弹出如图 4-3-4-64 所示的系统帮助文档。

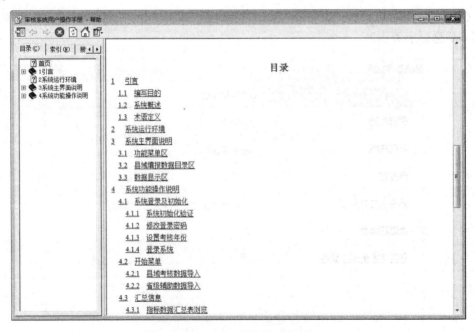

图 4-3-4-64　系统帮助界面

在帮助文档界面，用户可浏览系统帮助文档，并可通过主题查找以及关键字查找的方式快速定位至所关心的文档部分。

2）版权信息

该功能是显示系统版权及版本信息，操作步骤为：

在系统主界面中，左键点击左上角的系统图标，则弹出如图4-3-4-65所示的系统菜单。

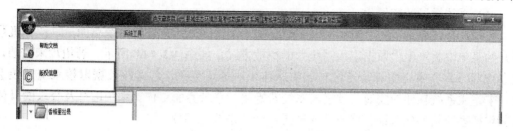

图 4-3-4-65　版权信息菜单项

在弹出的菜单中，点击"版权信息"菜单项，系统弹出如图4-3-4-66所示的系统版权信息，包括系统名称、版本号、开发单位、使用单位以及版权单位等。

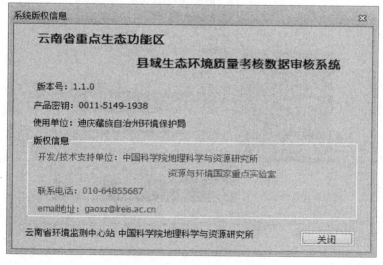

图 4-3-4-66　系统版权信息

3）退出系统

通过该菜单项退出系统，也可通过系统主界面右上角的关闭按钮（如图4-3-4-67所示）来退出系统。

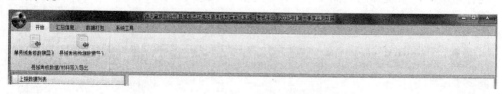

图 4-3-4-67　系统关闭按钮

4.2 其他数据系统功能操作说明

功能菜单区的功能菜单和县域填报数据列表区的右键菜单是本系统的主要功能入口，本部分将详细说明菜单功能区功能菜单和县域填报数据列表区右键菜单的功能操作。

本部分的功能操作说明将按系统功能菜单区的菜单面板来分类详述，不以用户的操作流程及业务习惯来介绍说明。

（1）系统登录及初始化

若用户在计算机上对"审核系统"进行了安装，则用户计算机系统桌面上、计算机系统开始菜单中将产生"数据审核系统"的快捷方式，如图4-3-4-68所示。若用户未安装，则参照《云南省重点生态功能区县域生态环境质量监测评价与考核数据审核系统安装手册》来完成系统软件的安装，并进入系统初始化及登录界面工作。系统运行及登录的具体步骤包括系统初始化验证、修改登入密码及登录系统三部分。

图 4-3-4-68 "云南省数据审核系统"桌面及开始菜单快捷方式

1）系统初始化验证

双击桌面上的"云南省数据审核系统"快捷方式或者点击计算机操作系统开始菜单中的"云南省数据审核系统"，则开始运行系统。若在系统安装完成后没有进行系统验证或是验证未成功，则需先进行系统验证，验证步骤如下：

运行系统时，系统弹出如图4-3-4-69所示的界面提示是否验证。

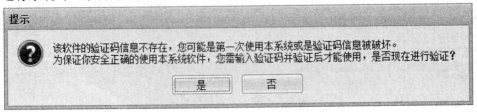

图 4-3-4-69 系统未验证提示

在提示框中，点击"是"按钮，则进入如图 4-3-4-70 所示的系统验证界面；点击"否"按钮，则提示系统未验证，并退出系统登录。

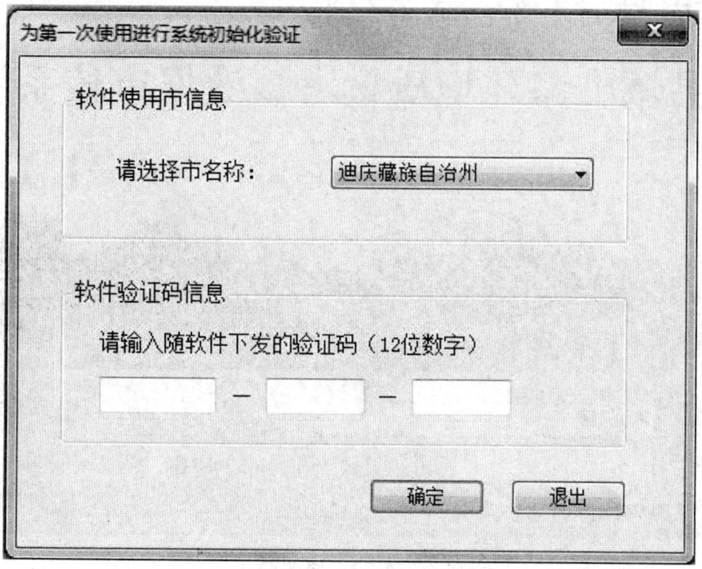

图 4-3-4-70　系统验证界面

在系统验证界面中（如图 4-3-4-70 所示），选择您所在的市域，并输入随软件下发的12 位验证码（3 组 4 位数字），若点击"验证"按钮。若所选市域正确且验证码正确，则显示如图 4-3-4-71 所示的验证正确提示信息，方框内内容提示您系统登录的初始密码，请务必在系统登录前修改。若点击"退出"按钮，则退出验证，系统将提示系统没有验证，并提示退出系统。

提示

系统初始化并验证成功完成，系统初始登录密码为市域行政编码：5334，请注意在第一次登录系统时修改登录密码，以保证系统及数据安全！

确定

图 4-3-4-71　验证成功提示

点击提示框的"确定"按钮，则进入系统登录界面。

【注意】软件验证码随安装光盘一起下发，一般贴于光盘封面上，若没有或是丢失，请联系系统开发商获取新的验证码。

2）修改登录密码

系统初始化时，将系统的登录密码设为市域的四位行政编码，如：迪庆藏族自治州的是 5334。为保证数据及系统安全，建议在第一次使用系统时修改登录密码。步骤如下：

在系统初始化验证成功后，会弹出如图 4-3-4-72 所示的登录框（以迪庆藏族自治州为例）：

图 4-3-4-72　修改密码

点击"修改密码"按钮，则弹出如图 4-3-4-73 所示的修改登录密码。

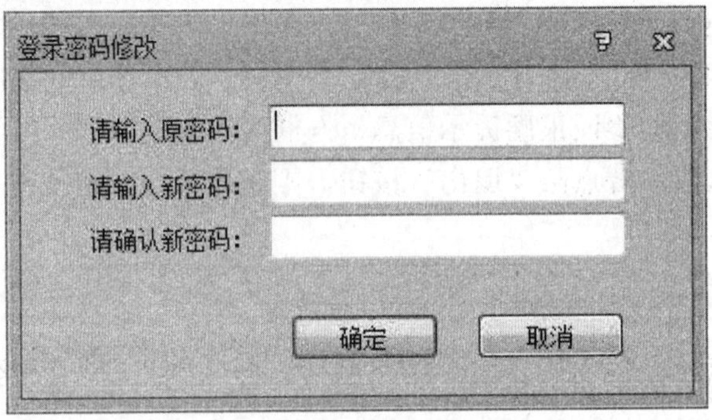

图 4-3-4-73　登录密码修改

在第一个框中输入原密码，第一次登录时为市域代码，以后再修改时为用户修改过的密码。在第二个框中输入新的密码（密码建议由数字和字母组合而成），然后在第三个框中重新输入新密码，以确认新密码没有输错。

输入完成后，点击"确定"按钮，若原密码没有输错，且新密码与确认密码相同，则弹出如图 4-3-4-74 所示的修改密码成功提示框；否则提示原密码错误或是新密码与确认密码不匹配错误。

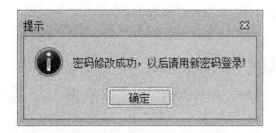

图 4-3-4-74 密码修改成功提示

3) 初始化上报数据库

首先选择审核数据的季度（若又要审核其他季度的数据只需选择不同的季度即可），输入密码，之后点击"登录"按钮，则开始登录系统，如图 4-3-4-75 所示。

图 4-3-4-75 系统登录

系统第一次登录或是初始化后，会在登录过程中提示用户市级数据库不存在，并引导用户生成市级上报数据库，提示信息如图 4-3-4-76 所示。

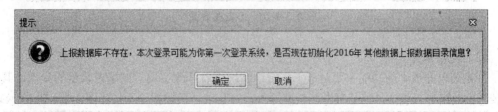

图 4-3-4-76 设置市级上报数据库提示框

点击"确定"按钮，则设置市级上报数据库并登录系统。点击"取消"按钮，则无法登录并将退出登录过程。

4) 登录系统

设置市级上报数据库成功后，系统将继续登录，登录过程中的界面如图 4-3-4-77 所示。

通过方框内的状态提示信息提示系统登录状态。

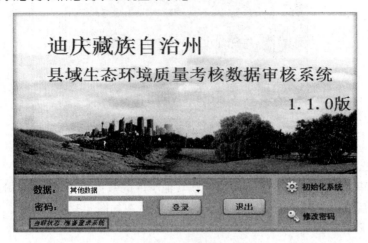

图 4-3-4-77　登录状态提示

登录完成后，进入如图 4-3-4-78 所示的系统主界面，系统初始化及登录完成。

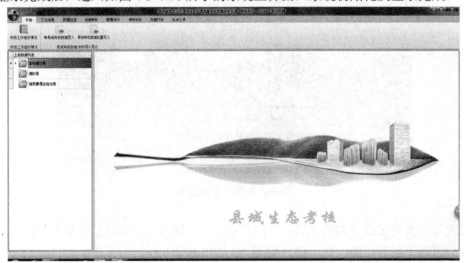

图 4-3-4-78　系统主界面

（2）开始菜单

开始菜单面板中的功能主要是市工作组织情况查看修改实现县域填报数据的导入，其中县域考核数据导入包括：单县域考核数据导入、多县域考核数据导入（如图 4-3-4-79 所示）。

图 4-3-4-79　开始功能菜单面板

1）工作组织情况

市工作组织情况，是通过开始菜单下的市级工作组织情况按钮来实现的，其作用是查看全市各县的数据是否符合要求。如图4-3-4-80所示。

图4-3-4-80　自查工作组织情况

单击开始菜单下的"市工作组织情况"按钮，弹出市工作组织情况表，如图4-3-4-81所示，填写市工作组织情况表，点击保存则修改成功，点击清空则清空市级工作组织填报表，点击退出，则退出市级工作组织情况表。

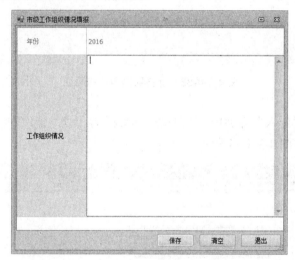

图4-3-4-81　市级工作组织情况表

2）县域考核数据导入

县域考核数据导入包括：单县域考核数据导入、多县域考核数据导入两个功能，通过系统主界面中的"单县域考核导入"和"县域考核数据批量导入"两个功能按钮（如图4-3-4-82所示）来实现。

图4-3-4-82　县域数据导入功能按钮

　　单县域考核数据导入是针对目前上报县域较少，将县域上报数据包一个县域一个县域的导入。多县域考核数据导入功能一般是在已有较多县域上报考核数据包的情况下使用，可一次性导入多个县域填报数据。

　　单县域具体操作步骤如下：

　　点击"开始"菜单"县域考核数据/材料导入"栏内的"单县域考核数据导入"按钮系统，将弹出如图 4-3-4-83 所示的"单县域数据导入"界面。

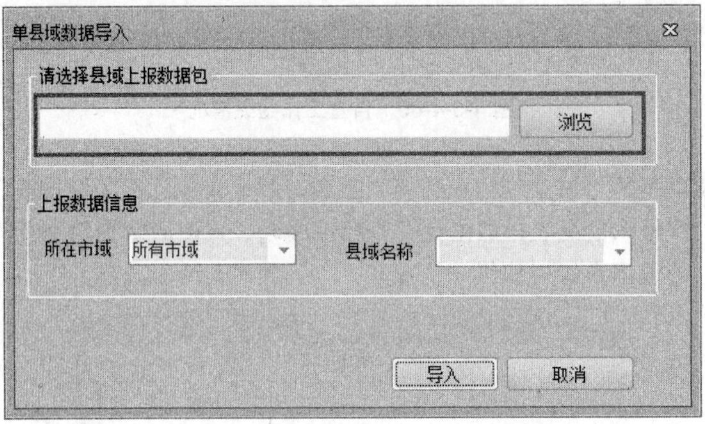

图 4-3-4-83　上报数据包选择界面

　　在"单县域数据导入"界面中，点击选择县域上报数据包的"浏览"，则弹出数据包文件选取对话框，如图 4-3-4-84 所示。

图 4-3-4-84　数据包选择对话框

　　在文件选择对话框中，选中需要导入的县域上报文件包（文件名格式为：省份-年份（4位）-县名称-县代码（6 位数字）-其他数据.crf，如：云南省-2016-香格里拉县-533421-其他数据.crf），点击"打开"按钮，则该文件将选择至县域上报数据包下的文本框内，同时

系统将根据文件名，在上报数据信息中显示该数据包的上报县域所在市及县域名称，如图
4-3-4-85 所示。

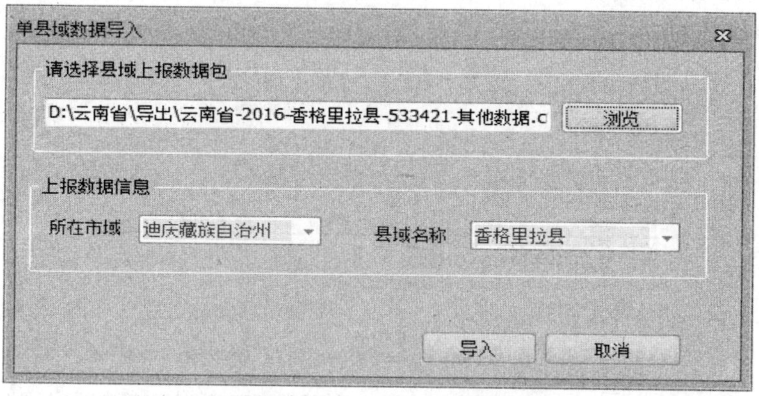

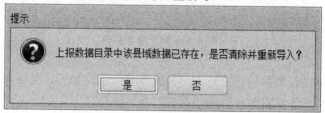

图 4-3-4-85　选择数据包后的界面

在"单县域数据导入"界面中，点击"导入"按钮，若该县域数据以前已导入，则弹
出如图 4-3-4-86 所示的提示框，提示用户是否重新导入。

图 4-3-4-86　是否重新导入提示

在提示框中，点击"是"按钮，则弹出数据导入进度界面（如图 4-3-4-87 所示），在
导入过程中，将显示导入步骤、进度以及导入状态日志。在导入过程中，可随时点击"终
止"按钮终止导入过程，也可勾选"完成后自动关闭本执行进度窗口？"，在完成导入过
程后自动关闭该导入进度框。

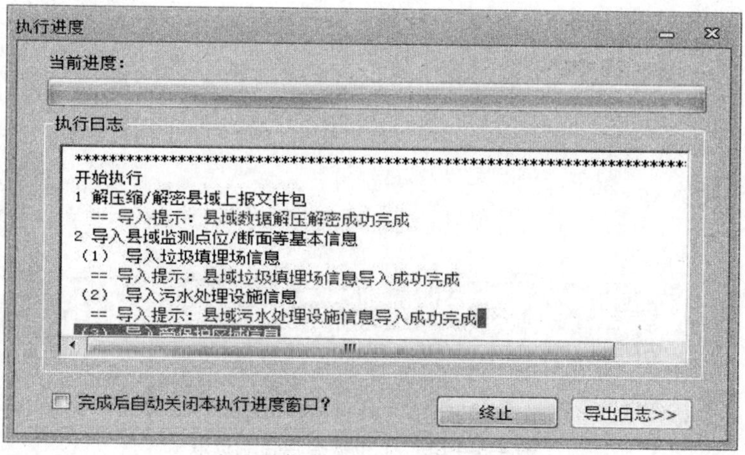

图 4-3-4-87　导入过程

导入完成后，系统会在执行日志中提示执行完成，并提示所用时间等信息（如图4-3-4-88所示）。导入结束后，可通过"导出日志"按钮将执行日志导出为文本文件（*.txt）以进行进一步的分析。

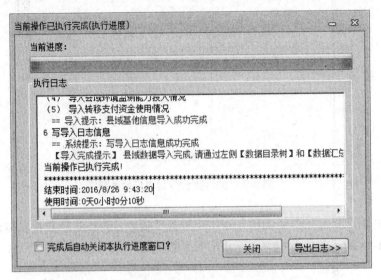

图 4-3-4-88 导入完成

导入完成后，在左侧数据目录树中对应的县节点下将加入该县导入的数据目录列表，可通过点击相应的文件或表节点查看该县域的填报数据。

多县域考核数据导入具体操作步骤如下：

点击"开始"菜单"县域考核数据/材料导入"栏内"县域考核数据批量导入"按钮，系统将弹出如图4-3-4-89所示的"县域上报数据批量导入"界面。

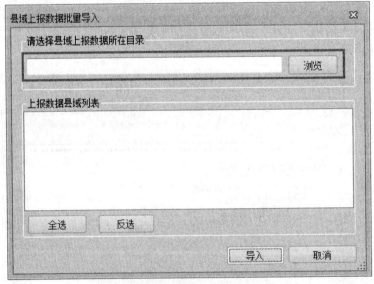

图 4-3-4-89 上报数据包目录选取

在"县域上报数据批量导入"界面中，点击选择县域上报数据所在目录下的"浏览"按钮，则弹出文件目录选取对话框，如图4-3-4-90所示。

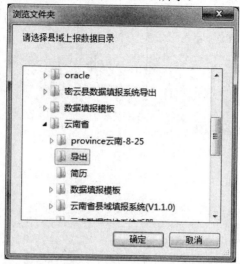

图 4-3-4-90　上报数据目录选择对话框

在文件目录选择对话框中，选中县域上报数据包文件所在的目录（需将各县域上报数据包拷贝至该目录），点击"确定"按钮，则该文件目录名将显示于县域上报数据目录的文本框内，同时将该目录所有上报数据包文件对应的县域名称及编码列于"上报数据县域列表"框内（注意：若目录内包含的上报数据包不为考核年份或季度的，则不列于此框中），如图4-3-4-91所示。

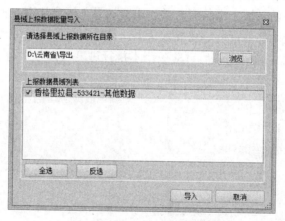

图 4-3-4-91　导入县域选择

在"县域上报数据批量导入"界面的上报数据县域列表中，通过各县域名称前面的复选框来选择是否导入该县域数据，若导入，则选中，否则不选中（默认为全选中，即全导入）。选择需要导入的县域列表时，可通过其下的"全选"、"反选"按钮来辅助选择。点击"全选"是将所有县域都选中，点击"反选"则是将已选中的变为不选中，未选中的改为已选中。

在"县域上报数据批量导入"界面中选择完导入数据县域后,点击"导入"按钮,若所选县域列表中有些县域以前已导入过数据,则弹出如下"是否覆盖已有数据"提示框,并将已存数据的县域名称列于列表框中,如图 4-3-4-92 所示。若没有已导入过数据的县域,则跳过此界面,直接进入数据导入进度框界面。

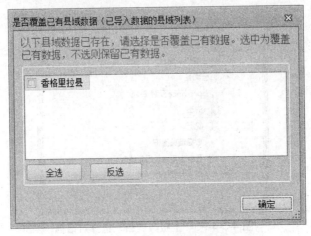

图 4-3-4-92 是否覆盖设置

在"是否覆盖已有数据"界面中,若要覆盖已有数据,则选中该县域前的复选框,否则不选中(默认为未选中,即不覆盖)。在该界面中,若需要确认是否覆盖的县域较多,可通过"全选"和"反选"按钮来快速选取。

在"是否覆盖已有数据"界面中,设定完要覆盖的县域列表后,点击"导入"按钮,则按顺序导入已选中的县域上报数据,并弹出数据导入进度界面(如图 4-3-4-93 所示),在导入过程中,将提示导入进度以及导入日志。在导入过程中,可点击"终止"按钮随时终止导入过程,也可勾选"完成后自动关闭本执行进度窗口?",在完成导入过程后自动关闭该导入进度框。

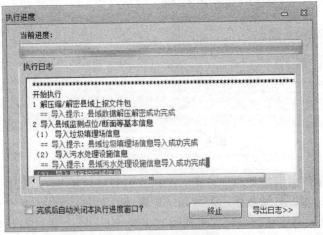

图 4-3-4-93 导入进度

导入完成后，系统会在执行日志中提示执行完成，并提示所用时间等信息（如图4-3-4-94 所示）。可通过"导出日志"按钮将执行日志导出为文本文件（*.txt）。

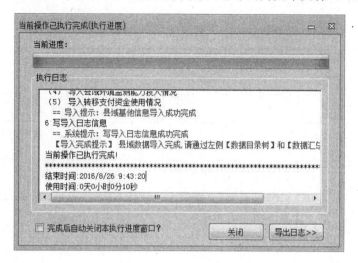

图 4-3-4-94 导入完成提示

导入完成后，左侧数据目录树中对应的所有导入数据的县节点下将加入该县域上报数据目录列表，可通过点击相应的文件或表节点查看该县域的填报数据。

（3）县域上报数据浏览

1）县域数据目录

县域上报数据导入后，可以在左侧目录树查看。如图 4-3-4-95 所示，显示香格里拉县的县域数据节点信息。

图 4-3-4-95 县域数据目录结构

显示为 的节点表示该节点下有数据，点击该节点即可展开/收起该节点。节点图标及含义索引见表4-3-4-2。

表4-3-4-2　目录树节点图标及含义

图标	含义
ˇ📁	非空节点
📁	空节点
📄	证明材料
📄	证明材料不存在
📊	数据填报表
📋	比较数据表
PDF	PDF 文档
JPEG	图像、照片
📊	自查报告文档

对于非文件夹节点，可以直接点击节点，并在右侧数据显示区显示数据。

2）县域数据浏览

如图4-3-4-96所示，为证明材料显示样式。

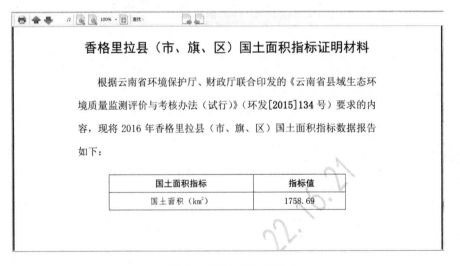

图4-3-4-96　证明材料

如图 4-3-4-97 所示，为填报数据显示样式。如果表格中有照片字段，则在表格中显示照片的缩略图，如果照片不存在，则显示"无图像"字样；如果表格中有文档相关字段，则在表格中显示为超级链接。

	自然保护区代码	自然保护区名称	类型（自然保护区、风景名胜区、地质公园、森林公园、其他）	级别（国家级、省级、市级、县级）	面积（km2）	设立时间	备注	证明材料	照片
▶ 1	NR53342100001	普达措国家公园	自然保护区	国家级	641	1992/7/1		草地指标证明材料.pdf	
2	NR53342100002	香格里拉保护区	自然保护区	省级	202.3	1992/7/2		自然保护区证明材料.pdf	
3	NR53342100003	白水台	集中式饮用水源地保护区	县级	58.75	1992/7/3		草地指标证明材料.pdf	无图像
4	NR53342100004	碧沽天池	集中式饮用水源地保护区	省级	13.14	1992/7/4		耕地和建设用地指标证明材料.pdf	
5	NR53342100005	纳帕海	国家湿地公园	国家级	152.34	1992/7/5		草地指标证明材料.pdf	

图 4-3-4-97 横向表格数据

点击单元格中的缩略图，则弹出如图 4-3-4-98 所示的图片查看界面。若有多张照片，可以点击"前一张"、"后一张"导航浏览。

图 4-3-4-98 图片查看界面

点击单元格中的超级链接，则弹出如图 4-3-4-99 所示的附件查看界面。如有多个附件则可以点击"前一个"、"后一个"导航查看。

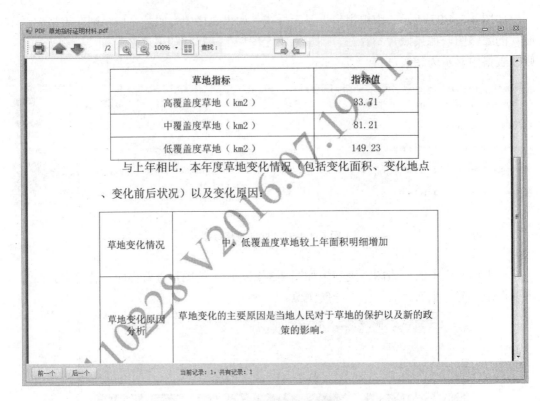

图 4-3-4-99　附件查看界面

如图 4-3-4-100 所示，为比较数据显示样式。

	指标名称	指标变化情况	指标变化原因
1	污染物排放量	2016年二氧化硫排放量为265520.00千克，化学需氧量为2465830.00千克；氨氮排放量排放量为809.00千克；氮氧化物排放量为721.34千克；主要污染物排放强度为1023.33千克/平方公里；重金属排放量为5201.00千克；重金属排放强度为2.95千克/平方公里。	空间看了就看见了看
2	城镇生活污水集中处理	2016年城镇污水排放总量为720.65万吨；城镇污水处理厂污水处理量为648.60万吨；城镇污水集中处理率为90.50%。	蛙鸣蝉鸣蛙鸣蛙鸣蛙鸣蝉
3	生活垃圾无害化处理	2016年城镇垃圾产生总量为1586.80万吨；城镇地区经过无害化处理的生活垃圾量为789.65万吨；生活垃圾无害化处理率为49.76%。	蛙鸣蝉鸣蛙鸣蛙鸣蝉即可看见快捷
4	建成区绿地率	2016年建成区面积为935.46平方公里；建成区各类城市绿地面积为651.60平方公里；建成区绿地率为69.66%。	啷嘎蛙鸣蛙蝉鸣蛙蝉鸣蛙蝉鸣蝉蛙鸣蝉鸣蝉

图 4-3-4-100　指标比较数据

如图 4-3-4-101 所示，为图档资料显示样式。

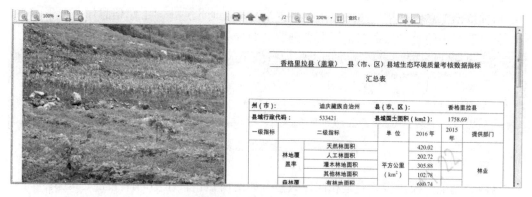

图 4-3-4-101　图档资料显示样式

如图 4-3-4-102 所示，为自查报告数据显示样式。

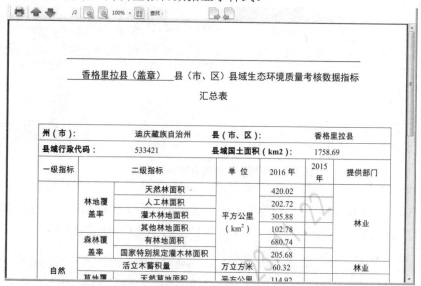

图 4-3-4-102　自查报告显示样式

（4）汇总信息

部分或全部县域数据导入后，可查看已导入县域的指标及相关辅助数据的汇总信息，"汇总信息"菜单面板中主要提供指标数据汇总表、考核县域基本情况及社会经济情况信息、点位/断面辅助信息的浏览查看。各功能按钮布局如图 4-3-4-103 所示。

图 4-3-4-103　汇总信息菜单面板

1）指标数据汇总表浏览

指标数据汇总表是指自然生态指标数据汇总表，通过点击"汇总信息"菜单下的"指标汇总表"栏中的"自然生态指标"来浏览（布局如图 4-3-4-104 所示）。

图 4-3-4-104　指标汇总表功能按钮

这两个功能的操作步骤完全相同，只是开始时所点击按钮不同，下面是其操作步骤：

点击"汇总信息"菜单"指标汇总表"栏内的"自然生态指标"按钮，则弹出如图 4-3-4-105 所示的指标数据浏览界面，并在界面中以表格的形式显示已上报县域数据的汇总指标信息。

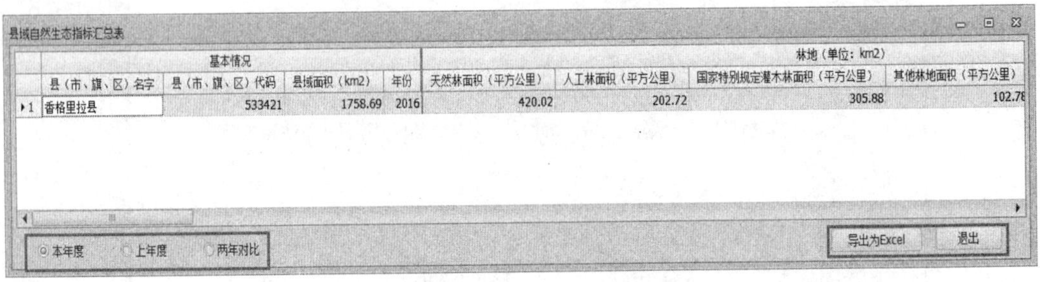

图 4-3-4-105　自然生态指标汇总表样式

在数据显示页面，可通过左侧的单选框来选择是查看本年度数据、上年度数据或是两年数据对比（显示两年数据），图 4-3-4-106 为显示两年数据对比的样例。

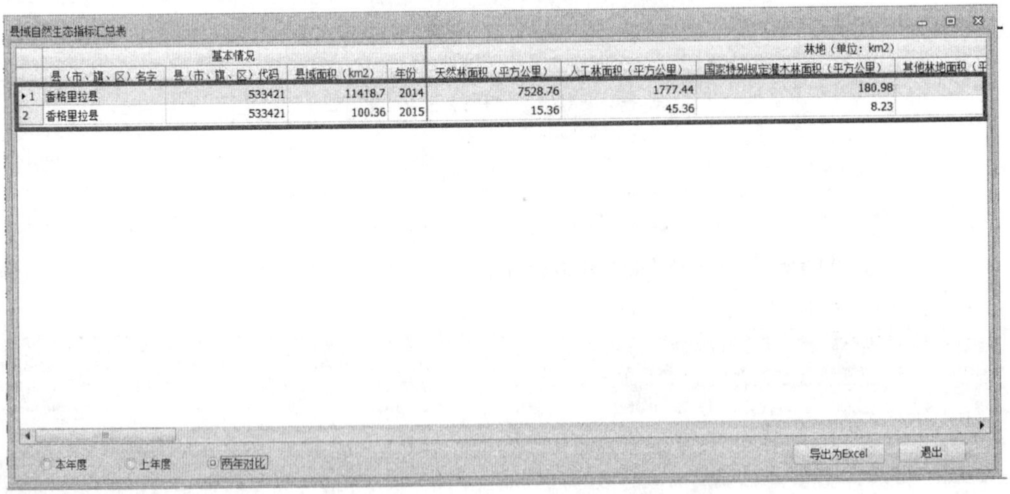

图 4-3-4-106　两年对比情况

若需要将当前显示数据导出为 Excel 表格，则在数据显示界面，点击右下侧的"导出为 Excel"按钮，则弹出如图 4-3-4-107 所示的文件保存按钮。

图 4-3-4-107　导出文件名设置对话框

在文件保存对话框中，输入将保存的文件名，点击"保存"按钮，则将当前表格内容保存为 Excel 文件。

若需要退出汇总数据查看界面，则点击该界面右上角的关闭按钮或右下角的"退出"按钮，汇总数据查看界面消失，返回至系统主界面。

2）县域基本情况汇总表浏览

县域基本情况信息汇总表是指县域基本情况和县域社会经济情况，可通过"县域基本情况及社会经济情况"栏内的"县域基本情况"和"社会经济情况"两个功能按钮来查看浏览（布局如图 4-3-4-108 所示）。

图 4-3-4-108　县域基本情况功能按钮

这两个功能操作方式完全相同，只是结果展示的内容不同，下面以"县域基本情况"功能为例来说明操作步骤：

点击"汇总信息"菜单"县域基本情况及社会经济情况"栏内的"县域基本情况"按钮，则弹出如图 4-3-4-109 所示的数据浏览界面，并在界面中以表格的形式显示已上报县域基本情况汇总信息。

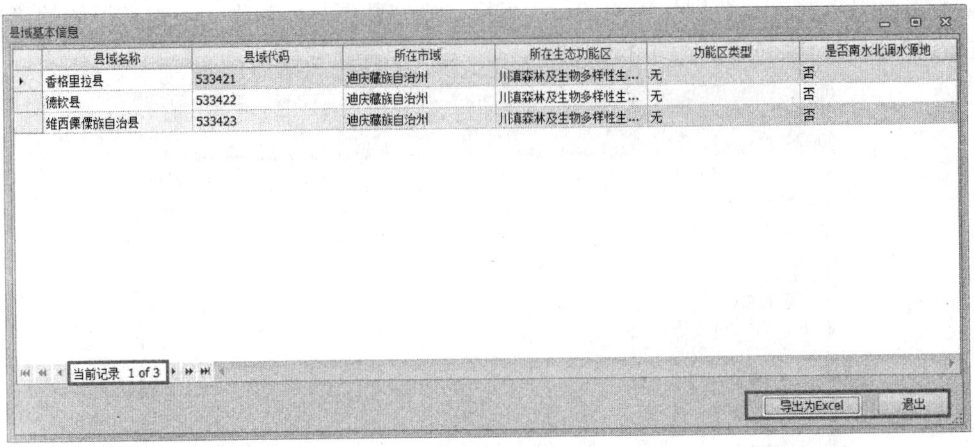

县域基本信息
县域名称
县域代码
所在市域
所在生态功能区
功能区类型
是否南水北调水源地
香格里拉县
533421
迪庆藏族自治州
川滇森林及生物多样性生...
无
否
德钦县
533422
迪庆藏族自治州
川滇森林及生物多样性生...
无
否
维西傈僳族自治县
533423
迪庆藏族自治州
川滇森林及生物多样性生...
无
否
当前记录 1 of 3
导出为Excel
退出

图 4-3-4-109　县域基本情况显示样例

在数据显示页面，可通过左下侧表格操作面板来显示当前记录及总记录条数，并可通过功能按钮实现记录移动及翻页功能。

若需要将当前显示数据导出为 Excel 表格，则在数据显示界面点击右下侧的“导出为 Excel”按钮来实现当前表格内容的导出，导出格式为 Excel 文件。

若需要退出汇总数据查看界面，则点击该界面右上角的关闭按钮或右下角的“退出”按钮，汇总数据查看界面消失，返回至系统主界面。

3）点位/断面等辅助信息汇总表

点位/断面等辅助信息汇总表是指各县域填报的污水处理设施、垃极填埋场、受保护区域、生态建设工程（项目）情况、转移支付资金使用等设施的基本信息汇总表。可通过“点位/断面等辅助信息汇总表”栏内的 “污水处理设施”、“垃圾填埋场信息”、“受保护区域信息”、“生态建设工程（项目）情况”、“转移支付资金使用”五个功能按钮来查看浏览（如图 4-3-4-110 所示）。

开始
汇总信息
质量检查
数据审核
管理评分
审核报告
数据打包
系统工具
自然生态指标
环境状况指标
指标汇总表
县域基本情况
社会经济情况
县域基本情况及社会经济信息
水质监测断面信息
空气质量监测点位信息
污染源信息
集中水源地信息
污水处理设施
垃圾填埋场信息
受保护区域信息
生态建设工程（项目）情况
转移支付资金使用
点位/断面等基础信息汇总表

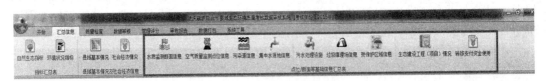

图 4-3-4-110　辅助信息查看功能按钮

这五个功能操作方式完全相同，只是结果展示的内容不同，下面以“受保护区域信息”功能为例来说明操作步骤：

点击“汇总信息”菜单“点位/断面等辅助信息汇总表”栏内的“受保护区域信息”按钮，则弹出如图 4-3-4-111 所示的数据浏览界面，并在界面中以表格的形式显示已上报县域内受保护区域信息的汇总表。

	市、州名称	县名称	县代码	受保护区...	受保护区编码	受保护区类型	级别（国家级、省级、市级...	保护区...	设立时间	备注
▶ 1	迪庆藏族...	香格里...	533...	纳帕海	NR5334210...	国家湿地公园	国家级	152.34	1992/...	.
2	迪庆藏族...	香格里...	533...	碧沽天池	NR5334210...	集中式饮用水源地...	省级	13.14	1992/...	
3	迪庆藏族...	香格里...	533...	白水台	NR5334210...	集中式饮用水源地...	县级	58.75	1992/...	
4	迪庆藏族...	香格里...	533...	香格里拉...	NR5334210...	自然保护区	省级	202.3	1992/...	
5	迪庆藏族...	香格里...	533...	普达措国...	NR5334210...	自然保护区	国家级	641	1992/...	

当前记录 1 of 5

导出为Excel　　退出

图 4-3-4-111　受保护区域信息显示样例

在数据显示页面，可通过左下侧表格操作面板来显示当前记录及总记录条数，并可通过功能按钮实现记录移动及翻页功能。

若需要将当前显示数据导出为 Excel 表格，则在数据显示界面点击右下侧的"导出为Excel"按钮来实现当前表格内容的导出，导出格式为 Excel 文件。

若需要退出汇总数据查看界面，则点击该界面右上角的关闭按钮或右下角的"退出"按钮，汇总数据查看界面消失，返回至系统主界面。

（5）质量检查

在部分县域或所有县域填的数据上报并导入系统后，即可进行质量检查。质量检查主要是针对县域填报的指标证明材料、自然生态指标、生态环境保护与管理、与上年指标比较说明信息、基础信息数据、自查报告的质量检查。质量检查功能主要是通过"质量检查"功能菜单面板中的功能按钮来实现，其布局如图 4-3-4-112 所示。

图 4-3-4-112　质量检查菜单面板

质量检查功能按其功用分为两类：按县域检查、数据分项检自定义检查工具。

1）按县域检查

按县域检查是选择需检查县域，批量检查该县域内所有填报数据的质量，具体分为单县域数据质量检查和多县域数据质量检查，通过"按县域检查"栏内的"单县域检查"和"多县域检查"两个功能按钮（如图 4-3-4-113 所示）来实现。

图 4-3-4-113　按县域检查功能按钮

两个功能的执行功能和步骤基本相同，只是"单县域检查"在选择检查县域时只能选择一个县域，"多县域检查"可以选择多个县域，下面以"多县域检查"为例来介绍具体操作步骤：

点击"质量检查"菜单下"按县域检查"栏内的"多县域检查"按钮，系统将弹出如图 4-3-4-114 所示的县域选择及检查输出结果保存路径选取的对话框，在该对话框的县域列表框中将显示所有已上报并导入数据的县域名称。通过县域列表框各县域名称前的复选框来选择需要审核的县域（默认为全选中）。若县域较多，可通过县域列表左下方的"全选"和"反选"按钮来辅助选择。

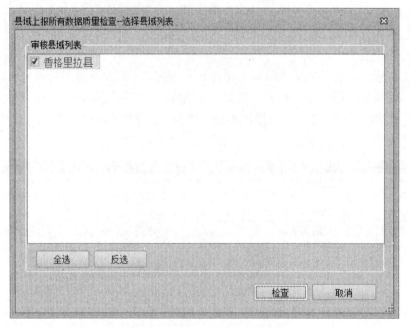

图 4-3-4-114　县域选择界面

在县域选择框内，选择完需检查县域列表后，点击"检查"按钮，则进入县域数据质量检查过程，系统将弹出检查进度提示框，如图 4-3-4-115 所示。

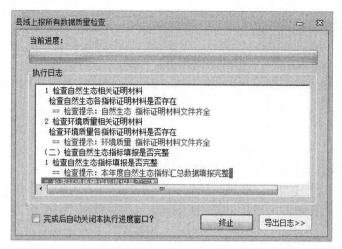

图 4-3-4-115　检查进度

系统将依次检查所选各县域填报的指标证明材料、自然生态指标、生态环境保护与管理、与上年指标比较说明信息、基础信息数据、自查报告等内容，在检查过程中，将通过日志的方式动态显示检查提示和结果（如图 4-3-4-116 所示）。

检查结束后，将提示检查结果（如图 4-3-4-116 所示），并可通过"导出日志"按钮导出检查日志为文本文件。

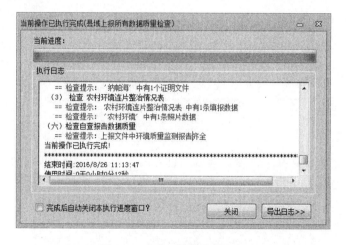

图 4-3-4-116　检查完成提示

2）数据分项检查

为了使质量检查更有针对性，系统除提供了按县域的批量检查外，还提供了以填报数据项（易出现质量问题的填报数据）为单位的检查，针对所选县域，检查其填报某一类数据的质量，具体包括：指标汇总表、证明材料检查、基础信息表及环境保护与管理信息，通过系统主界面中"数据分项检查"中的四个功能按钮（如图 4-3-4-117 所示）来实现："指标汇总表"、"证明材料"、"基础信息表"、"环境保护与管理"。

图 4-3-4-117　数据分项检查功能按钮

这四个功能针对不同类型数据进行检查，其操作步骤完全相同，只是在执行时所检查的对象不同，下面以"基础信息表"为例来说明其操作步骤：

点击"质量检查"菜单下"数据分项检查"栏内的"基础信息表"按钮，系统将弹出如图 4-3-4-118 所示的县域选择的对话框，在该对话框的县域列表框中将显示所有已上报并导入数据的县域名称。通过县域列表框各县域名称前的复选框来选择需要审核的县域（默认为全选中）。若县域较多，可通过县域列表左下方的"全选"和"反选"按钮来辅助选择。

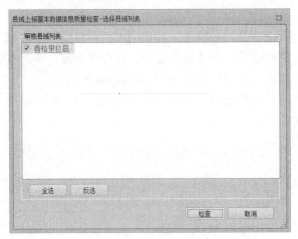

图 4-3-4-118　检查县域选择界面

在县域选择框内，选择完需检查县域列表后，点击"检查"按钮，则进入县域数据质量检查操作，系统将弹出检查进度提示框，如图 4-3-4-119 所示。

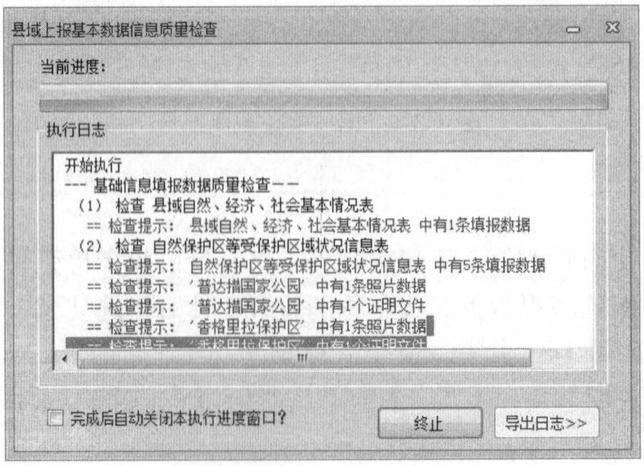

图 4-3-4-119　检查过程

　　系统将检查所选各县域填报水质监测数据是否存在空值、阈值、单位和日期问题，在检查过程中，将通过日志的方式动态显示检查提示和结果（如图4-3-4-120所示）。

　　检查结束后，将提示检查结果，并可通过"导出日志"按钮导出检查日志为文本文件。

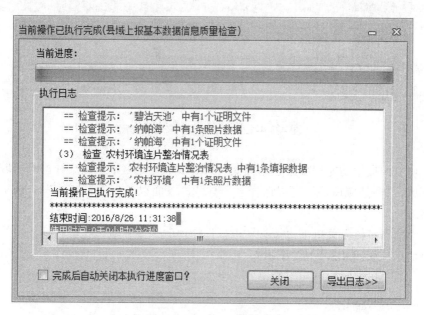

图 4-3-4-120　检查完成提示

（6）数据审核

　　在部分县域或所有县域填写的数据上报并导入系统后，即可进行数据审核。数据审核主要是审核县域填报数据的完整性、有效性、数据审核过程表查看，完整性主要包括数据表是否齐全、表中字段填写是否完整等。有效性则是根据审核原则，审核县域填报的自然生态指标和环境状况指标的有效性。数据审核过程表查看是查看生态指标、环境状况指标、数据完整性和数据规范性的审核结果。

　　数据审核功能主要是通过系统功能菜单区的"数据审核"菜单面板内的功能按钮来实现，包括四类审核功能：按县域审核、完整性审核、有效性审核和证明材料核对。具体功能布局如图4-3-4-121所示。

图 4-3-4-121　数据审核菜单面板

1）按县域审核

按县域审核是选择需要审核的县域，以审核该县域所有填报数据的有效性和指标的有效性，包括单县域审核和多县域审核两个功能（如图 4-3-4-122 所示）。

图 4-3-4-122　按县域审核功能按钮

两个功能的执行功能和步骤基本相同，只是"单县域审核"在选择检查县域时只能选择一个县域，"多县域审核"可以选择多个县域，下面以"多县域审核"为例来介绍具体操作步骤：

点击"数据审核"菜单下"按县域审核"栏内的"多县域审核"按钮，系统将弹出县域选择对话框（如图 4-3-4-123 所示）。

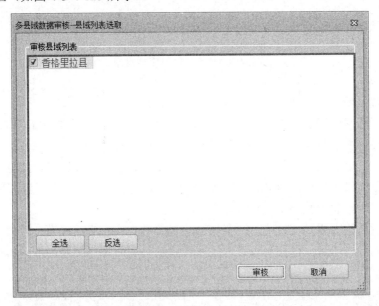

图 4-3-4-123　审核县域选择界面

在选择对话框中，县域列表框中将显示所有已上报并导入数据的县域名称。通过县域列表框各县域名称前的复选框来选择需要审核的县域（默认为全选中）。若县域较多，可通过县域列表左下方的"全选"和"反选"按钮来辅助选择。

在县域选择对话框内选中需审核县域后，点击"审核"按钮，则进入审核操作，并弹出审核进度提示框，如图 4-3-4-124 所示。

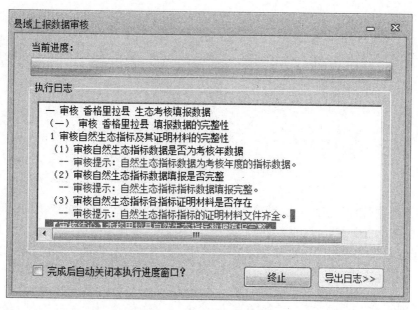

图 4-3-4-124　审核过程

系统将依次审核所选县域填报数据的完整性和有效性，审核过程将通过日志的方式动态地显示于日志框内，日志内容包括审核是否成功及审核结果（如是否完整、是否有效等）。

审核结束后，审核进度提示框会给出审核县域数目及多少个县域数据不完整以及多少个县域部分指标无效（如图 4-3-4-125 所示）。并可通过"导出日志"按钮将审核日志导出为文本文件。

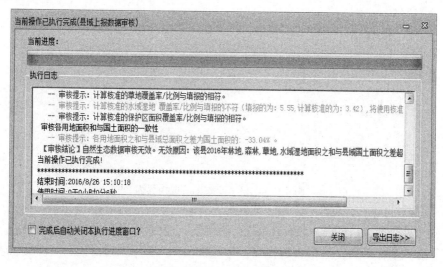

图 4-3-4-125　审核结果提示

2）完整性审核

完整性审核是针对各县域填报数据各项数据及材料进行完整性审核，具体包括：县域所有数据的完整性审核、指标汇总表的完整性审核以及自查报告材料的完整性审核。具体功能按钮如图 4-3-4-126 所示。

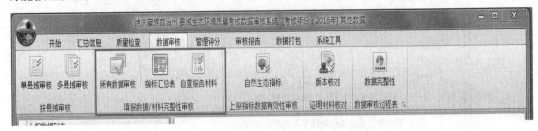

图 4-3-4-126　完整性审核功能按钮

　　针对各类数据的完整性审核的操作方法和流程完全相同，只是在审核过程所审核数据内容不同，下面以所有数据审核为例来说明该类功能的操作步骤：

　　点击"数据审核"菜单下"填报数据/材料完整性审核"栏内的"所有数据审核"按钮，系统将弹出县域选择对话框，如图 4-3-4-127 所示。

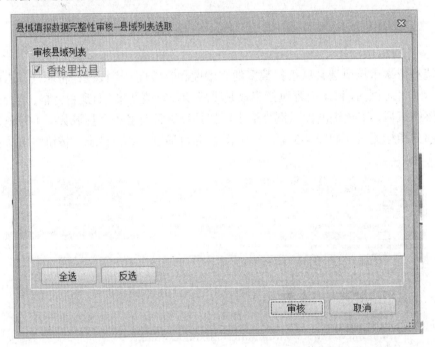

图 4-3-4-127　审核县域选择界面

　　在选择对话框中，县域列表框中将显示所有已上报并导入数据的县域名称。通过县域列表框各县域名称前的复选框来选择需要审核的县域（默认为全选中）。若县域较多，可通过县域列表左下方的"全选"和"反选"按钮来辅助选择。

　　在县域选择对话框内选中需审核的县域后，点击"审核"按钮，则进入审核操作，并弹出审核进度提示框，如图 4-3-4-128 所示。

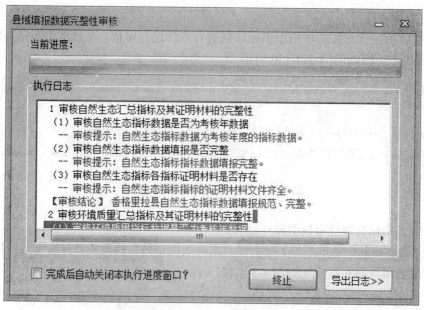

图 4-3-4-128　审核过程

　　系统将依次审核所选县域填报数据的完整性，审核过程将通过日志的方式动态地显示于日志框内，日志内容包括审核是否成功及审核结果。

　　审核结束后，审核进度提示框会给出审核县域数目及多少个县域数据不完整信息（如图 4-3-4-129 所示），并可通过"导出日志"按钮将审核日志导出为文本文件。

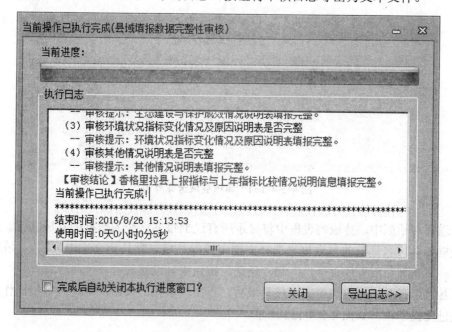

图 4-3-4-129　审核结果提示

3）有效性审核

有效性审核是针对各县域填报指标数据的有效性进行审核，是自然生态指标的有效性审核。具体功能按钮如图 4-3-4-130 所示。

图 4-3-4-130　有效性审核功能按钮

自然生态指标有效性审核的操作步骤：

点击"数据审核"菜单下"上报指标数据有效性审核"栏内的"自然生态指标"按钮，系统将弹出县域选择对话框（如图 4-3-4-131 所示）。

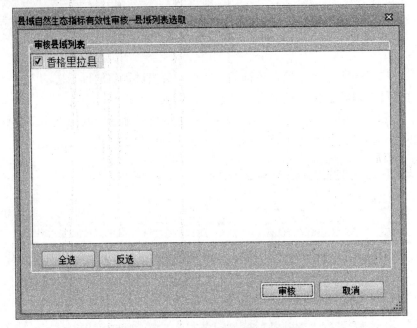

图 4-3-4-131　审核县域选择界面

在选择对话框中，县域列表框中将显示所有已上报并已导入数据的县域名称。通过县域列表框各县域名称前的复选框来选择需要审核的县域（默认为全选中）。若县域较多，可通过县域列表左下方的"全选"和"反选"按钮来辅助选择。

在县域选择对话框内选中需审核县域后，点击"审核"按钮，则进入审核操作，并弹出审核进度提示框，如图 4-3-4-132 所示。

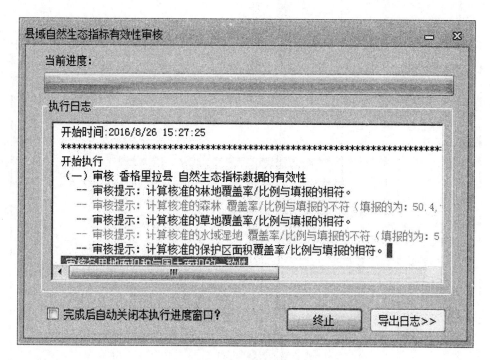

图 4-3-4-132　审核过程界面

　　系统将依次审核所选县域填报数据的有效性，审核过程将通过日志的方式动态地显示于日志框内，日志内容包括审核是否成功及审核结果。

　　审核结束后，审核进度提示框会给出审核县域是否有效（如图 4-3-4-133 所示），并可通过"导出日志"按钮将审核日志导出为文本文件。

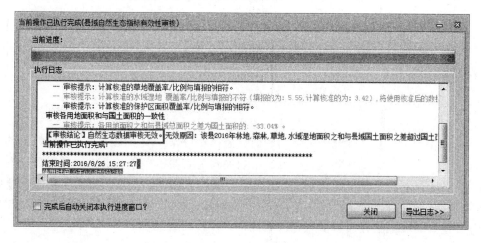

图 4-3-4-133　审核过程提示

　　4）证明材料核对

　　在各县域填报系统中导入自然生态指标和环境状况指标证明材料时，为保证纸质证明材料与系统内电子证明材料的一致性，在各证明材料中添加了版本号水印，水印样式如图

4-3-4-134 所示。

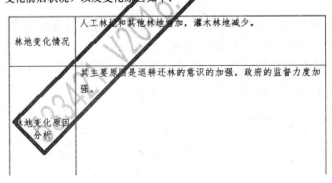

香格里拉县（市、旗、区）林地指标证明材料

根据云南省环境保护厅、财政厅联合印发的《云南省县域生态环境质量监测评价与考核办法（试行）》（环发[2015]134 号）要求的内容，现将 2016 年香格里拉县（市、旗、区）林地相关指标报告如下：

林地指标	指标值
天然林面积（km2）	420.68
人工林面积（km2）	202.72
灌木林地面积（km²）	305.53
其他林地面积（km²）	102.78

与上年度相比，本年度林地变化情况（包括变化面积、变化地点、变化前后状况）以及变化原因如下：

林地变化情况	人工林地和其他林地增加，灌木林地减少。
林地变化原因分析	其主要原因是退耕还林的意识的加强，政府的监督力度加强。

图 4-3-4-134　水印样例

各市在审核考核县域提交的证明材料时，需核对打印并盖章的纸质证明材料上的水印与系统内电子证明材料的水印是否一致。常规模式是需要审核人员通过系统左侧数据列表树来打开各证明材料并与纸质材料进行核对，这种方法费时费力。本系统提供了简便的版本核对功能，即通过一个表格将各县域内证明材料的水印版本号列出，审核人员只需核对该表格内的版本号与纸质材料的水印一致即可。操作步骤如下：

点击"数据审核"菜单下"证明材料核对"栏内的"证明材料版本核对"按钮，系统将弹出如图 4-3-4-135 所示的界面显示各县域的证明材料版本号。

在版本信息界面中，可通过点击左侧的县域名称列表中的县域名称来切换不同县域的文档材料的版本号。审核人员只需打开纸质自查报告证明材料部分，逐一核对版本号与水印是否一致即可。

	文档材料名称	文档材料版本号
1	区县国土面积证明材料	533421 V2016.08.22.16.21
2	林地指标证明材料	533421 V2016.08.22.15.38
3	活立木指标证明材料	533421 V2016.08.22.11.17
4	森林指标证明材料	533421 V2016.08.22.11.06
5	草地指标证明材料	533421 V2016.08.22.11.06
6	湿地指标证明材料	533421 V2016.08.22.11.06
7	环境状况指标证明材料	533421 V2016.08.22.11.06
8	城镇生活污水集中处理率指标证明材料	533421 V2016.08.22.11.06
9	生活垃圾指标证明材料	533421 V2016.08.22.11.07
10	建成区绿地率指标证明材料	533421 V2016.08.22.11.07
11	生态环境质量考核指标汇总表	533421 V2016.08.23.11.22
12	生态环境质量考核数据副报表	533421 V2016.08.23.09.33
13	生态环境保护与管理填报表	533421 V2016.08.23.11.25
14	与上年指标比较情况说明	533421 V2016.08.23.11.24

图 4-3-4-135　水印号列表

5）数据审核情况查看

系统通过主菜单中的"数据审核"菜单下的"数据审核过程表"栏中的按钮（如图 4-3-4-136 所示）来查看已完成审核的县域情况。

图 4-3-4-136　数据审核情况功能按钮

操作步骤如下：

点击"数据审核"菜单下的"数据审核过程表"栏中的 "数据完整性审核过程表"按钮（如图 4-3-4-136 所示）。

若点击的为"数据完整性审核过程表"，则弹出数据完整性审核过程表表格，表中显示各汇总审核意见和审核结论，如图 4-3-4-137 所示。

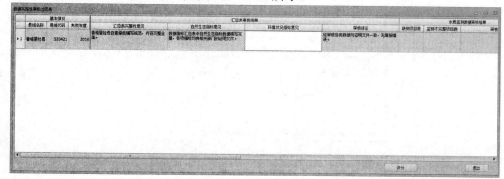

图 4-3-4-137　数据完整性审核过程表

（7）管理评分

管理评分是对县域从生态环境保护制度与生态创建、生态保护与建设工程、生态环境监管能力与环境基础设施建设、转移支付资金使用及县域考核工作组织管理五个方面进行量化评价，如图 4-3-4-138 所示。

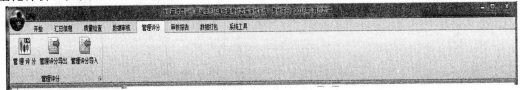

图 4-3-4-138　管理评分

操作步骤为：

① "管理评分"菜单下"管理评分"按钮，如图 4-3-4-139 所示。

图 4-3-4-139　管理评分按钮

②点击"管理评分"，则弹出各县级表格，表中显示各县级，点击每个县级可查看这个县级的情况，包括评分项目，评分的项目描述，评分方法，评分依据，数据展示，评分，评分说明，如图 4-3-4-140 所示。

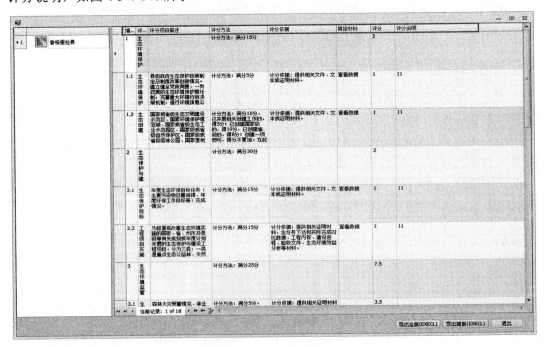

图 4-3-4-140　管理评分表

③点击表格中的任何一个表格，如果弹出如图 4-3-4-141 所示对话框，则表明可以修改数据、填写评分和评分说明。

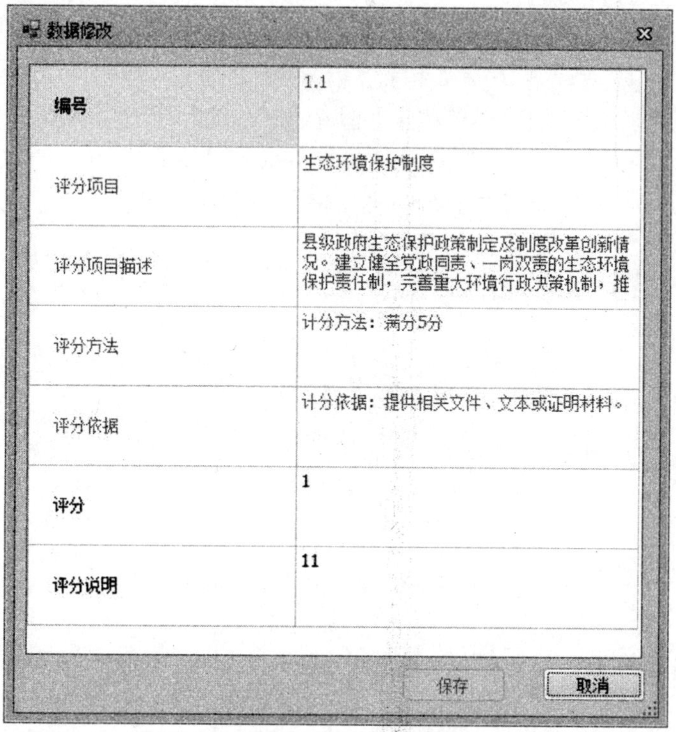
数据修改
编号
1.1
评分项目
生态环境保护制度
评分项目描述
县级政府生态保护政策制定及制度改革创新情况。建立健全党政同责、一岗双责的生态环境保护责任制，完善重大环境行政决策机制，推
评分方法
计分方法：满分5分
评分依据
计分依据：提供相关文件、文本或证明材料。
评分
1
评分说明
11
保存
取消

图 4-3-4-141　数据修改

如果填写的分数超过评分方法中的满分，则会弹出如图 4-3-4-142 所示对话框，点击确定，重新评分。

评分不可大于规定的最大值!
确定

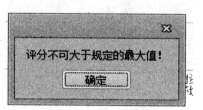

图 4-3-4-142　评分数据过大

如果填写的分数小于零，则弹出如图 4-3-4-143 所示对话框，点击确定，重新评分。

评分不能小于零!
确定

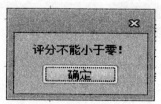

图 4-3-4-143　评分数据过小

如果填写的分数满足条件，但是没有填写评分说明，则弹出如图 4-3-4-144 所示对话框，点击确定，重新填写。

图 4-3-4-144 未填写评分说明

如果填写的分数满足条件，并且填写评分说明，则弹出如图 4-3-4-145 所示对话框，点击确定即可。

图 4-3-4-145 修改是否成功

④点击表格中的任何一个表格，如果弹出如图 4-3-4-146 所示对话框，则该表格不可以修改。

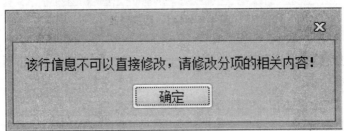

图 4-3-4-146 是否能修改

（8）审核报告

审核报告菜单项主要是实现市级审核报告相关附表的查看以及审核报告及附表的生成和导出。主要包括：市级审核意见及建议与审核报告工具两类功能（如图 4-3-4-147 所示）。

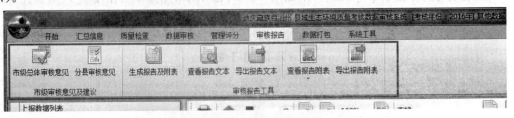

图 4-3-4-147 审核报告菜单面板

1）市级总体审核意见、建议及分县审核意见

系统通过主菜单中"审核报告"菜单下的"市级总体审核意见"及"分县审核意见"的按钮（如图 4-3-4-148 所示），来完成市级审核意见的添加、查看与修改及分县的查看、修改。

图 4-3-4-148　市级审核意见功能按钮

操作步骤如下：

点击"审核报告"菜单下的"市级审核意见及建议"栏中的"市级总体审核意见"按钮（如图 4-3-4-148 所示），弹出市级审核意见及建议表，如图 4-3-4-149 所示。

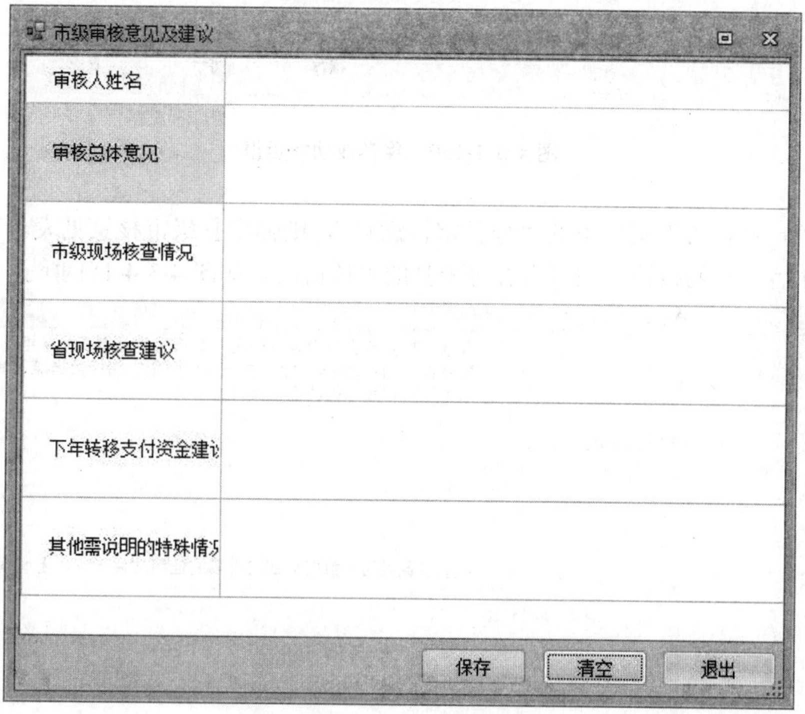

图 4-3-4-149　市级审核意见及建议表

在市级审核意见及建议表中，依次添加各项内容，然后点击"保存"按钮，则弹出保存成功提示框，如图 4-3-4-150 所示；点击"清空"按钮，则清空表格中所有内容；点击"退出"按钮，关闭该市级审核意见及建议表。

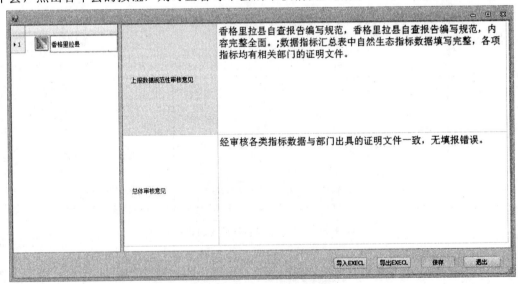

图 4-3-4-150 保存成功提示框

点击"审核报告"菜单下的"分县审核意见",则弹出县级审核意见表,表中显示各个县,点击各个县的按钮,则可查看每个县的审核情况,如图 4-3-4-151 所示。

图 4-3-4-151 分县审核意见表

在审核意见表中,可以对表格进行修改,如果修改表格,关闭表格时会弹出如图 4-3-4-152 所示对话框,如果保存修改则点击是,否则为否。

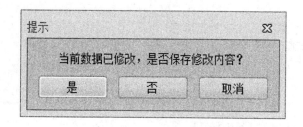

图 4-3-4-152 是否保存修改数据

2）审核报告工具

审核报告工具主要是实现市级审核报告及附表（报告和附表的内容为《云南省重点生态功能区县域生态环境质量监测评价与考核数据市级审核指南》规定的内容）的生成、查看及导出功能，具体功能按钮如图 4-3-4-153 所示。

图 4-3-4-153 审核核报告工具功能按钮

①生成报告及附表

本功能主要是生成市级审核报告文本初稿及其附表，以供用户进行修改后的打印并上报。具体操作步骤为：

点击"审核报告"菜单下"审核报告工具"栏内的"生成报告及附表"按钮，系统将开始自动生成审核报告文本及其附表。第一步为生成审核报告文本，若审核报告文本以前已生成，则弹出如图 4-3-4-154 所示的提示框，提示用户是否重新生成并替换。

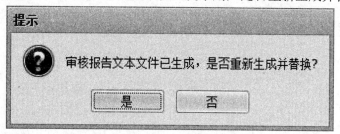

图 4-3-4-154 是否替换提示

在提示框中，若点击"是"按钮，则删除已有审核报告，重新生成新的审核报告，并在进度显示框内输出过程日志，图 4-3-4-155 为生成一个县的审核报告的过程日志。

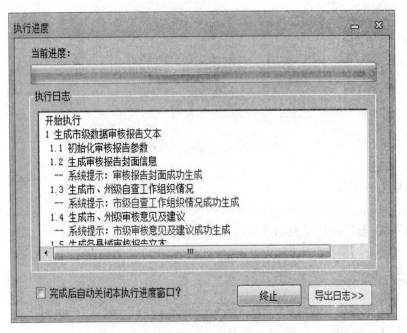

图 4-3-4-155　生成过程

　　若县域数据未导入或是县域数据未审核，则在日志框内输出如图 4-3-4-156 所示的相应提示。

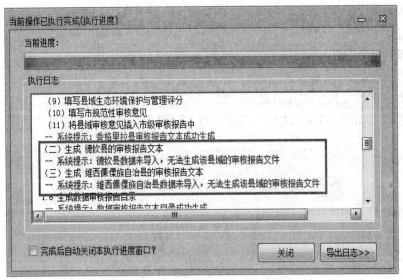

图 4-3-4-156　无数据提示信息

　　审核报告文本生成完成后，则进入报告附表生成阶段，数据附表共有三个：数据审核过程表、指标数据汇总表和辅助信息汇总表，若以前已生成过这些附表，则在生成具体附表前会弹出如图 4-3-4-157 所示的提示框，提示用户是否重新生成并替换。

图 4-3-4-157　过程表是否替换提示

点击"是"则重新生成，否则跳过该步骤。

审核报告文本及附表生成成功后，系统会在数据显示窗口自动显示审核报告文本，并在进度提示框中显示报告成功生成（如图 4-3-4-158 所示）。在进度提示框中，可通过"导出日志"按钮导出执行日志为文本文件。

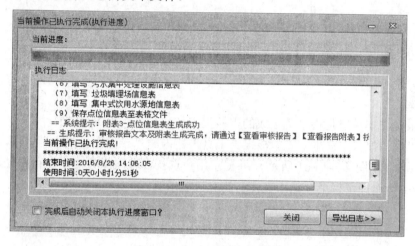

图 4-3-4-158　生成完成提示

②报告文本工具

审核报告文本及附表生成后，可通过菜单"审核报告"下"审核报告工具"栏中的针对报告文本的功能按钮（如图 4-3-4-159 所示）来查看、导出报告文本。

图 4-3-4-159　审核报告文本工具

各功能按钮的操作说明如下：

a.查看报告文本

点击"审核报告"菜单下"审核报告工具"栏内的"查看报告文本"按钮，若审核报告文本已生成，则在系统的数据显示区内直接显示市级审核报告文本（如图 4-3-4-160 所示）。否则系统将提示"审核报告还未生成，请生成后再试"的提示框。

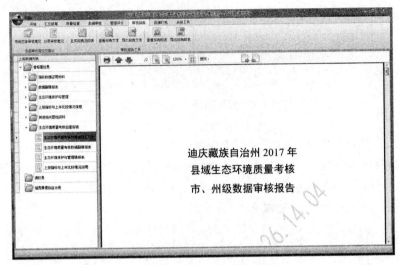

图 4-3-4-160   审核报告查看

b.导出报告文本

审核报告文本导出是将系统生成的审核报告初稿导出为 PDF 文档。

点击"审核报告"菜单下"审核报告工具"栏内的"导出报告文本"按钮，则弹出文件保存对话框（如图 4-3-4-161 所示），并提示用户选择并输入报告文本保存路径及文件名，图 4-3-4-161 为选择了目录并输入文件名的对话框示例。

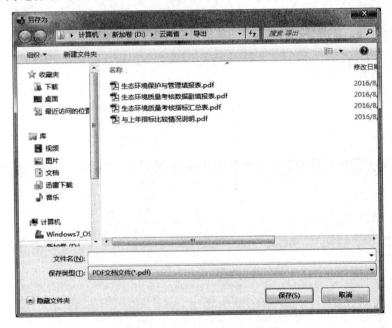

图 4-3-4-161   审核报告导出

选择好保存目录并输入文件名后，点击"保存"按钮，则将当前系统内的报告文本导出到指定的文件，若导出成功，则弹出如图 4-3-4-162 所示的提示框，提示用户是否现在打开报告并进行修改。

图 4-3-4-162 导出完成提示

在提示框中，若点击"是"按钮，则系统将通过 Adobe Reader 打开导出的报告文本（如图 4-3-4-163 所示）。若点击"否"按钮，则返回系统主界面。

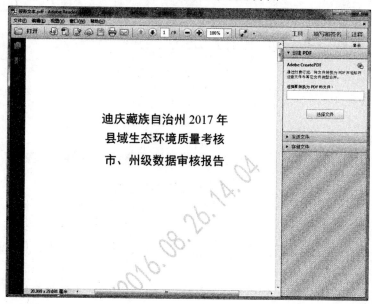

图 4-3-4-163 导出后的报告样式

③报告附表工具

报告附表工具主要是实现审核报告的附表的查看及导出功能，具体功能按钮如图 4-3-4-164 所示。

图 4-3-4-164 查看报告附表菜单项

a.查看报告附表

查看附表下有三个功能子菜单，以分别查看审核报告的三张附表：数据审核过程表、指标数据汇总表、辅助信息汇总表。各表查看的操作方法相同，具体操作步骤为：

点击"审核报告"菜单下"审核报告工具"栏内的"查看报告附表"按钮的下拉子菜单项（查看哪张表点击其相应的按钮），若审核报告附表已生成，则在系统的数据显示区内以 Excel 的模式直接显示审核报告的相应附表（图 4-3-4-165 为审核过程表显示样例）。否则系统将提示"审核报告附表还未生成，请生成后再试"的提示框。

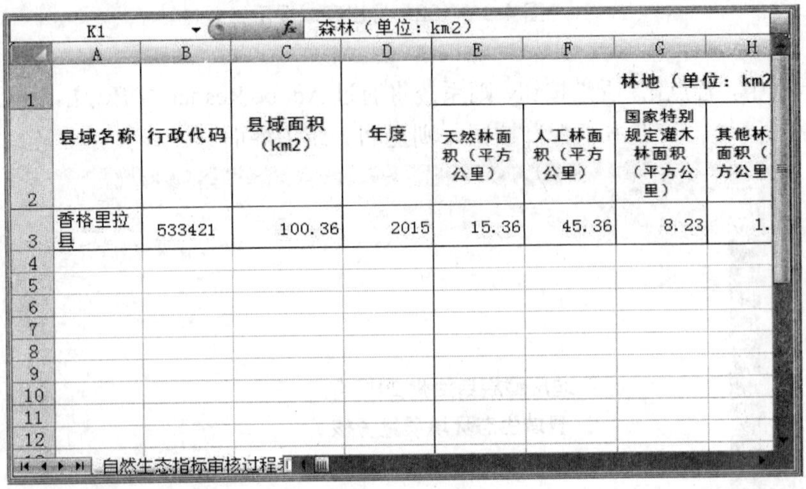

县域名称	行政代码	县域面积（km2）	年度	天然林面积（平方公里）	人工林面积（平方公里）	国家特别规定灌木林面积（平方公里）	其他林面积（平方公里）
香格里拉县	533421	100.36	2015	15.36	45.36	8.23	1.

图 4-3-4-165　附表查看示例

b.导出报告附表

导出附表功能是将已生成的审核报告附表导出为 Excel 文件以进行打印输出，具体操作步骤为：

点击"审核报告"菜单下"审核报告工具"栏内的"导出报告附表"按钮，系统将弹出如图 4-3-4-166 所示的目录选择对话框。

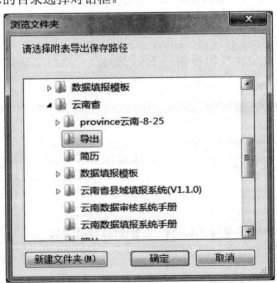

图 4-3-4-166　导出目录选择

在目录选择对话框中，选择附表将导出的目录，并点击"确定"按钮，则开始导出报告附表。在导出过程中，若有附表没有生成或不存在，则弹出相应提示框，提示用户附表未生成，并继续导出。

附表导出完成后，弹出如图 4-3-4-167 所示的提示框，提示用户是否现在打开导出附表所在的目录。

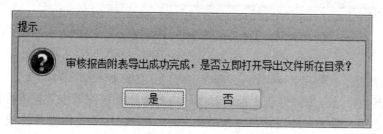

图 4-3-4-167　导出成功提示

在提示框中，点击"是"按钮，则弹出 Windows 的文件浏览对话框，并打开导出附表所在的目录（如图 4-3-4-168 所示）。

图 4-3-4-168　导出文件样例

（9）数据打包

数据加密打包需要满足两个条件：一是市域内所有考核县域数据填报数据上报且已导入系统内；二是审核报告已生成，若审核报告需要修改，则修改后的报告已更新至系统中。审核结果导出、导入功能是将市域内部分考核县域审核结果相关数据导出，生成加密压缩包文件（*.zip），在通过审核结果导入功能集成到另一个市级审核系统，以实现审核系统多人审核功能。

数据打包包括数据预检、压缩打包、审核数据导出导入四个功能（如图 4-3-4-169 所示）。

图 4-3-4-169 数据打包菜单面板

1）数据预检

上报数据预检是在数据打包上报前对市域内各考核县域的填报数据进行检查，一是检查县域是否完整（即所有县域都已上报数据并导入系统）；二是检查各县域上报的数据是否缺少关键文件，如：自查报告、数据库文件等。具体操作步骤为：

点击"数据打包"菜单下"数据预检（县域完整性）"按钮，若以前进行过数据预检操作且预检成功（即县域完整且县域填报数据完整），则弹出如图 4-3-4-170 所示的提示框，询问用户是否仍进行预检。点击"是"按钮则进入数据预检操作并弹出进度提示框。

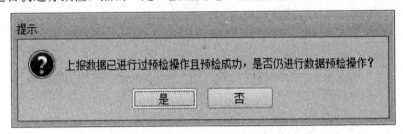

图 4-3-4-170 是否仍预检提示

若以前没有进行过数据预检操作或是进行过预检但预检不成功，则直接进入预检操作并弹出预检进度提示框，第一步是进行考核县域完整性检查（即考核县域填报数据是否导入），如图 4-3-4-171 所示。

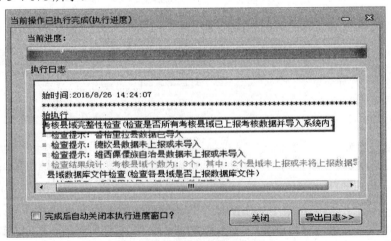

图 4-3-4-171 数据完整性检查提示

　　预检成功后，则提示有多少个县域数据未导入以及导入数据的县域的数据是否完整，具体提示如图 4-3-4-172 所示。

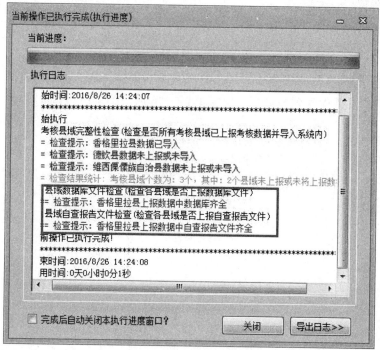

图 4-3-4-172　预检完成提示

　　预检成功后，可通过"导出日志"按钮将预检日志导出为文本。

　　2）加密打包

　　数据加密打包是将市域内所有考核县域的填报数据以及市级审核报告相关内容加密打包，生成加密压缩包文件（*.prf）以上报至上级主管部门。具体操作步骤如下：

　　点击"数据打包"菜单下"加密打包（生成加密包文件）"按钮，若以前进行过数据预检操作且预检成功（即县域完整且县域填报数据完整），则弹出如图 4-3-4-173 所示的提示框，询问用户在打包前是否仍进行预检操作。点击"是"按钮，则在打包前重新进行数据预检；点击"否"按钮，则在打包前不重新进行数据预检。

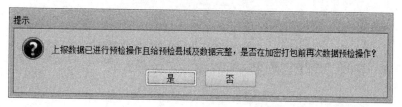

图 4-3-4-173　是否再次预检提示

　　若以前未进行过数据预检操作或预检不成功（即县域不完整或县域填报数据不完整），则弹出如图 4-3-4-174 所示的提示框，询问用户在打包前是否先进行预检操作。点击"是"按钮，则在打包前先进行数据预检；点击"否"按钮，则在打包前不进行数据预检。

图 4-3-4-174　是否进行预检提示

在 1 和 2 步骤中，无论是点击"是"还是"否"按钮，都会弹出目录选择对话框，提示用户选择打包文件保存到的目录，如图 4-3-4-175 所示。

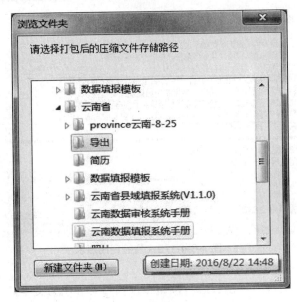

图 4-3-4-175　打包结果存储目录选择

在文件夹选择对话框中选择打包文件的存储目录，并点击"确定"按钮，则进入数据预检和打包进度提示框。若 1、2 步骤中选择"是"按钮，则先进行数据预检操作，并在日志中进行提示，如图 4-3-4-176 所示。

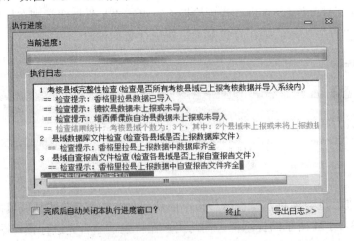

图 4-3-4-176　加密打包进度提示

否则直接进行数据加密打包，运行至加密打包步骤时，若所选目录中已存在市域打包文件，则弹出如图4-3-4-177所示的提示框提示用户是否覆盖。

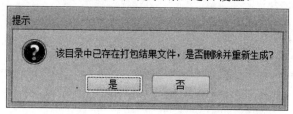

图4-3-4-177 是否覆盖提示

点击"是"按钮，则重新进行加密打包，并将新生成的打包文件替换已有的打包文件，点击"否"按钮，则不进行加密打包，保留已有打包文件。

3）审核结果导出

审核结果导出功能是将市域内部分考核县域审核结果相关数据导出，生成打包文件（*.shf）。

具体操作步骤如下：

①点击"数据打包"菜单下"审核结果导出"按钮则弹出导出县域列表及路径的选择界面，如图4-3-4-178所示。

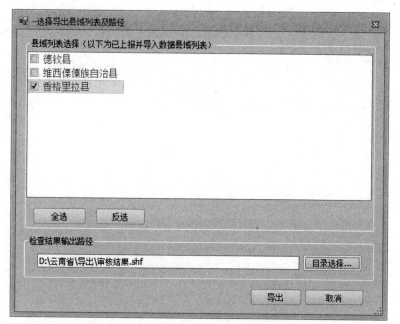

图4-3-4-178 选择导出县域列表及路径界面

②选择要导出的县域审核结果数据及导出路径。点击"导出"按钮，则执行导出数据操作，并提示各结果表缺少的县域数据；点击"取消"按钮，则取消导出。导出过程如图4-3-4-179所示。

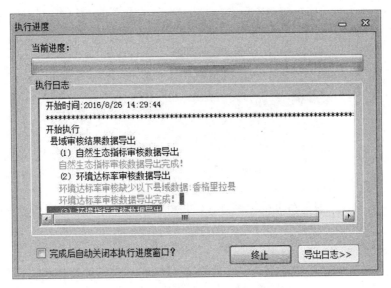

图 4-3-4-179　导出县域审核结果过程

4）审核结果导入

各县审核结果压缩数据通过审核结果导入功能集成到一个审核系统中。具体操作步骤如下：

①点击"数据打包"菜单下"审核结果导入"按钮则弹出，导入县域列表及路径选择界面，如图 4-3-4-180 所示。

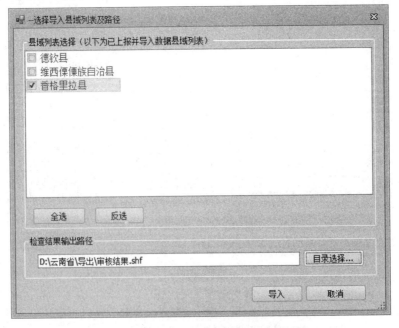

图 4-3-4-180　导入县域列表及路径选择界面

②点击"导入"按钮，则执行审核结果数据导入功能，执行过程中提示数据库中已存

在审核结果数据是否替换（图 4-3-4-181）；点击"是"，执行导入操作；点击"否"，取消数据导入。数据导入过程如图 4-3-4-182 所示。

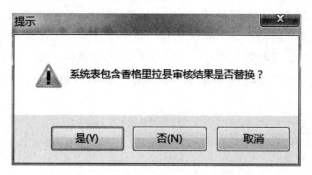

图 4-3-4-181　是否替换原有数据

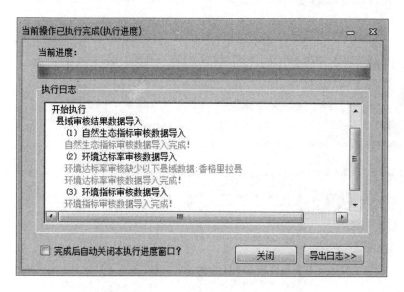

图 4-3-4-182　审核结果数据导入过程

（10）系统工具

系统工具菜单项下提供了两类功能：一是切换系统界面风格；二是数据管理工具（如图 4-3-4-183 所示）。切换系统界面风格是改变系统主界面的运行风格，包括颜色、界面样式等。数据管理工具是实现对当前系统中填报数据的备份和恢复。

图 4-3-4-183　系统工具菜单面板

1）系统界面风格切换

系统默认的界面风格为 Office 2010 蓝色风格，用户可以根据自己的喜好来切换不同的界面风格。系统提供了常用的两种界面风格（Office 2010 蓝色和 Office 2010 银色），若需要切换至该界面风格，直接点击"系统工具"菜单下"常用界面风格"栏内的相应的界面风格按钮即可。另外，系统还提供了一些非常用的界面风格，其切换操作步骤如下：

①点击"系统工具"菜单下"常用界面风格"栏右下角的下拉按钮（如图 4-3-4-184 框内所示）。

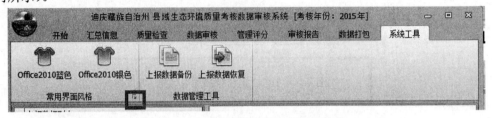

图 4-3-4-184　展开更多界面风格按钮

②系统将弹出所有可供使用的界面风格列表，如图 4-3-4-185 所示。

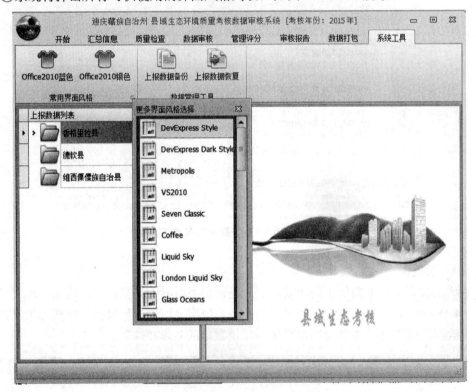

图 4-3-4-185　更多界面风格列表

③在弹出的界面风格选择下拉框内，双击将要切换至的列表项，则将系统主界面风格切换至该风格。图 4-3-4-186 为切换为"Office 2007 Green"风格后的系统主界面。

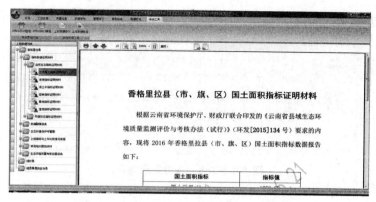

图 4-3-4-186　Office 2007 Green 风格样式

2）数据管理工具

数据管理工具主要是实现系统内已有县域上报数据的备份和恢复，以防操作系统崩溃时导致数据丢失。

①上报数据备份

建议用户每天做完数据导入或审核操作后，将数据进行一次备份。数据备份操作步骤为：

点击"系统工具"菜单下"数据管理工具"栏内的"上报数据备份"按钮，系统将弹出如图 4-3-4-187 所示的文件保存路径选择对话框。

图 4-3-4-187　数据备份文件

在该对话框中，选中备份文件将存储的目录，在文件名框内输入备份文件名（建议以当前日期为文件名，如：20160826 为 2016 年 8 月 26 日的备份文件），并点击"保存"按钮，系统将对当前系统中的数据进行备份，备份文件的扩展名为 pdb20160，表示 2016 年其他数据备份。

备份完成后，系统将弹出如图 4-3-4-188 所示的提示框，提示用户备份已成功完成，以及备份文件保存的路径。

图 4-3-4-188　备份完成提示

②上报数据恢复

当操作系统或是本系统发生崩溃或是无法进入时，可重新安装或是对系统进行初始化操作后，将备份数据恢复至系统数据库中，数据恢复操作的步骤如下：

点击"系统工具"菜单下"数据管理工具"栏内的"上报数据恢复"按钮，系统将弹出如图 4-3-4-189 所示的文件选择对话框。

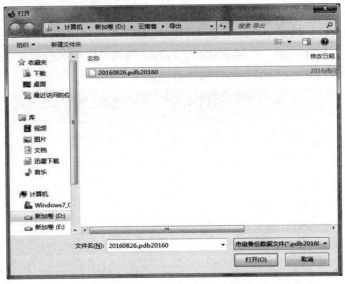

图 4-3-4-189　选择备份文件对话框

在该对话框中，选中最近时间的备份文件并点击"打开"按钮，系统将弹出如图 4-3-4-190 所示的提示框，提示用户是否确实要清除系统中已有数据，并将备份文件中的数据恢复至系统中。

图 4-3-4-190　提示是否覆盖

在提示框中，点击"是"按钮，则将清除已有数据，并将备份数据导入系统中；点击"否"按钮，则退出恢复操作，系统将保留原有数据，并返回系统主界面。

数据恢复完成后，系统将弹出如图 4-3-4-191 所示的提示框，提示数据恢复完成，并可通过"填报数据目录区"进行查看。

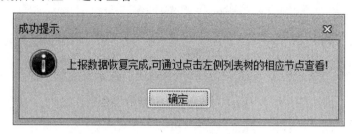

图 4-3-4-191　数据恢复完成提示

（11）县域右键功能菜单

县域右键菜单通过右键点击"填报数据目录区"中县域名称节点时弹出（如图 4-3-4-192 所示），主要是实现针对所选县域（右键点击县域）的填报数据审核、填报数据导入、填报数据清除以及该县域基本信息查看。

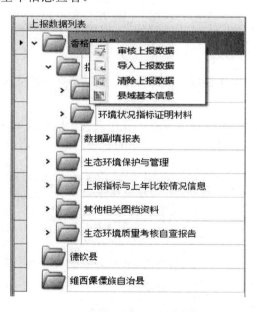

图 4-3-4-192　县域右键菜单

1）审核上报数据

该菜单项功能是审核所选县域的填报数据，若所选县域还未导入数据，则该菜单项不可见。操作步骤如下：

在"填报数据目录区"展开市级节点，并在需要审核的县域名称（确认已导入数据）节点上右键点击，则弹出如图 4-3-4-193 所示的县域右键功能菜单（注意：若没有导入数据，则该菜单不可见）。

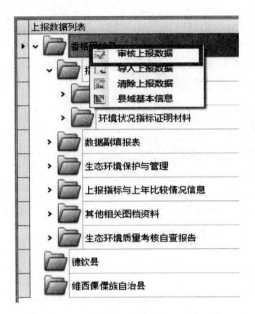

图 4-3-4-193　审核上报数据菜单项

　　在弹出的功能菜单中，并点击"审核上报数据"菜单项，则系统开始审核所选县域的填报数据，审核过程与本章的数据审核过程类似，在此不再赘述。

　　2）导入上报数据

　　该菜单项功能是导入所选县域的填报数据，通过选择外部县域上报的数据包文件来导入。操作步骤如下：

　　在"填报数据目录区"展开市级节点，并在需要审核的县域名称（确认已导入数据）节点上右键点击，则弹出如图 4-3-4-194 所示的县域右键功能菜单。

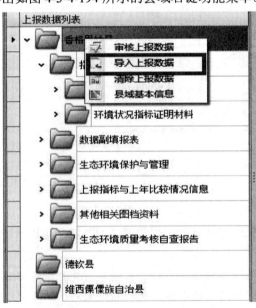

图 4-3-4-194　导入上报数据菜单项

在弹出的功能菜单中，并点击"导入上报数据"菜单项，弹出如图 4-3-4-195 所示的县域上报文件选择对话框。

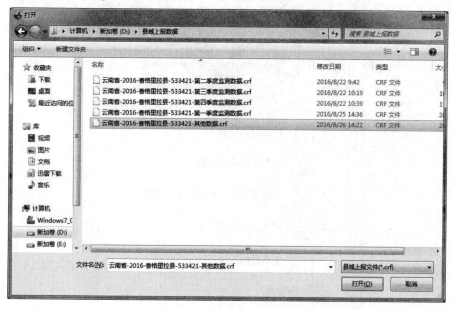

图 4-3-4-195 上报数据包选取对话框

在文件选择对话框中选择该县域的上报数据包文件（图 4-3-4-195），并点击"打开"按钮。若该县域数据以前已导入，则弹出如图 4-3-4-196 所示的提示框，提示用户是否重新导入。

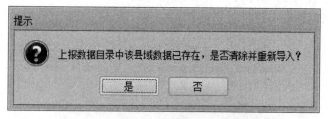

图 4-3-4-196 是否重新导入提示框

点击"是"按钮，则进入县域填报数据导入进度提示框（具体操作请参见数据导入功能操作说明）；点击"否"按钮，则退出导入，并返回系统主界面。

3）清除上报数据

该菜单项功能是清除所选县域的填报数据，若所选县域还未导入数据，则该菜单项不可见。具体操作步骤如下：

在"填报数据目录区"展开市级节点，并在需要清除数据的县域名称（确认已导入数据）节点上右键点击，则弹出如图 4-3-4-197 所示的县域右键功能菜单（注意：若没有导入数据，则该菜单不可见）。

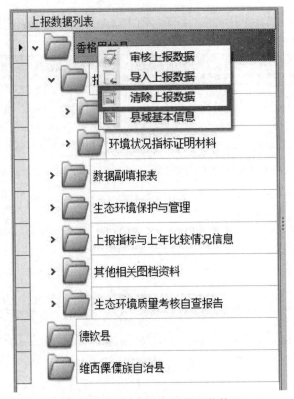

图 4-3-4-197　清除上报数据菜单项

在弹出的功能菜单中，并点击"清除上报数据"菜单项，弹出如图 4-3-4-198 所示的县域上报清除确认提示框，提示用户是否确实要清除该县域数据。

图 4-3-4-198　确认清除提示框

在提示框中，点击"是"按钮，则开始清除该县域数据，系统鼠标状态为等待状态；点击"否"按钮，则不清除，并返回系统主界面。

数据清除完成后，系统鼠标状态恢复正常，且所清除数据县域节点下的数据目录被清空（如图 4-3-4-199 所示）。

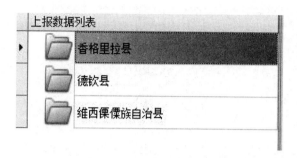

图 4-3-4-199　数据清除后县域节点样式

4）县域基本信息

该菜单项是查看所选县域的基本信息，包括名称、编号、所在市、所在生态功能区等信息。具体操作步骤为：

在"填报数据目录区"展开市级节点，并在需要清除数据的县域名称（确认已导入数据）节点上右键点击，则弹出如图 4-3-4-200 所示的县域右键功能菜单。

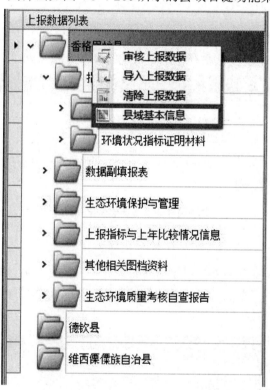

图 4-3-4-200　县域基本信息菜单项

在弹出的功能菜单中，并点击"县域基本信息"菜单项，则弹出如图 4-3-4-201 所示县域基本信息显示界面。

县域基本信息	
县域名称	香格里拉县
县域代码	533421
所在市域	迪庆藏族自治州
所在市	云南省
所在生态功能区	川滇森林及生物多样性生态功能区
功能区类型	无
是否南水北调水源地	否

图 4-3-4-201　县域基本信息显示界面

（12）系统菜单

系统菜单位于功能菜单区的左上角的系统图标处，通过点击图标来弹出菜单（如图 4-3-4-202 所示）。该菜单中提供系统帮助和系统的版本信息功能。

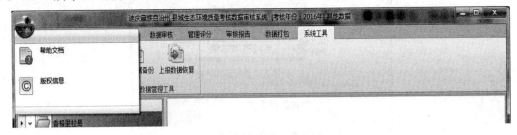

图 4-3-4-202　系统菜单样式

1）帮助文档

该功能是打开并以主题的方式显示系统帮助文档，操作步骤为：

在系统主界面中，左键点击左上角的系统图标，则弹出如图 4-3-4-203 所示的系统菜单。

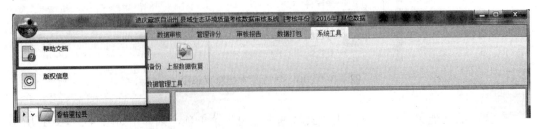

图 4-3-4-203　帮助文档菜单项

在弹出的菜单中，点击"帮助文档"菜单项，系统弹出如图 4-3-4-204 所示的系统帮助文档。

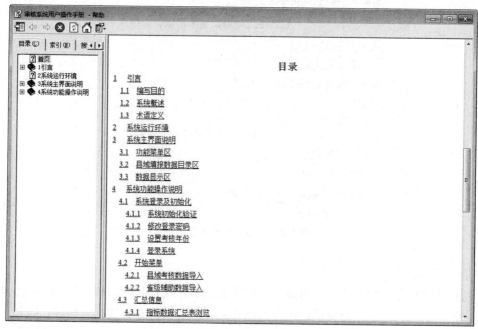

图 4-3-4-204　系统帮助界面

在帮助文档界面，用户可浏览系统帮助文档，并可通过主题查找以及关键字查找的方式快速定位至所关心的文档部分。

2）版权信息

该功能是显示系统版权及版本信息，操作步骤为：

在系统主界面中，左键点击左上角的系统图标，则弹出如图 4-3-4-205 所示的系统菜单。

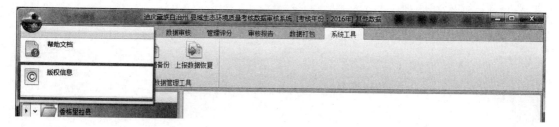

图 4-3-4-205　版权信息菜单项

在弹出的菜单中，点击"版权信息"菜单项，系统弹出如图 4-3-4-206 所示的系统版权信息，包括系统名称、版本号、开发单位、使用单位以及版权单位等。

图 4-3-4-206　系统版权信息

3) 退出系统

通过该菜单项退出系统，也可通过系统主界面右上角的关闭按钮（如图 4-3-4-207 所示）来退出系统。当系统中有正在运行的操作，如：质量检查、数据审核等，则系统的关闭按钮不可用，只能通过退出系统按钮来退出系统。

图 4-3-4-207　系统关闭按钮